La curva perfetta

AF875240

Testi di Carlo Cianferoni e Paolo Sormani

Illustrazioni di Carlo Cianferoni

Interventi:
Sulla cultura motociclistica di Giovanni Cabassi
La moto è (anche) una questione di stile di Paolo Sormani
Sulla velocità e le qualità del pilota, conversazione con Giovanni Bussei
Sull'Esattezza nella progettazione di Klaus Nennewitz

Redazione: Francesco Milo

www.giunti.it

© 2022 Giunti Editore S.p.A.
Via Bolognese 165 - 50139 Firenze - Italia
Via G.B. Pirelli 30 - 20124 Milano - Italia
Prima edizione: maggio 2022

CARLO CIANFERONI - PAOLO SORMANI

La curva perfetta

NOTE PER IL MOTOCICLISTA DEL TERZO MILLENNIO

GIUNTI

Introduzione

di Paolo Sormani

Ma come fa? Guardo Carlo mentre indica con un rapido gesto della mano lo spettacolo della Firenze d'inizio estate che si schiude a sorpresa scendendo la via Bolognese dal Mugello, come un'orchidea di marmo e di pietra. Lo osservo e ne resto stupefatto, mentre lui volteggia armoniosamente fra le curve, allacciato con grazia alla sua grossa bicilindrica bavarese. Riesce a condurlo in punta di gomme, il bestione da quasi due quintali e mezzo a cui si sommano i suoi ottanta chili – valuto a spanne. Eppure fatico a stargli dietro, perché il ritmo è brillante. Penso al paradosso del calabrone espresso dall'entomologo francese Antoine Magnan negli anni trenta del secolo scorso: con quel corpo massiccio e le ali piccole, il calabrone può volare solo perché non sa di farlo.[1] In realtà, la scienza ha dimostrato che la supposizione di Magnan era sbagliata: il *Bombus terrestris* è cosciente di avere le ali, sa a cosa servono e ci gode tantissimo. Anche Carlo. Si vede, oh se si vede quanto gli piace fluttuare rasoterra. Sotto il casco, la sua testa ha come delle alette mercuriali che gli permettono di affrontare la sinuosità della strada con leggerezza, dondolando come fa tra la linea di mezzeria e i muri antichi. C'è un che di erotico nel modo in cui scivola nelle curve, le accarezza e le seduce, prima di lasciarsele alle spalle come un grato ricordo di pochi attimi di lussuria. E il bello è che, oltre a portare la sua moto con grande sicurezza, Carlo trova il tempo di indicare i panorami e le ville medicee, di avvisarmi se davanti è in agguato un autovelox, di predire gli eventuali pericoli e di segnalarmeli con una serie di rapidi gesti della mano, nel linguaggio dei segni codificato dai motociclisti. È un media quasi universale, che ha i tempi giusti e infonde fiducia. Mi piace sempre vedere le mani che si muovono e sbocciano nell'indicibile: parlano meglio di tante frasi pleonastiche. Durante la sua chat gestuale, Carlo mi guarda a sua volta. Lo so, me ne accorgo. Non saprei dire come, perché la direzione della sua testa non indugia nei retrovisori. Tantomeno si volta. È una sensazione, forte. Li sento quasi addosso i suoi occhi, mentre registra la postura in sella alla mia Triumph Tiger, scruta ogni movimento, valuta la difficoltà nello stargli dietro, come se avesse una GoPro fissata fra le scapole. Io riesco giusto a grattarmi il nasone sotto la visiera e a ricordarmi perché stiamo graziosamente picchiando su Fiesole.

Il fatto è che, oltre alle motociclette, Carlo Cianferoni ama molto anche i libri. È l'altro mezzo che conosce per volare sulle incombenze della vita, e non c'è gadget digitale che tenga: a lui garbano quelli di carta. I libri che si possono toccare, soppesare, regalare. Esattamente come quello che hai tra le mani in questo momento. Quel genere di volumi e volumetti che, quando hanno una copertina baciata dall'ispirazione, si espongono sullo scaffale di piatto per esaltarne la bellezza del design. Il libro è anche l'oggetto che tiene più intima compagnia al viaggiatore in motocicletta: di ciò si sta andando a parlare con il possibile editore, in questa bella mattinata d'inizio estate. L'altro dato importante della storia è che Carlo sta per varcare la soglia del Club 59. Che non sta a indicare solo il famoso Motorcycle Club dei rocker di Londra, ma anche l'appartenenza a un'età in cui si comincia a essere pungolati dal desiderio, anzi dall'esigenza, di tramandare ciò che si sa alle nuove generazioni. E se c'è qualcosa su cui Carlo può dare lezioni, e lo fa con successo da decenni, è proprio la filosofia della guida dinamica.

Ma come fa? Mentre la Tiger si acquatta al semaforo e tiro il fiato, la testa mi si ingolfa di pensieri. Sono uno che si distrae facilmente, è dalle scuole elementari che va avanti 'sta tiritera. Così mi torna in mente la prima volta che incontrai il Cianferoni. Una vita fa, quanti anni sono? Almeno venti. Lavoravo alla rivista di culto *Cafe Racer*, redazione con vista sulla stazione di Milano Centrale. Fra la mia scrivania e quella del direttore Ferdinando Restelli si materializzò una figura slanciata, armonica e tenebrosa. Capelli corvini perfettamente ammaestrati dal gel, viso abbronzato. Foulard, giacca di cuoio inglese, maglietta, pantaloni, stivali. Tutti neri. L'icona del motociclista vecchia scuola, un *outfit* ricercato ed efficace per attirare lo sguardo di chiunque. Sospettai che funzionasse molto bene con le donne, persino con gli uomini. Dopo lo stupore dell'apparizione, capii subito che la persona giusta si trovava nel posto giusto. Nella sua raffinata dizione fiorentina, raccontò che era un art director e aveva scritto e illustrato con il suo tratto in bianco e nero le tavole a fumetti del GarageDiabolico, che ci proponeva per l'ultima pagina di *Cafe Racer*, e le prime tre puntate di *Curve&Tornanti*, una serie di guide tascabili, «da giubbotto», sulle migliori strade degli Appennini. Si era al giro di boa del millennio, le nostre esistenze stavano per digitalizzarsi irrimediabilmente, eppure Carlo sembrava uscito da un film in bianco e nero del Free Cinema inglese che avevo scoperto da poco: *The Leather Boys* di Sidney J. Furie. Una figura mitica: un vero centauro, come una volta si indicavano i motociclisti metà uomini metà dueruote. Si capiva che stava in sella da quand'era un ragazzino di quattordici anni, l'età minima consentita per il «cinquantino». Forse già da prima. Era chiaro che la motocicletta era il suo *lifestyle*, come oggi si ama ripetere ossessivamente sulla moquette degli uffici marketing. Uno stile che ne pervadeva la vita, i pensieri, il desiderio. Verde. *Clunk!* Il suono sordo della prima, innestata dalla reazione pavloviana al semaforo, mi scuote dai ricordi: ma come fa a guidare così?

La spiegazione c'è, naturalmente. Si chiama, anche, esperienza. La guida sicura e – perché no? – sportiva della motocicletta è come una casa bellissima che non si finisce mai di costruire. Di solito si comincia dal basso con ciò che si ha a disposizione. Con il talento, l'istinto per l'equilibrio precario e il minimo sindacale d'incoscienza per superare la paura del peggio. Negli anni si affina la visione estetica e architettonica, si scelgono i materiali migliori, si aumenta la velocità, ma senza mai arrivare davvero a piantare la bandiera tricolore sul tetto. Si trova sempre qualcosa che può essere migliorato. Il cantiere di Carlo Cianferoni si chiama contemporaneamente GarageDiabolico e Gsss, la prima scuola di Guida sicura su strada in Italia, creata con il socio Gianni Giorgi, istruttore, autore di svariati libri di viaggio e giornalista. Da vent'anni i due si occupano di migliorare – nonché di prolungare – la vita delle migliaia di persone che desiderano imparare a portare la moto *ammodino*, come direbbero loro. Fra gli allievi trovi di tutto: uomini e donne, neofiti e motociclisti di ritorno, padri che accompagnano i figli freschi di patente. C'è l'insicuro che vuole lasciarsi alle spalle certe paure ataviche, spesso giustificate; oppure l'assatanato che pensa di imparare semplicemente a piegare di più in curva. A ognuno di essi, Carlo, Gianni e gli istruttori federali che hanno formato negli anni insegnano l'arte di guidare bene non tanto per andare più veloci, ma per godersi la motocicletta e la vita con pienezza.

Con qualche riga di ritardo, mi rendo conto che mi è sfuggita una parola chiave: «estetica». Guidare una moto è anche, o forse prima di tutto, una scelta estetica. È la bellezza del gesto, che possiamo ripetere ogni volta che ne abbiamo voglia, per completare quel piccolo capolavoro dinamico che è la guida sicura. Come insegna la storia dell'arte, la bellezza nasce dalla consapevolezza: nel nostro caso, di essere motociclisti. È un sentimento profondo, che non si limita alla sfera della sensazione, alla velleità pura e semplice. Diventare motociclisti è una precisa decisione che implica una concatenazione di situazioni, anche rischiose, da prendere con leggerezza, mai con superficialità. Comincia con la conoscenza di se stessi e la definizione dei propri limiti; di conseguenza, con la scelta della moto giusta e di quanto vogliamo proteggerci dal rischio non calcolato, dalle auto e dagli innumerevoli imprevisti che ci aspettano sulla strada.

Fra motociclisti ci si dà del tu saltando ogni barriera di censo e di età. Quindi, se sei già un motociclista esperto, immagino tu stia pensando di saltare questa introduzione un po' didascalica per passare direttamente alla ciccia del primo capitolo. Lo capirei: l'impazienza e l'inquietudine sono tratti caratteriali che muovono la personalità di chiunque scelga di muoversi su due ruote. Probabilmente hai già letto anche qualche altro libro scritto da un motociclista. Attenzione alle parole, non ho scritto «libri di motociclismo», perché non è una materia che s'insegna a scuola – anche se appoggerei qualsiasi proposta di legge che lo prospettasse.

In realtà, ce n'è uno che è stato somministrato dal passaparola ad almeno due generazioni di centauri, come se fosse un sussidiario scolastico. Avete presente *Lo Zen e l'arte della manutenzione della motocicletta* di Robert M. Pirsig, vero? Pubblicato da un perfetto sconosciuto nel 1974 e tradotto in italiano nel 1981, ha avuto un successo immenso in tutto il mondo e occupa gli scaffali (a volte ferma persino le porte) di molti ragazzi degli anni settanta e ottanta. Forse anche di qualcuno più giovane che ci è cascato. È un libro autobiografico di viaggio, soprattutto interiore, che mescola il piano narrativo a quello filosofico. Pirsig utilizza la moto come metafora della coscienza del sé: «La vera motocicletta a cui state lavorando è una moto che si chiama voi stessi» suggerisce in uno dei passaggi più spesi e ripresi.[2] È una certezza spirituale incontestabile, che è anche il fondamento della *Curva perfetta*. Sull'opera in sé, idee e posizioni sono divergenti. C'è chi, come Carlo, lo considera essenziale come un carburatore – l'iniezione elettronica non è mai entrata del tutto nei suoi beni culturali. Altri, e non sono pochi, lo definiscono con schiettezza tipicamente motard il libro più palloso che sia mai apparso sulle bancarelle della civiltà occidentale. Io preferisco considerarlo un equivoco. Anche se la moto recita un fortissimo ruolo narrativo e Pirsig era un autentico motociclista – a proposito, sapete che meditò i suoi *chautauqua*, i monologhi filosofici che sorreggono la narrazione, su una piccola Honda Hawk 300 da 28 cavalli? – è evidente che la sua peregrinazione cerebrale poteva benissimo essere veicolata da un'auto d'epoca, dal restauro dell'antica credenza in palissandro della zia Ruth, o dal ping-pong. Però nel titolo ci hanno messo quella maledetta parola, «motocicletta». Per lui, la destinazione contava quanto il viaggio. E insomma, fra quelle pagine, prima o poi ci siamo dovuti tuffare un po' tutti. Volenti, nolenti, o fuorviati.

Anche gli altri volumi scritti da motociclisti, per i motociclisti, provengono tutti dalla personalità e dall'esperienza personale dell'autore. Persino i *roadbook* turistici implicano la scelta di una direzione, di una dimensione di cui appropriarsi. Di un luogo e un tempo nei quali immergere corpo, anima e ruote. Ci sono libri bellissimi ed essenziali che esprimono il valore iniziatico del viaggio, altri che utilizzano la dimensione dell'epopea motociclistica come sfondo per un romanzo più o meno riuscito. Non sono mai mancati i manuali che pretendono di insegnare a guidare alla perfezione punto per punto, come il più puntiglioso e infallibile degli insegnanti. Altri «motoscrittori» incitano all'evasione e all'esplorazione dei cinque continenti, in sella alla creatura meccanica più polivalente, cosmopolita e *social* che ci sia. Va tutto bene. Un solo tipo di libri non ho mai sopportato: quelli che considerano il motociclista una curiosa creatura da ispezionare, sezionare, analizzare. Non li ho mai retti, quei saccenti da quattro soldi che utilizzano la psicanalisi come un bisturi per mettere a nudo il cosa, il come e soprattutto il perché noi motociclisti siamo fatti così. Non mi sono mai piaciuti quelli che svelano il finale in anticipo, spogliando la storia del necessario stupore. Che gusto c'è nell'andare in moto delegando a qualcun altro il piacere di scoprirne il perché? Chi accende il motore per lasciarsi i luoghi e i giorni tutti uguali alle spalle, qualche volta lo fa alla ricerca di una risposta. Più spesso, però, gode delle domande e delle incognite, dei pensieri e delle prove che lo attendono sulla strada. Per tutte queste ragioni intendo rassicurare il lettore anticipando quello che *La curva perfetta* non è. Non è un libro iniziatico. Non è un trattato di filosofia spicciola in pelle nera. Non è il baedeker per chi vuole sapere tutto, ma proprio tutto del motociclismo, ancora prima di caricare le borse sulla moto per riempirle delle sue esperienze. Non è nemmeno – e qui è meglio giocare subito a carte scoperte – un manuale di guida fatto e finito. Se mai, *La curva perfetta* è tutte queste cose insieme.

La prova sta nell'illuminazione avuta da Cianferoni nell'organizzarlo sullo stesso chassis delle *Lezioni americane*, la raccolta delle cinque lezioni (più una incompiuta) che lo scrittore Italo Calvino fu invitato a tenere all'Università di Harvard durante l'anno accademico 1985-1986. Calvino, che così tanta compagnia ha tenuto a Carlo e a me da ragazzini, sognanti lettori del *Barone rampante* e del *Visconte dimezzato*, del *Cavaliere inesistente* e delle *Città invisibili*, scomparve il 19 settembre 1985, ancora prima di schiarirsi la voce dietro il leggìo delle prestigiose Charles Eliot Norton Poetry Lectures. Dei *six memos* sulle qualità necessarie alla scrittura del terzo millennio non era riuscito a terminare l'ultimo, quello dedicato alla Coerenza. I primi cinque parlano di Leggerezza, Rapidità, Esattezza, Visibilità, Molteplicità. Ti ricordano qualcosa? Pensaci un istante. Sono le virtù cardinali, i pilastri fattuali, morali e spirituali della guida della motocicletta su strada. Sì, è vero, qualcuno potrebbe aggiungere: grinta, determinazione, cattiveria. Lascia che dica. Queste note per il motociclista contemporaneo hanno la funzione di indurlo a trarre il massimo godimento dal «veicolo perfetto», come l'ha definito con sintesi imbattibile la scrittrice Melissa Holbrook Pierson nel suo libro omonimo.[3] Cinque virtù dunque, una per ogni dito del guanto. Leggerezza, della mente e dello spirito: uno stato da non confondere con la superficialità. Rapidità: il risultato naturale della guida dinamica in sicurezza. Esattezza: la precisione e la consapevolezza del mettere le ruote precisamente dove vogliamo. Visibilità: per imparare dove e come si sta in strada, e saper guardare anche oltre la prossima curva. Molteplicità: perché la moto è un piacere ancora più intenso quand'è condiviso; su una traiettoria ben scritta si trovano bene anche la persona seduta dietro di noi e gli amici che ci seguono. Poi c'è una virtù in più, quella della Coerenza, che potremmo estendere alla Consistenza. Dell'essere motociclisti, prima di tutto. Del padroneggiare una serie di forze fisiche e meccaniche con intelligenza e lucidità, per trarne la massima gioia.

Solo un motociclista pensante, riflessivo e tutt'altro che noioso come Carlo Cianferoni poteva disegnare sulla carta e sull'asfalto *La curva perfetta*. Anche senza tirare in ballo lo zen, il Buddha e tutto il resto del repertorio di moda negli anni settanta. Lui è decisamente un tipo più contemporaneo, nel significato che accolgo dallo chef stellato (e ducatista) Massimo Bottura. Una volta ci ho parlato. O meglio, ha parlato sempre lui, che di cose interessanti da dire ne ha parecchie e te le serve a gas tutto aperto. Una di queste è il significato della contemporaneità: «Essere contemporanei significa conoscere tutto e poi dimenticarsi di tutto. Nel momento in cui tu dimentichi tutto, sei in una zona nella quale crei qualcosa di nuovo e lì è il momento in cui sei contemporaneo». Tradotto su due ruote: impara a conoscere e a guidare la motocicletta come si deve. Afferrane il momento. Entra in curva, goditela. Poi scordatela subito. Perché nel momento stesso in cui ne stai uscendo, stai già cominciando a preparare la prossima. Più bella, più brutta, più veloce? Diversa. Tutta da creare. A te, a noi, saperne trarre la parte più emozionale.

Come avantreno dei pensieri di Carlo, c'è una postilla che ritengo necessario aggiungere in fatto di rispetto e inclusione. Le eventuali gentili lettrici noteranno subito che abbiamo scelto di declinare *La curva perfetta* al maschile. Anche il sottotitolo recita *Note per il motociclista del terzo millennio*. Beh, di conseguenza *la* motociclista non dovrebbe ritenerle adatte anche al suo genere? Al contrario, lo sono per lei né più né meno che per suoi colleghi incapaci di reggiseno. È vero, i maschi costituiscono ancora la stragrande maggioranza della specie. Non si sa per quanto: secondo un recente rilevamento della Federazione motociclistica italiana, l'incremento delle tesserate negli ultimi vent'anni è stato notevole. Nel 2001 erano 5249, nel

2021 sono state 9039. Si è avuto quindi un incremento vicino al cento per cento nell'arco di questo tempo e, soprattutto, uno sviluppo molto interessante, con l'aumento di 1500 tesserate tra il 2020 e il 2021, cioè da quando l'attività della Commissione femminile della federazione è a pieno regime. In sostanza, sorelle motocicliste: abbiamo scelto di scrivere al maschile per tradurre con maggiore naturalezza il pensiero in parola scritta. L'alternativa sarebbe stata quella di aggiungere /a /e /la /le a ogni lemma, aggettivo o preposizione relativa al termine motociclista. Ve lo immaginate? La lettura sarebbe stata piacevole e scorrevole come il testo di un concorso pubblico, o una prova speciale di enduro in un rovaio. Sì, avremmo potuto utilizzare ovunque l'asterisco o la *schwa* (ə), quella specie di E rovesciata assurta a totem più recente del linguaggio inclusivo. È un segno grafico che non suona e, temo, generi più disagio che piacere nel lettorə (visto?). Sarà per una delle prossime edizioni, magari: ormai i tempi corrono veloci come le moto. Senza contare che la parola motociclista, con la A finale, è neutra e inclusiva di suo. E poi, andiamo: veramente c'è ancora chi pensa che la curva perfetta sia una prerogativa maschile, o femminile?

Detto questo, ricordo che, dopo aver terminato il corso di Guida sicura su strada, potevo toccare il cielo con un dito. Non solo ero un motociclista e – forse – una persona migliore, ma seguendo le traiettorie di Carlo mi ero anche divertito come nelle più eccitanti scorribande in cima al passo. Ti auguro di provare la stessa sensazione, forse meno euforizzante ma altrettanto consapevole, di aver finalmente percorso la tua curva perfetta al termine di queste 256 pagine.

Note

[1] Magnan Antoine, *La locomotion chez les animaux. Vol. I, Le vol des insectes*, Hermann, Paris 1934.

[2] Pirsig Robert M., *Lo Zen e l'arte della manutenzione della motocicletta*, Adelphi, Milano 1981, p. 313.

[3] Holbrook Pierson Melissa, *Il veicolo perfetto*, TEA, Milano 2000.

1

Leggerezza

Il faut être léger comme l'oiseau, et non comme la plume.
(Si deve essere leggeri come l'uccello, e non come la piuma).
PAUL VALÉRY, *Choses tues*
(citato in Italo Calvino, *Lezioni americane*)[1]

Dove risiede il maggiore piacere nella guida di una motocicletta
Ho sempre pensato che sentirsi leggeri come l'*oiseau* contenesse la parte più grande del piacere puro di guidare una motocicletta. Un giorno improvvisamente ho ripensato a quel libro, letto tanti anni prima, nel quale Italo Calvino spiegava l'importanza della Leggerezza nella scrittura. L'ho riletto e, fra molte altre cose, ho scoperto che tutte le *Lezioni americane* avrebbero potuto essermi utili per spiegare e mettere in evidenza un personale approccio filosofico al motociclismo. Di qui è nata l'idea di scrivere *La curva perfetta*.

Tutto il bello di guidare una moto sta nella Leggerezza, dicevo. Nel volo rasoterra, nel prevalere sulla forza di gravità a ogni curva, con la complicità di quella centrifuga. Con la forza di gravità si inizia a confrontarsi da piccoli, a un anno, quando si comincia a camminare, s'inciampa e si cade inesorabilmente faccia avanti, fra le espressioni esclamative e sadicamente divertite di mamma e papà. Più grandicelli, sulle giostre, si comincia ad avere un'idea della forza centrifuga.

Anche se il terrificante senso di vuoto nello stomaco sull'ottovolante e la ripetitività orbitale del calcinculo non mi sono mai piaciuti: ho sempre detestato i baracconi, le luci colorate e soprattutto il genere umano tipico del luna park. Ma se c'era da dimostrare un minimo di virilità e coraggio alle ragazzine, non ci si poteva tirare indietro. Invece credo di avere raggiunto la prima estasi da controllo della forza centrifuga grazie al classico circuito a forma di 8 dell'autopista elettrica Scalextric che mi aveva portato Babbo Natale. Tempi gloriosi: avrò avuto sei anni, correvo ogni giorno per il quartiere con la bici da cross e ci facevo pure delle belle impennate. Sapevo anche sciare piuttosto bene, quindi la gestione della forza centrifuga in rapporto al peso del corpo mi era già istintivamente nota. Però vedere la piccola Ferrari rossa percorrere tre o quattro giri completi al massimo della velocità, senza farsi sbattere fuori dalle curve come invece accadeva alla Lotus color british racing green, mi dava un piacere sublime!

Da adulti, vaccinati e patentati, s'impara a gestire la forza centrifuga anche in motocicletta, per non farsi allontanare dal centro della curva e portare fuori strada. Come? Spostando il peso del corpo e dosando sapientemente la velocità grazie alla manopola del gas, che di fatto rappresenta il nostro generatore di forza centrifuga. Quando si arriva a guidare bene, ma bene bene, si può apprezzare quella capacità di calcolo innato che permette di sapere di quanti chilometri orari si ha bisogno per farsi sostenere dalla forza centrifuga e disegnare la traiettoria migliore. Hai mai osservato un rapace nel cielo, mentre sfrutta le correnti per galleggiare nell'aria con le ali immobili? È affascinante, se ne resta incantati, proprio come davanti al gesto sportivo rivisto al rallentatore. Ecco: captare il momento giusto della rotazione come un dj fa con il solco giusto del vinile, sfruttare la velocità di percorrenza in modo così raffinato procura quel senso di sospensione e di leggerezza quasi primordiale che si prova, in particolare, nella percorrenza della curva.

Dopo tanti anni di esperienza in sella, il piacere di sentirsi tanto leggeri non si trova soltanto nella gestione della forza centrifuga generata dai chilometri orari, ma cogliendone il tanto che occorre a far volare rasoterra il corpo seduto su una moto, anche molto pesante e a velocità più bassa. Sono queste le nostre ali a geometria variabile. Esattamente come ha scritto Paul Valéry, per compiere la traiettoria ideale bisogna essere leggeri e consapevoli come un uccello, non come una piuma in balìa del vento. A proposito di volo: quando è tranquillo, su un aereo di linea, non procura alcuna sensazione di leggerezza. Esaurita la spinta del decollo, una volta raggiunta la quota stabilita, chiudendo gli occhi si potrebbe pensare di essere seduti su un Flixbus in autostrada. Per avvertire il senso del volo occorre tornare a bassa quota e guardare i tetti delle case, sempre più vicini sotto le ali, prima di atterrare. In sostanza: per apprezzare la Leggerezza in moto, bisogna saperne considerare il peso. Proprio come Italo Calvino soppesa le parole mentre ci spiega come e quanto è importante trovare la Leggerezza in quelle giuste. Il motociclista invece deve captare la velocità giusta: a volte è andando non troppo veloce che il gusto è pieno, la sensazione del peso quasi scompare e il piacere aumenta fino alla sensazione straordinaria di volare rasoterra. Ricordatelo: alla curva perfetta si può arrivare a qualsiasi velocità, non necessariamente la più elevata.

L'impennata è un altro momento di Leggerezza sublime. Avendo cominciato sulle moto da fuoristrada, per me la capacità di impennare è sempre stata indispensabile. Io la adoro, l'impennata. Su questa manovra, che ricordo vietata sulla pubblica via dall'articolo 170 del Codice della strada perché considerata guida pericolosa, si sono sentiti i giudizi più ridicoli. C'è chi è arrivato, assai grossolanamente, a paragonarla all'erezione maschile, in una metafora della moto fin troppo banale. Ma per piacere... Da uomo di motociclette e in motocicletta credo che coloro che ne parlano in questi termini abbiano sperimentato poco entrambe. L'impennata è la celebrazione della Leggerezza allo stato dell'arte, proprio perché corre su un equilibrio sottilissimo. Se eseguita consapevolmente e con precisione rappresenta la Leggerezza assoluta, anche agli occhi di chi la guarda. E più la moto è pesante e ingombrante, più fa impressione. La bella impennata è sempre abbastanza lunga, assolutamente elegante nella sua perfetta esecuzione. Credo ci siano moto che quasi ti implorano di essere guidate così, sembrano fatte apposta. Altre che, fino a quando non ho trovato il momento giusto per impennarle, non capisco se mi piacciono davvero. Come se l'equilibrio dinamico sulla sola ruota posteriore fosse una verifica indispensabile, conclusiva, che ne decreta la validità progettuale, il senso. Poi ci sono certe moto delle ultime generazioni fin troppo esuberanti, deliberatamente votate alla «penna»; leggere ed elaborate come un origami, sono dotate di un'elettronica abbastanza sofisticata da far credere a chiunque di essere capace d'impennare, anche se non è vero e comunque non si può. Ciò che intendo per impennata allo stato dell'arte è un gesto che non prevede alcuna assistenza digitale. Non è un numero da circo, sorge da sé nel momento giusto seguendo una sorta d'ispirazione che affina la modulazione del gas. Non è neppure necessario insistere nella percorrenza per farla durare più a lungo, né controllare con il freno posteriore l'eventualità del ribaltamento. Si galleggia leggiadri per quanto è possibile, senza forzare, spontaneamente; quindi si torna ad appoggiare la ruota anteriore a terra dolcemente, senza fretta. Quando non la si esegue così, con naturalezza, l'impennata è sempre una manovra rischiosa, da cafoni maleducati, volgare e pericolosa quanto immancabilmente fuori luogo. Direi addirittura imbarazzante, non solo per chi la fa – così male – ma anche per chi ha la sfortuna di esserne spettatore. Una bella impennata è una breve, piccola festa privata, ma anche un momento liberatorio condivisibile: alla fine della giornata di corso, sulla strada vuota e in condizioni ideali, capita che un istruttore possa tirare una bella «penna». In quel momento e in quelle condizioni di padronanza assoluta, la condivisione della gioia di guidare con gli altri istruttori celebra una giornata positiva. La moto si trasforma davvero in quella *superprotesi* che cerchiamo di spiegare nei corsi di livello avanzato Gsss Special... anche se in un corso su strada non insegniamo certamente a impennare!

E lo *stoppie*? Sempre di impennata si tratta, anche se è rovesciata sul davanti. Qui la faccenda si complica, dato che, tecnicamente, il brusco trasferimento di carico necessario per alzare la ruota posteriore potrebbe essere considerato un errore. Nello *stoppie* non si sfrutta la possibilità di rallentamento che può offrire la gomma posteriore prima che perda aderenza. Però può essere interpretato allo stesso modo di una bella impennata. Una prova, una verifica del perfetto funzionamento, ma soprattutto della gestione dei freni, dell'equilibrio della moto; e innanzitutto della nostra abilità, della padronanza della tecnica di guida e della capacità di utilizzare i comandi. Quando viene bene, uno *stoppie* è altrettanto bello ed elegante di un'impennata. Il punto di riferimento in equilibrio sulla ruota anteriore – ma non solo – del team dei corsi di Guida sicura su strada (Gsss) del Motoclub Curve&Tornanti porta da sempre il nome di Leonardo Lumini. Chi ha avuto la fortuna di guidare insieme a lui come allievo, o da istruttore e collega, in un momento particolarmente bello, se lo ricorderà per sempre.

A parte gli stuntmen più famosi, che eseguono i loro *tricks* con grande maestria, il pilota da osservare in azione adesso è il turco Toprak Razgatlıoğlu. Quando corre nella World Superbike, è capace di inserire in curva la sua Yamaha R1 ufficiale con la ruota posteriore completamente staccata da terra. Resta così per tutta la staccata, per poi dare gas quando inizia a sfiorare l'asfalto con la moto leggermente di traverso... Un numero spettacolare, ma tutt'altro che fine a se stesso nell'arena multicolore della velocità. Il suo *stoppie* sublima una tecnica di guida raffinatissima quanto divertente, che punta sempre al gradino più alto del podio.

La *macchina della verità* e come usarla

Nella pratica dello sport, o anche soltanto camminando per strada, è sempre il corpo a dire di noi, nel suo particolare linguaggio che anticipa la parola. Anzi, a volte la rende inutile. Invece fra motociclisti si comunica moltissimo attraverso la moto, proprio perché il coinvolgimento del corpo nella guida è evidente e indispensabile. È la moto che ci rende così leggeri, la nostra *macchina della verità*. Lo strumento indispensabile per intonare il canto della curva perfetta. Il rapporto simbiotico fra motocicletta e motociclista è il focus del percorso di formazione di un allievo dei corsi Gsss. Il punto di partenza è sempre una domanda meno retorica di quanto si possa pensare: «Che cosa significa essere motociclisti?». Dà lo spunto a un'importante riflessione che rappresenta, per ogni allievo, la prima opportunità di comunicare la propria esperienza, anche se pensa di non avere molto da imparare, giusto qualcosa da verificare. Lo stesso concetto si sviluppa nei corsi di livello avanzato, nei quali si prende in esame l'origine della propria passione. E la questione diventa: «Che motociclista sono?». Per ciascuno la risposta diventa sempre più interessante e complessa nel suo mettere in relazione il proprio carattere, la propria indole, con le diverse tipologie di moto che entrano nella propria vita, in seguito a un precisa scelta. Evidentemente è importante sapere chi sono, inteso come persona. Perché per il secondo interrogativo, quale motociclista sono, la motocicletta è un indicatore cruciale. Una *macchina della verità*, appunto. Altro indicatore fondamentale è come muovo il corpo, anch'esso incapace di mentire: solo la fluidità del movimento si traduce nella bellezza della traiettoria. Di qui, l'assunto «guido come sono», che è ben diverso da «guido, quindi sono». Al manubrio di una moto si svelano il carattere e la personalità dell'individuo. È vero che si guida anche per come ci si sente in un determinato momento: felici, arrabbiati, sconvolti, o semplicemente stanchi. Chiunque è in grado di capire che l'atteggiamento è migliore guidando ben riposati in una bella mattina di sole, anziché dopo otto ore su strada e tre temporali. Poi non è detto che non siano proprio le difficoltà a procurare lo stato d'animo necessario per liberarsi veramente e sentirsi se stessi in sella. Gli elementi psicologici e gli atti tipici che influenzano la guida sono molteplici. In più ci si mette lei, la moto, che a differenza dell'auto non porta, ma va portata con la testa e la partecipazione fisica dell'intero corpo.

Senza scendere troppo nei dettagli e per estensione, posso affermare che si guida come si vive, non si scappa. Vuoi la riprova? Per conoscere meglio un motociclista, una persona interessante, magari un nuovo amico o amica, invitali a un bel giro in moto: avrai la conferma se ha le qualità giuste per te, o meno. Se si tratta di una persona gentile, curiosa, premurosa, matura. Su questo sono pronto a scommettere quello che vuoi. Il movimento del corpo durante la guida è un indizio rivelatore. A un istruttore esperto basta un'occhiata per capire che persona è un certo tipo di motociclista. Per sapere se guida con Leggerezza, e ne trae davvero piacere, basta guardarlo. Magari l'allievo l'avverte senza esserne del tutto consapevole. Basta osservare come si muove, come sta in sella, come affronta le curve. La consapevolezza del rapporto tra il peso di moto e motociclista e la forza centrifuga necessaria per sostenerci in curva è alla base della ricerca della Leggerezza e, quindi, del piacere di volteggiare sull'asfalto. Da questo punto, diventerò necessariamente meno filosofico e più tecnico, forse anche pedantuccio, soprattutto per quanto riguarda la postura in sella. Se non altro, le prossime pagine consentiranno di inserirti nei capitoli successivi con più Leggerezza, proprio come in una serie di curve fatte come si deve.

Di solito, una delle domande solo apparentemente banali che pongo all'allievo del corso di Guida dinamica sicura su strada è: «Preferisci guidare in salita o in discesa?». Un buon istruttore dovrebbe già conoscere la risposta dall'osservazione del primo quarto d'ora su strada. Senz'ombra di dubbio, l'allievo che preferisce la salita non è così consapevole del piacere della propria leggerezza. Riprendendo la metafora aeronautica di qualche pagina fa, è un po' come se si sentisse comodo e rassicurato in perenne fase di decollo, senza arrivare davvero a volare leggero. Preferisce la salita perché si sente sostenuto dalla spinta del motore in rettilineo, così come dalla forza centrifuga generata in curva, spesso in eccesso rispetto a quella necessaria. Al contrario, il pilota più esperto trarrà grandissima soddisfazione proprio dalla discesa. Che non è detto sia una placida, dolcissima planata. Sempre rimanendo sull'esempio del volo, può svolgersi nel rapido susseguirsi di curve, oppure in una vertiginosa picchiata in avvitamento, in una serie di tornantini stretti con l'asfalto che non offre molta aderenza. La bella guida in discesa è sempre raffinata ed emozionante, richiede maggiore perizia, abilità e conoscenza della tecnica da adottare. Qui occorre saper gestire i freni, più che il motore. Mentre in salita l'aderenza garantita dalla continua accelerazione è rassicurante, la stessa ottenuta dal bilanciamento tra il freno posteriore e l'anteriore è molto complessa; richiede tanta sensibilità ed esperienza, ecco perché è assai più difficile da gestire.

Se la traiettoria è la propria firma lasciata sulla strada, la postura del corpo è la mano che la scrive. Una bella frase a effetto, vero? Di quelle che di solito il lettore sottolinea a matita, per ricordarsene e spenderla nella situazione giusta. È anche la metafora molto semplice e diretta che usiamo nei corsi. Quando la traiettoria è veramente ben eseguita, si può dire che si arriva letteralmente a disegnarla. La postura non dev'essere mai rigida, contratta, ma neppure troppo rilassata. La presa dev'essere salda, ma attenta a non stringere troppo le manopole. Da questa dipende tutto il resto: una presa «dura» è sempre sbagliata, perché blocca il polso e di conseguenza il gomito, quindi l'intero braccio, fino a irrigidire le spalle. Per impugnare le manopole nel modo corretto, le dita indice e medio vanno tenute pronte sulla leva del freno anteriore e su quella della frizione. Non si tratta soltanto di guadagnare preziosi decimi di secondo in una frenata di emergenza: così facendo, le tre dita rimanenti concorrono a ottenere la presa migliore. È evidente che, secondo la circostanza, per ottenere una presa più salda il pilota esperto possa tenere tutte e cinque le dita sulla manopola, come accade a chi guida in pista. Al contrario, il sistema dell'indice e del medio sulle leve costituisce uno dei capisaldi del Metodo Gsss nell'insegnare la postura corretta. È fondamentale capire che questa parte sempre dalle mani, si sviluppa sulle braccia e comprende l'interezza del corpo. Per esempio, è importante saper tenere... la testa a posto, perché da sola rappresenta circa il dieci per cento del peso corporeo ed è lontana dal baricentro. Di conseguenza s'impara a tenere in un certo modo il busto, le mani, le gambe, i piedi sulle pedane. Il peso del corpo è molto influente su quel complesso oggetto che è la motocicletta. Muoverlo bene, in modo fluido e armonioso, è il fattore più importante da capire per dirigerla. Partiamo dall'alto: è dalla testa, con lo sguardo, che si sceglie l'inserimento in curva. Oltre alla rapida ricognizione d'insieme, gli occhi valutano dov'è più opportuno cercare di passare e indicano la strada al resto del complesso moto-motociclista.

Ciò che cambia letteralmente il modo di guidare grazie al Metodo Gsss è l'utilizzo del busto: per sentirsi «leggeri» in sella vanno utilizzati i muscoli addominali e lombari. A volte, in quegli esercizi di autoverifica che un istruttore dovrebbe continuare a fare nel tempo, mi piace inserirmi in curva staccando deliberatamente le mani dal manubrio, per constatare come mi sto muovendo in sella. Per essere certi di non appoggiarsi al manubrio, per esempio provando una moto nuova, si può guidare per un breve tratto con una mano sola – ti avviso, è una manovra vietata dal Codice della strada: quindi se ti fermano non estrarre dalla borsa il libro affermando che si può fare perché l'hai letto qui... È sufficiente una semplice inclinazione del busto per impartire una direzione e inserire la moto in curva, anzi per «far girare la moto». Il busto e la testa sono come la cloche di un aereo. Verificalo su un rettilineo, in sicurezza: per continuare ad andare diritto ti ritroverai a contrastare l'azione con il manubrio, perché la moto sta già tentando di cambiare direzione. Probabilmente non dovrei scriverlo, ma – a rischio che mi sia tolta la patria potestà, insieme alla patente – mentre porto una qualsiasi delle mie due figlie a scuola in moto e non ci sono auto in vista, a volte «gioco» a fare nulla con il busto chiedendole di far curvare lei la moto, dalla sella posteriore. Nonostante sia soltanto la passeggera, pesi la metà di me e sia sempre il babbo a mantenere i comandi, la piccola «sente» come il mezzo obbedisce al movimento della sua testa e del corpo, ben più minuto del mio. Ti assicuro che in questo modo si ottiene una sensazione impagabile di leggerezza e controllo anche al manubrio di una Vespa, o di un maxiscooter. In sella a una Harley-Davidson o una tourer da tre quintali e mezzo è addirittura euforizzante.

L'utilizzo degli addominali (quei muscoli troppo spesso dimenticati se non si fa sport) è la chiave di volta, il fulcro della postura corretta; il primo passo per correggere la posizione e lo strumento per attivare tutto il corpo nella guida. Il movimento del busto è un'opportunità assolutamente da sfruttare per «scaricare» la guida dalla spina dorsale. Di solito, si tende a scaricare sulla colonna vertebrale il peso del corpo a ogni buca, o nel più piccolo avvallamento. Abbiamo tutti presente cos'è il mal di schiena alla fine di una giornata in moto, no? Quindi sai di cosa parlo. Un secondo vantaggio dello sfruttare gli addominali è quello di stancare meno le braccia e le gambe, cosa che permette di restare in sella più elastici e rilassati, pronti a «correggere» con reattività e minore fatica la traiettoria. Di solito è la posizione di guida su una determinata moto che suggerisce di sfruttare meglio gli addominali. Su una supersportiva, non è consigliabile, è indispensabile. Hai presente gli smanettoni all'antica che guidano tutto di braccia, con i muscoli tesi e i polsi caricati, per poi lamentarsi delle vibrazioni eccessive? Io di solito, parlando di vibrazioni, avverto solo quelle giuste, prodotte dalle pulsazioni del motore. Il successo delle enduro stradali e delle naked si deve anche al fatto che offrono il compromesso posturale migliore, grazie alla posizione di guida comoda ed equilibrata. Il manubrio è ampio, leggermente rialzato. Posizionato in modo che il pilota, anche neofita, non possa farti gravare troppo il peso perdendo completamente la possibilità di controllare la direzione in modo preciso. È inutile girarci intorno: la difficoltà maggiore nel guidare la moto sta proprio nel dirigerla; di questo parlerò più avanti, nel capitolo dedicato all'Esattezza, ma solo dopo aver affrontato la Rapidità. Tornando all'importanza degli addominali, questa si avverte immediatamente nella fase dell'accelerazione. Aumentando la velocità, in genere si tende ad abbassare leggermente la testa inclinandosi in avanti. È una reazione naturale, quasi pavloviana. Serve a vincere la resistenza dell'aria e a caricare con un peso maggiore l'avantreno, che tende ad alleggerirsi. Invece, durante la frenata, mentre le braccia premono attivamente sul manubrio, è bene alzare appena il busto e offrire più resistenza all'aria. Fare come un paracadute che si gonfia, insomma: questo movimento preciso aiuta il migliore trasferimento di carico tra gli assi e offre l'impronta a terra ideale degli pneumatici. Lo sfruttamento dei muscoli addominali permette di essere leggeri sul manubrio. Possiamo ripeterci mille volte che la presa dev'essere salda ma restare leggera. Non c'è bisogno di aggrapparsi come un trapezista senza rete. Quand'è che ci si appiglia, in genere? Quando si ha il timore, la sensazione che l'aderenza al suolo possa venire meno e si ha paura di scivolare, di cadere. Ecco perché attaccarsi letteralmente al manubrio tradisce paura e insicurezza. Una postura naturale fa bene alla mente ed è ancora più importante alla guida delle naked, prive di protezione aerodinamica. Qui il corpo è spinto all'indietro dall'attrito dell'aria, moltiplicato dall'aumento della velocità. I muscoli addominali permettono di mantenere la postura del busto corretta, cioè leggermente piegato in avanti, alleggerendo la presa sul manubrio. Mi permetto di insistere molto su questo punto, perché in moto un irrigidimento del corpo porta quasi sempre a un risultato negativo. Invece nella guida armoniosa il motociclista scorre leggero sulla strada raccordando le traiettorie. Il margine di sicurezza conquistato consente di interpretarne l'andamento ed essere pronto per una buona parte degli eventuali imprevisti. Le curve si affrontano alla giusta velocità, senza spigolarle con brusche frenate e accelerazioni. Provare per credere: la Leggerezza, ragazzi, la Leggerezza... A tutti gli effetti, spesso è la fetta più grossa del piacere di guidare una motocicletta.

Come accennavo prima, in movimento la presa migliore delle mani sul manubrio prevede di usare soltanto due dita, sia per il freno anteriore sia per la frizione: sono lontani i tempi delle maximoto anni settanta, con le leve che richiedevano degli avambracci nerboruti e tempi di azionamento più lunghi. Naturalmente, il manubrio va mantenuto con forza variabile, secondo la situazione. La presa è costantemente modulabile, salda, non rigida. La leva del freno dev'essere già pronta, per tutte le manovre, sotto l'indice e il medio della mano destra. È un gioco fluido di stringere e mollare, un automatismo; così come in fuoristrada si aggiunge o si toglie «peso» di continuo, specialmente sulle pedane. A proposito di automatismi: alla guida di una moto, ognuno ha i propri. Potremmo averli consolidati nell'esperienza degli anni trascorsi in sella, però non è detto che siano tutti giusti. Le moto moderne consentono la regolazione della distanza tra leve e manopole su quattro posizioni. Meglio ricordarsene prima di mettersi in movimento, specie se la natura non ti ha dotato di mani grandi da muratore... oppure delle dita lunghe e affusolate del pianista! La frizione deve staccare generalmente a mezzo centimetro dal completo rilascio, il freno essere efficace dopo pochi millimetri. La leva non dovrebbe avvicinarsi troppo alla manopola del gas: se stimolata in eccesso, in caso di surriscaldamento del liquido, la sua corsa può aumentare sensibilmente. Nel classico triangolo posturale sella-pedane-manubrio, la posizione delle braccia deve garantire sempre il controllo migliore ed è abbastanza vincolata dal tipo di manubrio che stiamo impugnando. È essenziale in ogni caso che le braccia non siano rigide, quindi che i gomiti siano sempre flessi e piegati. Allo stesso modo, i polsi devono essere saldi, non rigidi, in modo da permettere di seguire i movimenti dell'avambraccio. Il gomito? Alzarlo non è consigliabile, ma doveroso! Lontani dalla bottiglia, però: guidare con i gomiti larghi consente di muovere meglio le braccia e la linearità del binomio avambraccio-polso. Con i gomiti in alto aumenta la possibilità di fare pressione sulle manopole, per esempio tirando verso l'esterno e spingendo verso l'interno. Visto da dietro, il motociclista che tiene i gomiti larghi forma come un parallelogramma che scorre con regolarità sugli assi delle spalle e delle mani. È un piccolo spettacolo biomeccanico molto bello da osservare, oltre che efficace.

Scendiamo alle gambe e soprattutto ai piedi: devono poggiare sulle pedane con la parte anteriore, cioè l'avampiede, non sul tacco o sulla pianta. Il piede è una struttura che assicura delle funzioni fondamentali nel corpo umano, sia per l'azione biomeccanica che svolge, sia per la funzione di recettore neuro-sensoriale. È determinante per l'equilibrio e per l'intero sistema posturale. Svolge una doppia funzione: statica, nel sostenere il peso del corpo e nel mantenerlo stabile grazie alla posizione perpendicolare rispetto all'asse della gamba; e dinamica, ed è questo l'aspetto che in sella ci interessa più da vicino, dal momento che consente di spostare il corpo premendo sulle pedane. La struttura della muscolatura del piede e del polpaccio permette una notevole mobilità e, al tempo stesso, una robustezza e una forza adeguate a sopportare i carichi fisiologici e gli sforzi ai quali è continuamente sottoposto. Soprattutto consente di calibrare con esattezza la pressione sulle pedane in funzione della guida. Il piede è anche sede di una grande quantità di terminazioni nervose e la sua parte più sensibile è quella delle teste metatarsali, dopo le dita. Quando si «sente» la strada, molte informazioni arrivano da lì. La stimolazione dell'avampiede permette anche di sbloccare le emozioni trattenute, migliorare la qualità della respirazione evitando l'apnea. E allevia lo stress, che spesso porta a una contrazione dei muscoli dorsali e all'irrigidimento sui comandi. Quindi a guidare in modo meno elastico, meno naturale. Anche la pedana è un comando da valorizzare. Altro che semplice poggiapiede: è una leva! E come per quelle di freno e frizione al manubrio, se c'è la possibilità di regolare la posizione dei comandi al piede di freno e cambio, sfruttala. Il freno posteriore deve farsi trovare sotto il piede agevolmente, mentre la leva del cambio non va mai tenuta troppo bassa. La cosa più importante da capire è che, esattamente come si può premere sull'una o l'altra manopola con le mani per inserire la moto in piega, la stessa cosa deve avvenire con i piedi. Guidando in modo sportivo, elegante e partecipato, è necessario saper ballare sulle pedane, cambiare spesso la posizione dei piedi: per frenare e cambiare marcia, ma soprattutto per consentire di caricare e spingere efficacemente.

Lo ripeto: le pedane non sono semplici supporti, ma comandi. Variando la loro lunghezza, varia la forza di leva applicata alla moto in curva. Per questa ragione, a volte la pedana sinistra può essere premuta con l'avampiede per sentire maggiormente il baricentro della moto all'interno della curva; mentre l'altro piede resta più arretrato sulla pedana per poter premere, anche soltanto un poco, sul freno posteriore, il «sensore» che contribuisce a dirigere e a correggere la traiettoria della moto. In ogni caso, quando la capacità del pilota lo permette (e sai bene che su questo si può, anzi si deve lavorare moltissimo), i piedi dovrebbero essere paralleli alla moto e restare il più possibile sulle pedane, sia andando rapidi tra le curve, sia quando si cerca semplicemente di fare manovra per parcheggiare.

Altrettanto importante è «sentire» il baricentro. È quello che nell'accezione comune dello yoga e della medicina ayurvedica è definito il *chakra*, il punto di forza vitale di quel complesso insieme composto dalla moto e dal motociclista. Ai corsi di guida sicura, nell'osservare certi allievi impacciati nelle manovre di parcheggio e nell'*handling* a bassissima velocità, usiamo dire: entrambi i piedi sulle pedane fanno un centauro; un piede su e uno a terra, un mezzo centauro; entrambi i piedi che strusciano a terra, fanno un sacco di patate. Sai perché? Se non si usano gli addominali, è come non averli. Si resta appesi alla moto, senza la sicurezza del pur minimo contatto con la parte inferiore. Da evitare anche la posizione «a papera», con le punte dei piedi verso l'esterno. È vero, Mike The Bike Hailwood li teneva così, al punto che il progettista Fabio Taglioni osservò (non si sa quanto scherzosamente) che gli rovinavano la linea della Ducati 250 Desmo da corsa. Ma erano gli anni sessanta: altri tempi, altre moto, diverso stile di guida. Facciamo così: consideràti autorizzato a tenere i piedi a papera in autostrada, per rinfrescarli. Oppure quando avrai vinto 8 campionati del mondo e 76 gran premi come ha fatto lui...

Se la posizione delle braccia consegue da quella corretta delle mani, la posizione delle gambe dipende più che mai da quella dei piedi. La distribuzione del peso del corpo che grava sui due assi e il carico muscolare esercitato sulle manopole e sulle pedane devono tutti poter concorrere allo spostamento del baricentro. Le gambe devono avere sempre un tono muscolare attivo, senza essere completamente rilasciate. Con l'interno delle cosce si deve sentire l'appoggio al serbatoio; è necessario poterlo stringere per evitare di scivolare in avanti frenando. In alternativa, si possono allargare le ginocchia e usarle come bilanciere per rendere il movimento di entrata in curva più omogeneo e appagante. Il ginocchio a terra? Ti procura un sacco di punti con gli amici, ma su strada non è mai necessario (ne riparleremo a proposito dei «miti da bar»), mentre diventa pressoché indispensabile in pista. Non tanto per sfruttare il ginocchio come ulteriore punto di appoggio, ma per sentire e misurare il grado d'inclinazione della moto.

Diverso è il discorso della guida di una custom americana o di un chopper, che hanno le pedane rialzate e avanzate, a volte fissate sui tubi anteriori del telaio all'altezza dei cilindri. Su questo tipo di moto, si guida con il resto del corpo tenendo le braccia alte, con le mani a volte più alte delle spalle. Ancora una volta tornerà più che mai utile lo spostamento del busto per far girare la moto inclinandola un pochino meno, specialmente quei modelli particolarmente bassi che strusciano rapidamente le pedane a terra. Prima avevo detto che quando si «sente» la strada è perché le informazioni arrivano dal piede. Il fondoschiena non dovrebbe essere trascurato, però. Una delle parti più vilipese del corpo umano è stata indicata da Niki Lauda come il vero protagonista sensoriale della guida di una Formula 1. Lo disse senza mezzi termini: «La cosa più importante per capire come va una macchina è il culo». Con meno gran premi vinti, ma altrettanto mestiere, ricordo che anche il mio istruttore di scuola guida si espresse nei medesimi termini: in auto come nella vita, è il culo che conta, ragazzo mio. Il sedere è il nostro sensore numero uno per avvertire la stabilità dalla sella e recepire le reazioni del retrotreno. Ecco perché diventa un elemento importante nella guida, soprattutto sulle cruiser di scuola americana, nelle quali il baricentro è particolarmente basso e diventa importante saper direzionare la moto anche con l'azione dei glutei. Al contrario, nella guida sportiva e in montagna il sedere si muove costantemente a destra e a sinistra per scaricare il peso sulle pedane. Ricordo certi piloti di moto classiche in pista che spolveravano la sella di talco, proprio per favorirne lo scivolamento da un lato all'altro. Un buon trucco da tenere a mente... Tirando le somme: quando tutto il corpo guida la motocicletta con un movimento fluido e armonioso si fatica pochissimo. Il movimento ci rende attenti e partecipi, moltiplicando il piacere di stare in sella.

La Leggerezza più sopraffina, oltre alla posizione corretta in sella, è prodotta anche dalla respirazione e dal ritmo. Un insegnante di yoga potrebbe insegnarti molto sull'importanza della respirazione. Non darla per scontata, perché interessa diversi dei tuoi organi. Migliore è la postura in sella, meglio si respira, meglio si ossigena il cervello. È un aspetto così rilevante che da qualche anno abbiamo invitato a collaborare al progetto Gsss Max Damioli, *personal coach* e grande esegeta del respiro. Ne parlerò meglio nel capitolo dedicato alla Molteplicità. La Leggerezza è anche una questione di peso corporeo. Una volta, a un raduno, ho visto il classico biker con un wurstel e crauti in una mano, la birra media nell'altra e la maglietta «Un uomo senza pancia è come un cielo senza stelle». Fantastico. Poi mi sono chiesto come guida uno così, col girovita del Bibendum, l'omino Michelin. Il grasso addominale in eccesso incide sul movimento del diaframma, mentre quello intorno al torace ne impedisce l'espansione e ci affatica molto di più anche in un atto così naturale e inconsapevole come quello respiratorio. Sinceramente ho rilevato più volte come un allievo sovrappeso, ma decisamente bravo nella guida, fosse senza dubbio più leggero ed elegante nel suo movimento in sella che quando, lasciata la moto sul cavalletto laterale, si muoveva goffamente sulle sue gambe. Ora, non è il caso di sfinirsi in palestra per diventare magri come un pilota professionista, però tenere la pancetta sotto controllo aiuta. Quando la respirazione si fonde armoniosamente con il movimento del corpo, assecondando l'andamento mosso di una bella strada di montagna, si stabilisce senza sforzo quel rapporto tra pilota e motocicletta che avvertiamo come il più naturale e appagante.

A proposito, come siamo messi a ginnastica? Se trovi noioso l'argomento e più in generale il fitness, salta al paragrafo «Climax e anticlimax» senza passare dal via. Se invece un paio di cenni sull'importanza della preparazione atletica di base ti interessano, attiro subito l'attenzione sulla parola «dinamica». Non è stata inserita nel nome del corso perché fa figo, è gratis e non impegna, ma perché una guida leggera e sicura non può prescindere da una condotta della moto attenta, tonica e molto reattiva. Per reagire in fretta a una situazione difficile bisogna essere attenti con la testa, i sensi e il corpo. Non c'è santo che tenga – e quando è il momento di invocarlo in moto di solito è troppo tardi: l'apparato locomotorio del pilota dovrebbe essere efficiente quanto quello del mezzo. Meglio prepararlo con un'attività aerobica adeguata e costante, per metterlo nelle condizioni di rispondere convenientemente alle sollecitazioni della guida. Visto e considerato che è tutto il corpo a concorrere all'azione fluida ed efficace di quella meravigliosa *superprotesi* che è la motocicletta, meglio puntare a un ciclo di esercizi che aumenti l'ossigenazione di tutti i distretti muscolari e i tessuti interessati. Se frequenti una palestra, fallo presente al trainer nel momento di compilare la scheda. Ciò che ti serve è un'ottima base alla quale aggiungere esercizi specifici per le parti del corpo più impegnate dalla guida. Il busto, tanto per cominciare. Non è solo la cloche, ma l'elemento stabilizzatore per l'azione degli altri distretti muscolari. Va irrobustito nella parte anteriore (addominali) e posteriore (lombari), in modo da sostenere al meglio la colonna e preservarla dai microtraumi da sella – addio Leggerezza, con il mal di schiena. Le gambe influiscono sulla guida dinamica con gli spostamenti in sella, anteriori-posteriori e soprattutto laterali. Per sostenere il lavoro sulle pedane è utilissimo avere cosce toniche, mentre i polpacci elastici dosano al meglio il carico. Non dovendo agire in modo pesante sul manubrio, le braccia devono sostenerti nelle frenate più impegnative o improvvise. Quindi devono conservare la necessaria scioltezza, senza dimenticare un minimo di forza negli avambracci, che sono sottoposti a un lavoro non gravoso ma continuativo. Busto, gambe e braccia toniche sono la garanzia migliore per affrontare senza patemi un'intera giornata in sella, oppure le tappe più importanti di un lungo viaggio.

Non dimenticare che, fra un distretto e l'altro, esiste una quantità e varietà di muscoli (quelli famosi «che non sapevo di avere» quando fanno male) che contribuiscono alla bellezza della guida armonica, composta di tanti piccoli movimenti sinergici. Esattamente come tanti aggeggi e aggeggini che lavorano in orchestra per far funzionare la motocicletta. Anche il motociclista ha una serie di «ingranaggi corporei» che hanno bisogno di essere sempre efficienti e coordinati per rendere al meglio. La coordinazione è una capacità spesso tralasciata negli allenamenti in palestra, mentre è più curata nel gesto sportivo. Ci sono esercizi leggeri e divertenti per allenare la destrezza del motociclista: chiedi all'istruttore, o documentati bene se preferisci fare da solo. L'importante è che l'attività fisica sia costante, varia e non troppo impegnativa. Che ci vuoi fare: è il peso della Leggerezza.

Climax e anticlimax

Se non tutti sono capaci di accarezzare la curva perfetta, certamente ognuno ha la sua preferita. C'è un punto della statale della Futa che mi ha sempre dato un piacere sublime. Percorro una curva a destra, arrivo sullo scollinamento, seguito subito da una curva a sinistra. Il cambio di direzione e dell'inclinazione della moto avviene esattamente sullo spartiacque, un po' come al celebre Corkscrew, il «cavatappi» del circuito californiano di Laguna Seca. Se lo prendo abbastanza veloce, quello scollinamento, le sospensioni si scaricano completamente e le ruote quasi si staccano da terra. Per una frazione di secondo resto sospeso, come a mezz'aria. Ogni volta esclamo nel casco: «Aaah! È fantastica, questa cosa». Quella non è la *mia* curva, ma è uno dei punti che mi ricordano che cosa bellissima è guidare una motocicletta. Ecco, l'andare in moto è uno spostamento del corpo che determina un particolare stato della mente. Può elevarlo con intensità crescente fino a raggiungere una condizione di beatitudine assoluta. Viene definita «gradazione ascendente»: il cosiddetto climax.

Uno dei più bei momenti di climax nella mia vita di motociclista l'ho vissuto, come sempre, quando e dove meno me lo aspettavo, in sella a una Moto Guzzi Griso otto valvole in edizione Tenni, quasi una special di serie. Era stata donata alla nostra scuola di motociclismo dalla famiglia di Sandro, un allievo che ci voleva bene, purtroppo scomparso. Su quella Griso stavo scendendo dal passo dei Tre faggi, da Premilcuore verso il Cavallino, nel Parco nazionale delle foreste casentinesi. La moto era carica di bagagli, tornavo a casa dopo un bellissimo corso. Guidavo da tre giorni e mi sentivo piuttosto stanco, però m'impegnavo nel fare quello che dovevo: traiettorie precise, con le ruote proprio lì dove avevo deciso di passare. Mi muovevo alla *mia* velocità, che considero sempre un risultato, più che un'andatura. Era brillante, sì, ma senza esagerare. Non più di quindici minuti mi separavano dagli abbracci e i baci dell'arrivo. Ero assolutamente sicuro di ciò che stavo facendo, padrone della situazione. A un certo punto, ecco l'estasi. L'estasi, ti giuro. Una sensazione indescrivibile di equilibrio complessivo che può durare un pugno di secondi, ma assolutamente perfetti. Qualcosa che ti stupisce, perché sopraggiunge senza preavviso; e se anche ci si sforzasse di ricreare quella specifica situazione, non ci si riuscirebbe. A quei pochi istanti di estasi hanno contribuito senza dubbio tutti quei fattori esterni che potremmo definire poetici: la gradazione della luce, i colori del paesaggio alla fine di settembre, la temperatura ideale, il profumo nell'aria. Il canto nitido del motore: hai presente che suono fa, in rilascio, un grosso bicilindrico a V Moto Guzzi preparato come si deve con i collettori in titanio e lo scarico Arrow? Non mi dilungo nei dettagli: per citare un grande autore italiano e il titolo di un suo romanzo, posso solo aggiungere che il climax in motocicletta è sempre «una questione privata». Curva a destra, sinistra e poi ancora a sinistra. Scalo e inserisco rapidissimo la Tenni a destra in una curva secca accanto alle rocce. Di nuovo a sinistra, ecco, questa è bella ampia, apro deciso e metto addirittura la quarta... Soprattutto ero in discesa – e io adoro guidare in discesa. Come ho cercato di spiegare all'inizio del capitolo, è in discesa che ci si sente più leggeri. In discesa si ha una gestione fine dei freni, si fanno i conti con l'aderenza in un modo diverso, più sottile, rispetto alla spinta continua dell'accelerazione. La situazione che stavo vivendo m'imponeva – per esperienza – maggiore attenzione, perché con i pensieri in quel momento ero già arrivato a casa, pronto a festeggiare il ritorno con la mia famiglia. Non so se sono riuscito a farmi capire, perché è una situazione parecchio complicata. In ogni modo: nel climax è sempre il corpo a non mentire. Sembra prendere il sopravvento e, all'apice del piacere, chiede al cervello: «Sei proprio tu a fare tutto questo e così bene?». Il climax è un'iperbole, una sensazione tanto straordinaria quanto difficile da descrivere: non proprio euforizzante, bensì straordinariamente equilibrata. Ogni volta che lo provi tenti di aggrappartici, di farlo durare un po' di più... Provaci tu a tradurlo in parole. Per ricordarlo, annotalo in fondo al libro, abbiamo lasciato un paio di pagine bianche apposta per i tuoi pensieri.

Di contro, è impossibile parlare di questo straordinario stato d'animo senza fare alcune considerazioni sul suo contrario, l'anticlimax. Sfortunatamente si prova assai più spesso, ma di solito, nella nostra vita di motociclisti, cerchiamo di archiviarlo e dimenticarlo rapidamente. Che cosa caratterizza la classica giornata storta? Un senso di fastidio indefinibile, la scomodità della mente che non trova il giusto equilibrio, il disagio spuntato da chissà dove sono i segnali che portano all'esatto contrario di quello che ci fa sentire così magnificamente bene in moto. Con il caratteraccio che mi ritrovo, devo ammetterlo, le condizioni dell'anticlimax sono purtroppo molto frequenti. Com'è facile immaginare, la più ricorrente è determinata dalla presenza di troppi pessimi «possessori di moto» sulla strada. Vedi? Non li chiamo neppure motociclisti. La mezza età anagrafica non stempera una personalità poco tollerante come la mia, anzi mi sento sempre più legittimato ad arrabbiarmi, con la consapevolezza che non mi servirà a niente e che così facendo potrò soltanto peggiorare le cose. Può essere di cattivo esempio, se aumento il livello di preoccupazione in un allievo che è già un pochino teso. Certo che controllare l'anticlimax non è facile. Spesso la soluzione è una soltanto: evitare categoricamente di sottoporsi a questo genere di stress indotto da una combinazione di fattori interni ed esterni. Diciamo le cose come stanno: a volte si tratta di evitare situazioni assurde, anche di grande pericolo, generate dall'idiozia di certe persone perennemente in gara con se stesse. Disposte a rischiare la propria vita e, al contempo, assolutamente incuranti di quella altrui. Tutto questo in cambio di uno schizzetto di adrenalina nell'organismo. L'insofferenza alle situazioni generatrici di stress e di pericolo inutile è uno degli argomenti forti che nel 2005 ci ha spinto alla nascita del progetto Gsss. Per risolvere la situazione preferisco distinguere le condizioni di anticlimax più ricorrenti tra quelle che generano il disagio fisico e mentale.

Il primo dovrebbe essere più facile da individuare e superare. Se non ci si sente abbastanza in forma per una bella giornata in sella, qualche minuto di ginnastica la mattina, una bella passeggiata con il cane, magari una nuotata dovrebbero bastare per cambiare umore e stato psicofisico. Più subdolo e di difficile risoluzione il secondo. In questo caso, il libretto di uso e manutenzione del motociclista suggerisce di utilizzare l'attrezzo della logica. C'è una strada che porta cattivi pensieri o che è meglio evitare in certi giorni e addirittura certe ore? Bene, scartala. Sai benissimo che in Italia le alternative «minori» e piacevoli non mancano. Le strade secondarie possono essere fantastiche, richiedono grande abilità e, non consentendo un ritmo di guida troppo veloce, sono evitate da quegli pseudo-piloti della domenica. Una serie di condizioni volgono al peggio e di andare in moto ci sembra di non avere poi tanta voglia? Il cielo incerto che tende al brutto, una banale foratura, o una panne della moto che avremmo potuto prevedere, di quelle che «era tanto che sentivo quel rumorino...»? Comportati con logica semplicità e salva la giornata. Fai una sosta, inquadra il problema, studia una soluzione: ce n'è sempre almeno una. Il disagio mentale può diventare tremendo quando capita di trovarsi a passare dov'è appena accaduto un incidente che abbia coinvolto uno o più motociclisti. In certi casi, è meglio invertire la marcia e tornare a casa. In alternativa, la sensazione complessiva di malessere può essere risolta concentrandosi nella tecnica di guida. A questo punto sai già che in sella è necessario «esserci» tanto con il corpo, quanto con la mente. Non ci si possono permettere distrazioni e turbamenti. La concentrazione alla guida libera la mente dai pensieri che la inquinano. Quasi senza accorgertene, ti troverai a sbucare dalla nebbia in cima al passo. Insieme al sole, ritroverai il buonumore. E pazienza se non è più la giornata ideale per scoprire nuove curve e raggiungere il climax. Il momento perfetto sembra soprannaturale, invece è tutto vero e lo vivi anima, corpo e moto. Perché la motocicletta è il tuo straordinario amplificatore della vita.

Note

[1] Calvino Italo, *Lezioni americane. Sei proposte per il prossimo millennio*, Garzanti, Milano 1988, p. 17.

2

Rapidità

Festina lente. (Affrettati lentamente).
Massima attribuita da Svetonio all'imperatore Augusto
(citata in Italo Calvino, *Lezioni americane*)[1]

La velocità consapevole

La Rapidità sta al centro del piacere di guidare una motocicletta al pari della Leggerezza. E provoca autentiche sensazioni erotiche. La Rapidità di cui parlo non è una cifra a due zeri in chilometri orari, né è del tutto quantificabile dalla lancetta o dal display digitale del tachimetro. Sto parlando di uno stato della mente, una beatitudine enzimatica che genera endorfine e rende felici. La Rapidità appartiene al motociclista nella stessa misura e intensità in cui egli le appartiene. Sei mai rimasto lontano dalla moto per quello che consideri un lungo periodo? Possono essere decenni, anni, mesi. Anche solo poche settimane, per chi adotta la moto come stile e scelta di vita quotidiana. A coloro che vivono in costante equilibrio su due ruote, come piace a me, bastano quindici giorni di astinenza per verificare un deciso cambiamento di umore, che volge al brutto. Mi sento improvvisamente rallentato, di testa e voglia di fare. Sento che manca un elemento importante delle mie giornate. Se n'è andata la Leggerezza e, di conseguenza, la Rapidità in tutto ciò che faccio. È incredibile come in moto ci si abitui a ragionare rapidamente al gusto della decisione veloce, sensata e irrevocabile, anche nell'affrontare le piccole e grandi curve della vita. Facci caso: perfino lontani dalle moto, nel quotidiano e sul lavoro, i motociclisti si fiutano. Si ritrovano, si capiscono. S'intendono senza troppe spiegazioni nel condividere un qualsivoglia percorso che porti più rapidamente all'obiettivo. Non è spirito di consorteria, piuttosto un sentire comune. Se il dubbio è il biglietto da visita dell'intelligenza, il motociclista è abituato a riceverlo, a esaminarlo e a riporlo nel taschino nel giro di secondi. Rapidità non significa neppure unire due punti nel modo più diretto, sbrigativo e rettilineo possibile. Le curve ci piacciono, eccome. Anche quando disegnano una strada più lunga del dovuto, sembrano tracciate da un'onnisciente divinità viabilistica, da una visione trascendentale, esclusivamente per donarci il piacere di percorrerle. E non c'è modo migliore di farlo del fondere la Leggerezza nella Rapidità.

Velocità e Rapidità sono gemelle omozigote, non siamesi: ecco perché occorre mantenere un sottile diaframma tra i due concetti. Il significato e l'etimologia dei termini vengono in nostro (pronto) soccorso. La parola «velocità» viene dal latino *velocĭtas* e quindi da *velox*, ossia veloce. Secondo la Treccani «indica la rapidità di movimento di un corpo, tanto maggiore quanto maggiore è il cammino percorso in un dato tempo, valutabile quindi dal rapporto tra il cammino percorso e il tempo impiegato a percorrerlo, per cui può essere misurata in metri al secondo (m/s), chilometri all'ora (km/h)». La parola «rapidità», da *rapidĭtas*, indica «il fatto, la condizione di essere rapido, di muoversi e spostarsi con grande velocità». Dunque essere rapidi significa essere consapevoli della nostra velocità ideale. Applicata alla motocicletta, per estensione implica la gestione di tutti i movimenti necessari a guidarla e la conquista della loro padronanza. La gestione complessa del corpo parte dagli organi interni (apparato respiratorio, sistema nervoso, muscolatura), si concentra sul busto e si compie con la presa delle mani e l'azione esercitata dai piedi. Essere rapidi sublima le incertezze e le indecisioni. È il godimento che si prova nel momento esatto in cui il tempo dell'esitazione si dissolve attraverso l'Esattezza del gesto codificato e preciso – la troverai ampiamente descritta nel prossimo capitolo. Esattezza è la soddisfazione nel mettere a prova e valutare con successo l'abilità acquisita al manubrio. Un disco di vinile non sa di dover girare a 45 o 33 giri e 1/3 al minuto per suonare correttamente. Invece un motociclista è, o dovrebbe essere, consapevole di qual è la giusta velocità per eseguire la sua partitura sull'asfalto.

Un altro discrimine importante tra la Rapidità e la velocità è l'eccesso. Se in un dato contesto la velocità può essere eccessiva, la Rapidità non è mai troppa, o troppo poca: semplicemente è appropriata. Per il motociclista, il vero rischio annesso alla Rapidità risiede nella paura di non essere in grado né di possederla, né di poterla ottenere; o, di contro, nell'illusione di averla fatta propria, anche solo con il pensiero, quando invece così non è. Ti gira la testa? Prendiamo un altro esempio musicale: se la strada è lo spartito da eseguire attraverso lo strumento moto (di qualsiasi tipo e cilindrata), sarà proprio questa combinazione a dettarti il ritmo migliore per ottenerne il massimo del piacere. È interessante constatare come nella musica il ritmo sia universalmente espresso con termini come «andante» e «andante con moto», «presto» e «prestissimo». A un italiano non occorre essere un musicista per capirne il significato e immaginarne il senso e la differenza, vero? Molto bene, allora: in motocicletta, il risultato dell'esecuzione dello spartito a tempo giusto è la Rapidità.

Veloce, molto veloce, troppo veloce: la strada non è una pista

Con la consapevolezza, l'esperienza e la giusta dose di umiltà, in motocicletta puoi andare velocemente, anche molto velocemente. Ciò che dovresti evitare è di andare troppo velocemente. Non è facile, considerando le superprestazioni delle moto di ultime generazioni. La velocità è un demone che appaga i sensi ed esalta l'ego. È stata celebrata da poeti, letterati, pittori e scultori; in particolare da quelli che, nella stagione del Futurismo, si riunirono attorno a Filippo Tommaso

Marinetti. Si devono a lui questi versi, tratti dal componimento «All'automobile da corsa» pubblicato in *Lussuria-Velocità* del 1921:

Allento finalmente
le tue metalliche redini,
e tu con voluttà ti slanci
nell'Infinito liberatore!
[...]
Più presto!... Ancora più presto!...
E senza posa, né riposo!... Molla i freni!
Non puoi? Schiàntali, dunque,
che il polso del motore centuplichi i suoi slanci![2]

La velocità procura sensazioni inebrianti, a patto che la situazione sia confortevolmente sotto controllo. Quando le condizioni sono ideali, a cominciare dalla visuale della strada, è giusto e possibile andare veloci. La lussuria della velocità non deve soverchiare la Rapidità, né portarci a trascurare l'Esattezza della traiettoria migliore, che anzi dovremmo definire «più sicura». E soprattutto non deve indurci a rovinare la bellezza del gesto con movimenti bruschi e sbagliati che interrompano la fluidità armoniosa della guida. Quando siamo troppo veloci? Quando ce ne accorgiamo in ritardo. Tutte le volte che, scampato un pericolo di quelli veri per un soffio, ci ritroviamo a pensare: «È andata bene, ho giocato il mio jolly». Hai già capito come la Rapidità prescinda dalla velocità, o dallo strumento moto. Essere troppo veloci significa travalicare le condizioni della strada, la capacità e la padronanza della guida. Rinunciare al margine di sicurezza che dovrebbe essere sempre tenuto in considerazione per evitare che la velocità riveli la sua natura distruttiva e un errore da nulla si trasformi in tragedia. Trovi questa parola eccessiva? Allora sarò ancora più esplicito: arrivare troppo velocemente a una curva a gomito delimitata da un edificio, o da una serie di alberi, può significare essere spacciati. Fine del film. Sipario. Buio.

Un buon paradigma della differenza fra velocità eccessiva e Rapidità è il Tourist Trophy, la competizione su strada chiusa che dal 1911 si corre sul Mountain Course, il circuito stradale dell'Isola di Man. I piloti che la affrontano in sella a ogni possibile tipo di moto da corsa, dalla classica alla superbike, sono veloci, velocissimi, ma tutt'altro che incoscienti. Conoscono il circuito metro su metro, i rischi che comporta in caso di incidente. Sanno precisamente dove mettere le ruote fra muretti, marciapiedi, pali del telefono, cabine telefoniche e burroni che fanno da quinta ai 304 chilometri di gara del Senior TT. Che è la categoria più prestigiosa, disputata in sella alle ipersportive da oltre 200 cv e 300 km/h in assetto corsa. Il Tourist Trophy è una cosa da pazzi che dal 1911 ha mietuto qualcosa come 260 vittime fra i soli piloti. A ogni edizione si leva la voce di chi propone di abolire una volta per tutte il «circo della morte». Neppure questo ha potuto tenere lontane le decine di migliaia di motociclisti che amano profondamente il Tourist Trophy, ritenendolo una sfida unica al mondo. Il più vittorioso di tutti fu il nordirlandese Joey Dunlop, il Re del Mountain: su 102 TT disputati fra il 1976 e il 2000 ne vinse 26, finendo a podio 40 volte. Significa che era il pazzo più scatenato di tutti? Eppure fu lui a dire: «Al TT non conta sapere dove devi aprire il gas, ma dove chiuderlo». Una frase piuttosto esplicativa, celebre e condivisa da tutti i piloti che hanno rischiato e continuano a rischiare la propria vita sull'Isola di Man. A proposito di questa scelta, un veterano come l'inglese Arthur Wheeler, classe 1916, alla sua ultima partecipazione dichiarò: «Ormai ho ottantaquattro anni e, alla mia età, la logica dice che rischio la vita ogni giorno, anche nel tinello, mentre sono in pantofole e vestaglia. Quando una volta l'anno faccio un giro del Mountain a tutto gas con una moto da Gran Premio, credimi, rischio solo di vivere». Persino Giacomo Agostini, colui che più di tutti insistette per declassare il TT da gran premio a gara non titolata per il campionato del mondo, ha ammesso che per guidare la moto l'Isola di Man «è il posto più bello mai concepito dalla mente umana». Più pragmaticamente, il pilota *manx* Conor

Cummins ha raccontato con divertimento che è «l'unica settimana dell'anno in cui posso percorrere il rettilineo davanti al mio bar a 250 chilometri all'ora, anziché a 50». Al di là della retorica del morire o vivere davvero, ogni partecipante al Tourist Trophy è un devoto discepolo della Rapidità, pur essendo obbligato a essere più veloce degli altri: è una gara, e alle gare non si va a guardare il panorama. Neppure quello che si gode dal punto più alto, cioè dalla sommità del Monte Snaefell, che è molto pittoresco quando non è avvolto dalla nebbia, cioè di frequente, anche d'estate.

Assai diverso è il discorso che riguarda i piloti della domenica, nei quali è facile imbattersi sulle strade di montagna italiane. Nessuno li obbliga ad arrivare prima di tutti gli altri. Non c'è classifica, né coppa da alzare in cima al passo. Se proprio vogliono correre, ma correre sul serio, sarebbe ora che si mettessero veramente alla prova in pista. Lontano dalle case, dai passanti, dagli animali di passaggio e dagli stessi motociclisti che hanno la dubbia fortuna di incrociare le loro traiettorie. Vivo nei pressi del mitico passo del Muraglione, sull'Appennino tosco-romagnolo. Ogni fine settimana, la strada statale 67 si riempie della musica dei motori, ma anche della cacofonia delle sirene delle ambulanze e della polizia, mischiate al rumore delle pale dell'elisoccorso. Decine di professionisti e volontari sono regolarmente impegnati a salvare la vita al solito fenomeno che, come leggi il giorno dopo sulle cronache locali, «andava troppo veloce» e «ha improvvisamente perso il controllo del mezzo». Il problema, anzi l'equivoco, è che concentrarsi sulla velocità è il modo fin troppo semplice e sbrigativo per cercare di conquistare la Rapidità e provare il massimo del piacere della guida della motocicletta. Considerare la velocità pura il proprio obiettivo, e non un mezzo, è l'errore più ricorrente e pericoloso che si possa compiere. Lo considero l'ostacolo mentale più difficile da superare, per imparare a guidare bene divertendosi parecchio di più e rischiando assai meno. Quanti smanettoni ho visto andare velocissimo guidando malissimo! Nella maggior parte dei casi, la ricerca del limite nel contesto sbagliato genera confusione. A volte, disastri. Se percorrere le strade di montagna, o i mangiaebevi curvilinei delle colline, a velocità massima porta piacere emozionale e fisico, si tratta di un godimento grossolano rispetto alla raffinatezza della Rapidità. La differenza è la stessa che corre fra cenare con un bottiglione di vinaccio o un calice di champagne. L'adrenalina pompata a fiotti nel cervello ubriaca, allenta i freni inibitori e porta a rischiare la vita a ogni curva, costi quel che costi. Oltre che tremendamente pericoloso, scambiare la bellezza del gesto per l'euforia della prestazione è un modo sicuro per fare la figura dello sfigato, davanti a chi in moto sa andare davvero. La Rapidità è uno stato della mente che si prolunga dopo aver lasciato la moto nel garage e continui a gustarla la sera, sprofondato nella tua poltrona preferita, felice di essere a casa sano e salvo e di sentirti te stesso come raramente accade.

Qualsiasi strada di montagna, anche lontana dall'Isola di Man, ha molto di bello da dire. Non perde mai la voglia di raccontare se stessa a chi ha il gusto di leggerla. Chi va troppo veloce non vede nulla: nel suo limitatissimo campo visivo trovano posto solo le auto e gli altri motociclisti, ostacoli da saltare il prima possibile, come in un videogame, per accedere a un ipotetico livello successivo. Lo smanettone supera senza alcuna accortezza, entra in staccata senza troppi complimenti, duella con gli altri esagitati. E quando alle spalle lo raggiunge il motociclista che guida in modo più pulito e redditizio, grazie alla Rapidità che gli è propria, non si lascia superare. Ragazzi, sul serio: è davvero il caso? Per questa categoria di egoriferiti assoluti, la velocità è il canto ammaliatore delle sirene di Ulisse, una visiera specchiata sul lato interno. Per usare un pessimo luogo comune, potrebbe essere definita una droga a buon mercato. Nel suo libro *Sulla motocicletta*, John Berger è lapidario: «Guidare una motocicletta non ha niente a che fare con la velocità».[3] Lo sportivo che la pratica davvero, a livello agonistico, si guarda bene dal farlo sulle strade pubbliche e senza vie di fuga dove, dietro qualsiasi curva, è possibile trovarsi sulla traiettoria un ciclista o un trattore con l'erpice sollevato. Se sono i circuiti a essere definiti i templi della velocità, e non le strade statali, un motivo ci sarà.

Forse agli pseudo-piloti invasati di adrenalina come un carburatore o una centralina con i parametri sballati è persino inutile spiegare cosa significa e quanto sia appagante raggiungere il piacere della Rapidità consapevole. Al contrario, nella testa e nel corpo del motociclista tutto dev'essere dosato e funzionare alla perfezione. La Rapidità non contempla l'indecisione. Nel guidare una moto, si sceglie cosa fare e lo si mette in pratica all'istante, senza farsi cogliere dal ritardo e dalla fretta conseguente del porvi riparo. Ogni variazione sul tema della traiettoria ideale richiede una soluzione immediata. È utilissimo il ricorso a una certa capacità predittiva dettata dall'esperienza o dall'abilità innata, che non toglie minimamente, anzi amplifica, il piacere della Leggerezza e della Rapidità.

Sincerità per sincerità? In quella fase lì, quando si conta esclusivamente sul proprio talento di guida per raggiungere la velocità massima e nulla più, ci siamo passati in tantissimi. Specie da giovani, quando si è portati ad agire in modo empirico, totalmente posseduti dalla volontà di potenza della motocicletta. Nel chiacchierare con gli altri motociclisti della mia generazione, non facciamo fatica a considerarci dei sopravvissuti. Se dovessi pensare alle cadute, agli incidenti, ai salvataggi in extremis che ho fatto e visto fare, all'incoscienza con cui inseguivamo la prestazione fine a se stessa, stupidamente divertiti, vieterei alle mie figlie anche solo di guardarla, una moto. Invece, se c'è una cosa buona del proprio vissuto è la possibilità – anzi, la fortuna – di tramandarlo con le parole e traendo le conclusioni giuste. Se non ci si sente abbastanza rapidi, una buona scuola di motociclismo su strada e su pista è sempre di grande aiuto. Non bisogna sentirsi sminuiti nel frequentarne una: a scuola si va per imparare e meno si sa più è utile; può sembrare una banalità, ma il motto degli istruttori del Gsss Team è «non si finisce mai di imparare». L'umiltà e la consapevolezza nel seguire la progressione didattica permettono di formare il proprio bagaglio tecnico un po' per volta. Non mi stancherò mai di dire che la Rapidità è prima di tutto uno spazio mentale, con un prima, un durante e un dopo da attraversare con la moto. La ruota anteriore è il futuro immediato, il pilota è il presente assoluto, la ruota posteriore il passato prossimo. Chi sta in sella deve abituarsi a predire guardando molto più in là, lontano, oltre la prossima curva. È allenandosi a vedere ogni volta più avanti che si diventa sempre più rapidi. Del vedere e dell'essere visti scriverò con più completezza nel capitolo dedicato alla Visibilità.

Per noi (sempre) giovani

Tecnica di guida a parte, il risultato più soddisfacente che deriva dalla Rapidità è il benessere psicofisico del motociclista. Guidare la moto fa bene alla mente e allo spirito. Al corpo un po' meno: a volte, nel partecipare a un evento conviviale fra motociclisti di mezza età, sembra di trovarsi nella sala d'aspetto di un reparto di ortopedia, fra mal di schiena, ginocchia infiammate, dolori articolari; sono i postumi assortiti di un glorioso curriculum di cadute e graziose quanto esotiche patologie sparse. Sul resto, non c'è storia: spesso i motociclisti appaiono e si percepiscono più giovani e giovanili delle altre categorie. Per loro è sempre il tempo del possibile. La moto mantiene freschi, perlomeno di testa. E spesso sorridenti. Molto dipende dal rapporto che si ha con la propria motocicletta, insomma da come la si prende, da come ci si va. Ho conosciuto diversi ex piloti professionisti, specie del fuoristrada, che mostrano qualche ruga e qualche acciacco più di quanto denunci la loro carta d'identità. È naturale: loro, con la moto, hanno avuto un rapporto intenso e prolungato di sfruttamento e autosfruttamento. La candela l'hanno bruciata da entrambi i lati mettendo alla frusta il loro mezzo. A loro volta sono stati consumati dalla fatica, dalla tensione e dal cronometro, il tiranno assoluto, l'impietoso signore delle competizioni. Di testa, invece: sveglissimi. Sempre che non abbiano preso qualche botta tremenda in gara; e capitava spesso, nei tempi in cui il sesso era sicuro e le motociclette e i circuiti più pericolosi, come si usa dire. I riflessi: pronti. Molti hanno mantenuto il gusto della battuta fulminante; altri sono più silenziosi, ma con l'occhio inquieto e guizzante del predatore. Perennemente impegnati a rilevare, registrare, elaborare informazioni in tempo reale, come se fossero ancora in attività. La moto fa stare bene e può essere un'ottima terapia, una straordinaria raddrizzatrice dell'umore. Durante una cavalcata di enduro mi capitò di condividere il sentiero e il rifugio con un distinto sessantenne. A fine giornata, mentre lasciava scorrere davanti al suo sguardo le montagne morbidamente profilate dal tramonto estivo, estrasse dal silenzio la sua storia con la stessa naturalezza con cui si stava arrotolando una sigaretta.

> E pensare che quattro anni fa ero un uomo distrutto dal divorzio, in analisi. Se non avessi avuto mia figlia, sarei andato completamente alla deriva. Poi un giorno un amico mi dice: non ti ricordi che bello, quando si andava in moto insieme ogni domenica? Quanto tempo è passato da quando hai venduto la tua? Un sacco di tempo, in effetti. Come tanti, l'avevo messa da parte per lasciare spazio al lavoro e alla famiglia. Me l'ero proprio scordata. E lui: dai, compratene un'altra, l'enduro ti piaceva. Per combinazione, ne ho trovata una identica nella mia stessa città e ho ricominciato. Un giretto con lui, un raduno vicino casa, poi qualche uscitina da solo. Nel giro di tre mesi ho ringraziato e salutato l'analista, poi ho conosciuto un'altra persona e oggi guarda dove sono arrivato...

A ognuno è capitato di girare a vuoto e non riuscire a dare senso alla giornata, per poi lasciare dissolvere la malinconia nel giro di qualche chilometro, dopo una bella sferzata di gas e la sensazione di volare rasoterra. Che la moto faccia stare bene è una prognosi empirica fin troppo semplice. A dimostrarlo scientificamente è stato uno studio neurobiologico del Semel Institute for Neuroscience and Human Behavior, dell'Università della California di Los Angeles, condotto nel 2020 su 77 motociclisti e motocicliste dai diciotto ai settant'anni. Va detto che l'indagine era stata finanziata dalla Harley-Davidson, che negli ultimi anni è sempre più impegnata a trovare il ricambio generazionale alla sua clientela, la cui età media ha varcato da tempo il mezzo secolo. Quindi si può obiettare che è come se la Philip Morris avesse pagato una squadra di luminari per dimostrare che il consumo abituale di tabacco attenua la tensione nervosa, mantiene magri e, alla lunga, distende *semel pro semper*, definitivamente. Ma, ecco: tre ricercatori della UCLA hanno esposto i benefici mentali e fisici potenziali derivanti dalla guida della motocicletta grazie alla riduzione dei livelli di cortisolo, rozzamente definito «l'ormone dello stress». Brevissima digressione scientifica: il cortisolo è prodotto dal surrene su impulso del cervello; nei momenti di maggior tensione determina l'aumento di glicemia e grassi nel sangue, mettendo a disposizione l'energia di cui il corpo ha bisogno. La sua produzione aumenta, di conseguenza, in condizioni di stress psicofisico severo. Gli studiosi hanno rilevato l'attività cerebrale e i livelli ormonali dei motociclisti oggetto dei test durante tre attività: prima, durante e dopo un giro in moto; alla guida dell'automobile; a riposo. Secondo gli esiti delle rilevazioni strumentali, l'attività in sella alla motocicletta ha fatto diminuire del ventotto per cento i bioindicatori dello stress. In media, guidare una moto per una ventina di minuti ha aumentato l'attività cardiocircolatoria dell'undici per cento e il livello di adrenalina del ventisette. È un risultato simile a quello di un esercizio fisico leggero, senonché le variazioni dell'attività cerebrale dei motociclisti hanno suggerito un incremento dell'attenzione simile a quello che apporta una tazza di caffè. Rispetto al periodo trascorso al volante, in sella i motociclisti erano più attenti a quanto accadeva intorno a essi e sì, insomma, si sentivano meglio che a stare rinchiusi in un acquario a quattro ruote. Somiglia molto alla scoperta dell'acqua calda, è vero. Diciamo che stavolta la sua temperatura è stata rilevata scientificamente.

Se ho divagato un po', come piace fare a me sulle strade di montagna, è solo per ribadire come nella guida dinamico-sportiva su strada la Rapidità dev'essere un risultato, non un obiettivo. Si arriva al ritmo giusto, alla velocità ideale, in modo più naturale di quanto si possa pensare. Quando è consapevole, la velocità procura un piacere altrettanto profondo. A maggior ragione, neppure la Rapidità è il prodotto del caso, o di un superpotere nascosto. È più legata alla dimensione razionale che all'istinto. Lorenzo Campani è uno dei nostri migliori istruttori ed è coordinatore di alcuni istruttori del Gsss Team nelle giornate in pista di una titolata Casa motociclistica italiana, attiva nella MotoGP. Ha avuto l'intuizione di applicare una buona parte dei protocolli del corso di guida (sportiva) sicura su strada anche ai suoi allievi «alla ricerca della velocità», nonostante la guida fra i cordoli sia del tutto diversa. Bene, il risultato di eliminare il cronometro è stato sorprendente, straordinario: il miglioramento si riflette immediatamente sul senso e sul piacere di guidare e anche la velocità che stai cercando poi arriva, in questo caso come il migliore risultato. Di più: un giorno chiesero a Giacomo Agostini a cosa pensi il pilota in gara. Il Signor quindici volte rispose: «A tutto. E a niente». Il pilota pensa velocemente, calcola di continuo, più e meglio di qualsiasi computer, senza lasciare troppo spazio a ciò che sta fuori. Su strada, è la stessa cosa. Tra il pensiero, la decisione e l'azione ai comandi di una motocicletta intercorrono decimi di secondo. In questo granello di sabbia della clessidra, il motociclista ha a disposizione un vasto ventaglio di scelte da selezionare ed eseguire. Da ciò che decide di fare dipendono la precisione della manovra, l'efficacia e la bellezza del gesto, la sicurezza altrui. Se vogliamo essere sinceri fino in fondo, in quell'attimo infinitesimale il pilota prende posizione fra la vita e la morte.

Note

[1] Calvino Italo, *op. cit.*, p. 47.

[2] Marinetti Filippo Tommaso, «All'automobile da corsa», in *Lussuria-Velocità*, Modernissima - Tipografia Fratelli Magnani, Milano 1921.

[3] Berger John, *Sulla motocicletta*, Neri Pozza, Vicenza 2019, p. 149.

135
SS67

3

Esattezza

Per questo cerco di parlare il meno possibile, e se preferisco scrivere è perché scrivendo posso correggere ogni frase tante volte quanto è necessario per arrivare non dico a essere soddisfatto delle mie parole, ma almeno a eliminare le ragioni dell'insoddisfazione di cui posso rendermi conto.
ITALO CALVINO, *Lezioni americane*[1]

Scrivere sull'asfalto: la precisione e la bellezza della traiettoria
Può sembrare lapalissiano, ma come hai già letto a proposito della tecnica, tutta la difficoltà nel guidare bene una motocicletta risiede nel sapere direzionare esattamente la moto. Proprio così, esattamente. Non «più o meno», non «dove si riesce a passare», giusto per risolvere la curva che si para davanti. Occorre Esattezza. Duole dirlo, ma è proprio questa la qualità di cui difetta la maggior parte dei possessori di moto, che tuttavia si sentono motociclisti abili e autentici. L'Esattezza nella guida dipende infatti dalla comprensione degli aspetti già trattati. Dalla Leggerezza, per cominciare; dal movimento, dalla coordinazione motoria; dalla reale consapevolezza di sapere applicare la tecnica acquisita. La bella guida è il risultato della corretta posizione in sella, che dovrebbe risultare ottimale sulla moto giusta. Oltre che indispensabile non solo ad azionare agevolmente i comandi, ma anche

a partecipare alla guida muovendo ogni parte del corpo per sentirsi un tutt'uno con il mezzo. Sentire la Leggerezza in sella significa guidare e non farsi trasportare. Il movimento armonioso del corpo, la velocità di spostamento nello spazio, la velocità prodotta dalla consapevolezza e dall'abilità portano alla Rapidità nella preparazione, nello svolgimento e nell'uscita dalla curva. Le qualità lavorano così, concatenate. Una porta alla conquista delle altre. L'Esattezza è affrontare una strada tortuosa e potersi dire: sì, sono passato precisamente dov'era necessario grazie a una decisione presa in anticipo, assecondata dal movimento fluido del corpo, dalla tecnica e di conseguenza dalla bellezza della guida. Alla velocità giusta – attenzione, non più velocemente possibile. Cogliendo l'optimum dell'inclinarsi dolcemente in piega, nella massima sicurezza. Se proprio volessi spaccare il capello in quattro, consiglierei di invertire l'ordine dei fattori anteponendo la sicurezza alla Rapidità e al piacere di guida. Il risultato non cambia ed è sempre il migliore.

Tracciare o seguire una traiettoria esatta è come scrivere sull'asfalto. Meglio farlo bene e in bella calligrafia. Se un giornalista o uno scrittore scrive male, i lettori possono perdonarlo una volta, anche due, magari cinque. Poi si stancano e smettono di leggerlo. Male che vada, quella persona dovrà cambiare lavoro. Se si scrive male sull'asfalto, se si commette uno strafalcione in moto, può andarti meno bene già alla prima occasione. Prima di tutto diventa pericoloso per te e per gli altri con i quali condividi la strada. A questo punto, per loro è meglio evitare di leggere ciò che hai scritto in curva, non incrociare la tua traiettoria sbagliata. Al termine di un fine settimana di alta stagione (motociclisticamente parlando) è facile vedere sulla strada il segno di una frenata violenta. Sicuramente si tratta di una moto senza ABS. La riga nera inizia al centro della corsia di destra, attraversa la riga bianca di mezzeria e finisce lì, a ridosso del guard rail, dove restano altri inequivocabili segni dell'urto. Una grossa macchia d'olio coperta dal filler, piccoli frammenti di plastica colorata che non sono stati raccolti, le schegge di vetro degli specchietti retrovisori sbriciolati. Si tratta palesemente di invasione della corsia opposta. Ogni volta mi auguro che un incidente del genere sia capitato soltanto a chi guidava sconsideratamente, senza coinvolgere chi se ne veniva tranquillo per i fatti propri dalla direzione opposta. Perché le conseguenze possono essere peggiori e si rischia di incorrere in un cambio di occupazione decisamente più doloroso dello smettere di scrivere un articolo o un libro. Ecco perché è sull'asfalto delle strade di montagna – ricche di splendide curve – che si scrive il capitolo più importante della sicurezza. Che si scelga la motocicletta per necessità, per comodità o per il puro piacere di guidarla, la nostra sintassi della traiettoria diventa necessariamente sempre più elaborata, per esprimere le emozioni straordinarie, gli stati d'animo complessi e il senso dell'esistenza che sperimentiamo negli anni. Fino a rendersi conto che la nostra, senza la moto, non sarebbe più vita. Cosa ci potrebbe essere ancora da scoprire, dopo avere imparato e affinato consapevolezza e tecnica di guida? Si può chiudere il cerchio e tornare a sondare l'istinto.

Pescare in quel bacino fosforico che è la coscienza del sé. Essere motociclista e sentire la motocicletta in un tutt'uno. La curva perfetta è un piccolo capolavoro di piacere, leggerezza, dominio delle forze fisiche in gioco, precisione. Sì, precisione: sapere che sto mettendo le ruote esattamente dove ho deciso, per di più mantenendo costante il focus della sicurezza su strada. Credimi, forse è più difficile spiegarla che arrivare a farla.

Un'altra prerogativa della curva perfetta è l'aderenza. La scrittura sull'asfalto è tracciata da una mina gommata sottile, larga poco più dell'impronta di un pugno. Fermati un attimo a rifletterci. Tutto ciò che sei, che ami e che «senti» dipende da due soli punti di contatto. Quando il rapporto con la moto è collaudato e armonico, la sensibilità sviluppata dal pilota è tale che le gomme diventano quasi due polpastrelli. Al di là di qualsiasi settaggio fine delle sospensioni della moto, sono sempre le gomme a fare la differenza nel comunicarci la strada. Non trascurarle mai, mai. Tieni sempre presente che, quando è consumato, lo pneumatico reagisce in modo diverso. Controllane regolarmente la pressione e cerca di montare quelli giusti per l'utilizzo previsto. Scegliendo le mescole dure sportive, le gomme si squadrano nel tempo di un weekend lungo. Meglio le intermedie, che per la strada sono un buon compromesso. Negli ultimi anni hanno proliferato le special su misura dotate di gomme tassellate per esigenze estetiche. Con i mezzi manubri, non è davvero il caso. Meglio lasciarle alle dual sport, le enduro stradali, che soddisfano anche l'esigenza di percorrere qualche chilometro di strada sterrata, come capita a me ogni giorno. Se monto le tassellate, ho la consapevolezza di avere meno aderenza e quindi mi muovo sull'asfalto con maggiore prudenza, minore velocità e medie complessivamente più basse. Oltre a facilitare il tragitto che ti separa dal chiringuito sulla spiaggia, è abbastanza semplice intuire che uno pneumatico che «lavora» davvero garantisce non solo il divertimento, ma anche l'andata e il ritorno da una vacanza con passeggero e bagagli. Nel copiare la superficie della strada, gli pneumatici si deformano e la mina gommata che disegna sull'asfalto si modifica continuamente. Tienilo sempre presente nell'accelerare, nel frenare, e soprattutto nel percorrere inclinato una curva. Una volta chiarito che il grip è *tutto*, è meglio avere un'idea chiara di quanto ne abbiamo a disposizione e come disporne. Se il motociclista-Jedi è in grado di sfidare e vincere il «lato oscuro della piega», è proprio grazie alla risposta delle gomme. L'aderenza è un valore definito in ogni singolo istante dalle forze della fisica in gioco e dalle condizioni di pneumatici e asfalto. Se l'Esattezza procura piacere e sicurezza, è perché il gesto esatto è il contrario di incertezza, titubanza, insicurezza. Essere veloci senza essere esatti può mandare incontro a grossi guai. Solo quando sai dove scrivere sull'asfalto, qualsiasi strada diventa la tua.

È vero, su un percorso mai affrontato prima non è possibile sapere se dietro la prossima curva c'è un'insidia, se il raggio chiude improvvisamente, o se sulla destra troverai un ciclista che arranca in salita a due all'ora. Di solito, quando un allievo del corso Gsss sbaglia una traiettoria è per due ragioni: una rigidità, un errore di postura; oppure, cosa assai più probabile, non si sta muovendo alla velocità giusta per poter disegnare la curva giusta. La prima cosa da fare è ridurre la velocità, per imparare a mettere le ruote esattamente nel posto giusto. Non serve rallentare troppo: a volte bastano pochissimi chilometri orari in meno. A proposito di questo, io ho sempre nutrito una certa simpatia per l'ambiente del custom, perché è refrattario all'ansia da prestazione. Sono motociclisti che vanno a passeggio con il loro ritmo, dettato anche dai limiti tecnologici e dalla ciclistica dei loro chopper, bobber e tourer. Si godono il suono dei bicilindrici e pazienza se ogni tanto te li ritrovi un po' in mezzo alla strada: sono comunque tranquilli. Felici. A volte si nota dall'espressione del viso, sotto il casco aperto. Se invece raggiungo la cima di un passo, sai quanti smanettoni vedo con quella faccia? Scendono di sella contratti, scossi dall'adrenalina. Si tolgono il casco: sono bianchi in viso. Tremano. «Mi sono sfogato» dicono. È assurdo anche solo pensarlo.

Ancora una volta devo dare ragione a Berger quando nel suo libro *Sulla motocicletta* scrive che le curve sono una strana combinazione di naturale e artificiale. Sono creature di una mitologia particolare. Figlie delle montagne, sorelle dei fiumi, cugine dei boschi e dei campi coltivati, muse della velocità mutevole. Solo le autostrade non vantano una discendenza dalla natura, anzi sono state concepite per sopprimerla, «progettate a tavolino per velocità indifferenti. Il che spiega la solitudine feroce che esse evocano».[2] Le curve ti accolgono. È una cosa che in fondo ho sempre saputo, anche senza mai elaborarla in un pensiero compiuto. Leggerlo è stato diverso, mi ha dato conferma che *quelle* curve esistono davvero. Puoi non sapere dove si trovano, né come sono tracciate. Potrebbero essere in Italia o in Sudamerica, in contropendenza o affacciate su un panorama fantastico. Ma ci sono, da qualche parte. E aspettano solo te. Così come esistono quelle che respingono. Senza sapere come stabilire una traiettoria più sicura, è difficile trovare i riferimenti per interpretare una strada con la precisione di uno spartito musicale. Intendo dire che sapere con una certa Esattezza dove mettere le ruote non fa poi tutta quella differenza. Anzi, il piacere aumenta nel confrontarsi con una strada nuova, mai percorsa prima, improvvisando per lasciare briglia sciolta all'istinto. Sembra una contraddizione, ma non lo è.

Il pentagramma della strada

Agli amanti della musica classica (ma credo che il concetto sia comprensibile a tutti) dico che una certa strada ben interpretata è un po' come uno spartito di Bach quando è eseguito dal virtuoso pianista canadese Glenn Gould. Rapido e incredibilmente esatto nel timbro e nella durata di ogni nota, da adulto Gould suonava Bach sempre a memoria, senza spartito. Ogni volta che affrontava le *Variazioni Goldberg*, il *Clavicembalo ben temperato* e le varie suite, Gould *era* Bach. La sua ripetizione ossessiva doveva non solo essere esatta, ma superare la perfezione stessa. Proprio così era il Glenn Gould immaginato e descritto dallo scrittore austriaco Thomas Bernhard nel suo formidabile romanzo *Il soccombente*.[3] Vivendo da dieci anni in cima al Muraglione, la strada statale 67 è per me l'anticamera di casa. Nel percorrerla in moto, cioè quasi sempre, penso spesso a questa faccenda dell'Esattezza legata prevalentemente alla traiettoria. Rifletto sulle linee che applico a quelle stesse curve: è così che ho scoperto molte altre cose. Per esempio, che anche le linee migliori cambiano leggermente a seconda della moto che guido. Non solo: cambiano le gomme, cambia di conseguenza il suono del motore. Intendo proprio il timbro nella sua modulazione, nella frequenza. Come l'atteggiamento di Gould nei confronti della musica di Bach, tutto questo può suonare un po' maniacale – e forse lo è veramente. Eppure, a volte quella linea e quel timbro, quel suono, quella vibrazione che resta nell'aria e che varia a mio piacimento in base all'apertura della manopola del gas e dell'inclinazione in piega, schiudono nuovi orizzonti. Portano a sensazionali scoperte. Per chi conosce e ama la musica, questo esempio è ricco: l'esattezza della nota, il timbro e la sua durata rappresentano il piacere puro del suono. Che siano scritte sullo spartito, oppure impresse nella memoria di un musicista, sono le note a offrire altre informazioni importanti. Per esempio, l'esatta, migliore, giusta velocità di esecuzione di un brano diventa per me paragonabile a un determinato tratto di strada le cui caratteristiche indicano – a seconda dello «strumento» che sto suonando – la musica da eseguire. I suoni bassi che accompagnano nella danza sono, come dire, rassicuranti. I toni alti scuotono i nervi e risultano terribilmente eccitanti. Mi è sembrato assolutamente incredibile che la parte più bella della salita sul Muro, la strada di casa, sia compresa tra i chilometri 127 e 135... gli stessi numeri degli ultimi quartetti di Beethoven, che sono anche i miei preferiti!

Se pensi che stia esagerando, posso capire. Se invece la tua discoteca mentale contempla i cd che raccolgono i sound delle diverse moto, divise per epoche, so di aver trovato un lettore complice e competente. Ascolta il volume 1, dal 1957 al 1964, e il volume 2 dal 1965 fino al 1968, mentre sfrecciano a Creg-Ny-Baa, oppure scalano furiosamente per affrontare il tornantino di Quarter Bridge. A volte le moto hanno attraversato la storia del rock scandendone il ritmo, come il V-Twin Harley-Davidson che prende giri in *Leader Of The Pack* delle Shangri-Las del 1964; o il minimo della Bonneville di Jean-Jacques Burnel – il bassista degli Stranglers – nel sottofondo di *Triumph (of the Good City)* del 1979. Non avrai alcuna difficoltà nel comprendere non soltanto questo piccolo delirio, ma anche l'emozione che certi suoni, nella loro limpidezza, provocano in un motociclista. Non siamo soli: Christian Debarre, il disegnatore francese creatore del *Joe Bar Team*,[4] a questa cosa dei dischi con il sound del Tourist Trophy ha dedicato negli anni novanta una delle sue strisce più belle. Se invece tutto questo appare eccessivo e troppo romantico, devo parzialmente contraddirti. In tanti anni ne ho conosciuti di motociclisti che, pur non essendo amanti della musica, erano dotati di un orecchio finissimo, assoluto, che li rendeva capaci di riconoscere al volo certi motori, anche molto rari e particolari, da una brusca apertura di gas o da una semplice scalata. Passi che, adesso che hanno le manovelle a 270°, la maggior parte dei bicilindrici paralleli suonino davvero come un motore a V; ma confondere un roco tre cilindri inglese d'epoca con un quattro in linea giapponese sarebbe come confondere un pezzo al pianoforte di Bach, Beethoven o Brahms, che in comune tra loro hanno solo l'iniziale del cognome.

Esattamente, sulla cattiva strada

Pensi che la curva perfetta sia un'esclusiva della sola guida di precisione su strada asfaltata? Anche in condizioni di manto sconnesso, sassi, fango e fondo sabbioso, il fuoristrada ha la sua Esattezza. Chiedilo agli istruttori delle diverse scuole di guida in offroad nate sulla scorta del successo di mercato delle dual sport, le enduro stradali tuttofare. Spesso sono ex piloti professionisti che mettono a frutto le abilità apprese sul campo, in allenamento. Ognuno ha il suo metodo: c'è chi adotta la gentilezza e la pazienza del mentore, chi i modi da sergente di ferro al campo di addestramento: «Ricordate una cosa: prima di tutto, l'enduro è fatica. Richiede tanto, tanto lavoro». Sante parole. Quando però s'impara a non stamparsi sugli alberi e a non ruzzolare lungo le discese, diventa anche molto divertente. Molti allievi di queste scuole possiedono maxienduro che non hanno mai visto uno sterrato da quando sono uscite dalle concessionarie. Poco male, non c'è bisogno di fare la Dakar prima di portarsene a casa una – anzi, lo sconsiglio vivamente. Oggi, quasi tutte le Case motociclistiche offrono ai loro clienti la possibilità di frequentare corsi di fuoristrada brandizzati (di solito chiamati Experience) nell'ambito del marketing post-vendita. Nelle varie declinazioni in cui sono proposte, le moto da enduro non specialistiche, cioè non espressamente nate per questa disciplina del fuoristrada, sono buone per fare un po' di tutto. Dal pendolarismo casa-lavoro ai viaggi, risultano comode e maneggevoli grazie al manubrio ampio e alla postura di guida. Quando la pavimentazione stradale lascia a desiderare – e in Italia è la regola, più che l'eccezione – sono anche più sicure delle naked e delle sportive assettate rigidamente e degli scooter. Un po' di molleggio e di escursione in più degli ammortizzatori fanno sempre comodo, quando buca fa rima con voragine e il pavé o il lastricato dei centri storici sono particolarmente sconnessi, a Roma (per dire) come altrove. L'idea dell'utilizzo a 360° delle enduro stradali ha fatto rapidamente seguire i corsi Gsss OnOff a quelli di Guida dinamica sicura su strada. Il ragionamento iniziale era molto semplice: se l'obiettivo è quello di migliorare e acquisire maggiore sicurezza, non bisogna assolutamente farsi spaventare da una strada a fondo naturale. Un fattore importante è stata la natura del Centro tecnico federale di Polcanto, sede dei corsi Gsss, sorto accanto all'omonimo campo da motocross. Poiché vi si accede attraverso una stradina in salita stretta e ripida seguita da una breve discesa sterrata, tratti che possono non essere banali per tutti e per tutte le tipologie di moto. E se oltretutto si è alla ricerca di un po' di avventura e di una prospettiva diversa da quella offerta dagli itinerari più battuti, le alternative si trovano proprio nelle strade minori, dove la manutenzione è meno assidua e l'aderenza più precaria. Già all'inizio, nel 2007, ritenevamo che i corsi Gsss OnOff dovessero porsi a un livello di guida avanzato. Senza entrare nello specifico dei contenuti, la proverbiale progressione didattica del Metodo Gsss ne limitava l'accesso agli allievi che avevano già ottenuto un buon punteggio su strada. Con l'esplosione del mercato delle enduro stradali avvenuto negli anni dieci e l'aumento delle richieste, abbiamo ritenuto più saggio limitarci a insegnare i rudimenti di quella dimensione bellissima che è il fuoristrada.

Per chi, come me, da ragazzino ha imparato a guidare la sua prima moto fuori dall'asfalto, non è difficile pensare a come debba essere e cosa rappresenti la curva perfetta in offroad. La tecnica di guida è assoggettata a questo paradigma: ottenere la maggiore stabilità in condizioni di aderenza non costante. Può sembrare generico, ma di cosa parliamo quando parliamo di fuoristrada? È un termine decisamente inclusivo. È pressoché impossibile catalogare e definire tutte, ma proprio tutte, le condizioni che si possono trovare su un sentiero, o su qualsiasi traccia a fondo naturale. Ci sono la terra, il fango, le pietre. Anche l'erba, che in teoria non andrebbe neppure calpestata. La stessa definizione di fondo naturale significa ben poco, senza specificare in quali condizioni si trovi. Cioè se il terreno è secco, asciutto, umido e compatto, bagnato o fradicio di pioggia. Un rovescio prolungato può arrivare a trasformare una banale pozzanghera in uno stagno melmoso quasi impossibile da attraversare. Se poi vogliamo metterci proprio tutto, c'è anche la sabbia nelle sue mille declinazioni e varianti. La sabbia può variare di colore e di consistenza, essere più o meno compatta. Il suo contraltare climatico è la neve, che presenta difficoltà similari in base alla quantità del precipitato, alla sua consistenza e al grado di resistenza dei cristalli di ghiaccio.

Sulle rocce e sui sassi dei sentieri, ruvidi oppure lisci, duri o friabili, si potrebbe scrivere un ponderoso trattato di geologia applicato alla moto. Il fuoristradista, che di solito è un tipo che va per le spicce, generalmente divide il creato minerale in tre maxi categorie, ognuna con il suo ventaglio di insidie. In ordine di grandezza crescente, si parte dai sassi piccoli, suddivisi in ghiaia, ghiaietto e ghiaione. Seguono i sassi fissi e i peggiori di tutti, gli smossi. Sono i ciottoli piuttosto grandi e tondeggianti tipici dei letti dei torrenti e dei fiumi. Che siano da percorrere in secca o da guadare, i corsi d'acqua sono un terreno frequentato spesso dai fuoristradisti. I sassi smossi, lo dice la parola, hanno la pessima caratteristica di non restare fermi mentre ci si passa sopra con le gomme tassellate. Se già questo è un tipo di fondo particolarmente difficile da affrontare in pianura, immagina in salita o, peggio ancora, in discesa. Qui i sassi prendono l'abitudine di rotolare più o meno velocemente. Spesso, anzi, è proprio la moto ad animarli passandoci sopra, o semplicemente sfiorandoli. Esperienza e buonsenso dicono che sarebbe opportuno evitare di affrontare una traccia in fuoristrada da soli e, peggio ancora, senza raccogliere consigli da un esperto che conosca non solo la strada, ma anche la zona. Detto questo, ogni fondo stradale offre sensazioni uniche, se affrontato con la moto, gli pneumatici e la tecnica più appropriati. I diversi fondi sono difficili da paragonare, ma una cosa è certa: richiedono una guida fortemente partecipata, super coinvolgente, che può diventare estremamente appagante e divertente.

Intanto, comincia ad abituarti a guidare in piedi sulle pedane. È il primo passo verso la leggerezza in fuoristrada, un piacere che in offroad può essere provato spesso e in momenti molto diversi, oltre a quello classico della percorrenza in curva. È guidando sulle pedane che si risolvono parecchi problemi legati all'aderenza precaria (stiamo per arrivarci) e al terreno accidentato dalle ondulazioni, dalle rocce e dalle maledette buche. Ed è sempre in piedi che si affinano le doti di fuoristradista fino a livelli sorprendenti. Un esempio su tutti per capire l'Esattezza della guida in piedi sulle pedane? Pensa alle moto da trial dove la sella non c'è. In qualsiasi esercizio di *handling*, anche con una moto pesante, il controllo e la precisione necessari ad affrontare uno slalom tra i birilli sono ottenuti sempre in piedi sulle pedane. In questo tipo di guida ritroviamo gli stessi pilastri tanto del Metodo Gsss, quanto della scrittura della traiettoria. Per questo, però, occorre rendersi conto che lontano dall'asfalto la postura, le certezze e le aspirazioni si ribaltano. In fuoristrada il piacere e il divertimento vero arrivano non quando si conquista, ma quando si perde grip. Anzi, a volte la perdita dev'essere quasi totale per ottenere una certa stabilità! È il superamento dell'aderenza il primo ghiaccio da rompere da parte dello stradista, soprattutto se si approccia all'offroad nell'età della ragione. Dopo di che, la tecnica di guida costruita per gradi permetterà di ottenere risultati appaganti, o perlomeno ragionevoli in rapporto alla propria capacità. Se l'impennata è la sirena della strada e la piega ginocchio a terra la regina della pista da concupire, il *dérapage*, sì insomma il «derapone», la sbandata controllata in controsterzo, è lo striscione con scritto «arrivo» per ogni neofita del fuoristrada che voglia raccontarlo. Le modalità di ritiro del trofeo sono le stesse dell'asfalto. La moto in controsterzo derapa dove, quando e come chi la guida ha deciso di fare. Nella guida in fuoristrada, la capacità di alleggerire l'avantreno e impennare è basilare quanto quella di essere capaci di dirigere con Esattezza la ruota anteriore. Tanto in curva quanto in rettilineo, ovunque sia necessario scartare di lato più o meno bruscamente per evitare un ostacolo e passare proprio da lì, dove si è deciso. Su un corridoio di pochi centimetri, che possono bastare appena per contenere la larghezza delle gomme, a volte neppure questo è sufficiente.

Hai presente la celebre battuta del film *Amici miei*? «Che cos'è il genio? È fantasia, intuizione, decisione e velocità d'esecuzione».[5] Fra l'altro, si adatta benissimo alla risoluzione dei problemi improvvisi su strada o in pista. In parafrasi fuoristradistica: «Che cos'è la traiettoria? Colpo d'occhio, rapidità, esattezza e armonia nel movimento». È così che la moto prosegue nella direzione prima cercata, poi stabilita. E si mantiene anche in volo, che sia brevissimo, alto pochi centimetri da terra, o che si abbandoni il pianeta Terra per qualche istante in più, saltando per diversi metri, come accade sui campi di motocross. La guida in offroad è un ballo di coppia, un tango figurato con il concetto di peso. Pochi gesti codificati, decisi, persino un po' teatrali per chi non ha dimestichezza con la moto, per togliere e aggiungere peso ogniqualvolta ci è richiesto per volteggiare sulla superficie. Lontano dall'asfalto, le sensazioni di guida sono amplificate. Il coinvolgimento del corpo è necessariamente totale. La moto va condotta alternando di continuo la posizione seduta – spesso soltanto apparentemente – a quella, fondamentale, in piedi sulle pedane. Anche nella disciplina dove l'aderenza è un'opinione, la curva perfetta è sempre quella che ho deciso di fare. In fuoristrada, con la moto giusta può essere addirittura parabolica: sfruttando la forza centrifuga in appoggio su un rilievo di terra che fa da sponda, la moto si trova quasi parallela al fondo del sentiero. Oppure la traiettoria può essere veloce, spazzolando il terreno con le ruote in controsterzo per girare più rapidamente. E dimostrare a se stessi come e quanto è stata acquisita la capacità di mantenersi in equilibrio perdendo aderenza in modo brusco, oppure più graduale, in base a quello che abbiamo deciso e siamo effettivamente capaci di fare.

Il fuoristrada è una disciplina muscolare, nella quale però il cervello lavora molto velocemente per trovare in anticipo il punto giusto sul quale mettere le gomme fra sassi, buche, avvallamenti, dossi, canali e canaloni. Occupa la mente e il corpo per intero. Non c'è spazio per gli assilli della vita bipede quando si vuole guadare un torrente o affrontare il muro ripido di una collina. Per questo molti lo trovano estremamente rilassante: svuota la mente dai pensieri e prosciuga il nervosismo dal corpo, insieme alle energie. E sì, dunque: l'enduro è fatica. Ma che soddisfazione quando ti ritrovi in cima a una costa, con il panorama adagiato davanti alle ruote e la vista del sentiero serpeggiante che si è appena percorso. Vorresti che questa fatica durasse ancora di più. Per questo, però, è meglio dotarsi della moto giusta. Che sia leggera, fornita di grande spunto, sospensioni a lunga escursione, ruota anteriore da 21 pollici e gomme tassellate; «artigliate» si diceva quando l'enduro era ancora chiamato regolarità. In sella a una dual dotata di ruote da 17 e 19 pollici, anche con pneumatici intermedi semitassellati, magari su fondo asciutto o umido compatto (tipo il pongo, la famosa pasta da modellare: rende bene l'idea, no?), si può fare quasi tutto. In questo caso l'obiettivo è puramente quello di passare l'ostacolo, di riuscirci e basta, senza cadere e senza fare danni, e condividere il sentiero con gli amici che magari guidano moto da enduro più leggere e specialistiche. Ciò non toglie che con le enduro stradali e un po' di esperienza possano essere affrontati anche i percorsi non troppo impegnativi e immersi nella natura, addirittura in coppia.

Con una buona tecnica non ci si annoia, né si ha paura. Si allenano il colpo d'occhio e la capacità di mantenere un buon equilibrio evitando le buche a bassissima velocità, per non sacrificare il passeggero. S'impara a dosare la frenata per non far scivolare eccessivamente la ruota anteriore. Quando si guida così, per esempio su una strada bianca, ecco che la maxienduro torna davvero a somigliare al «cavallo meccanico» dei nostri bisnonni, buono per fare tutto. Lo sai, oggi c'è un modello progettato e costruito per affrontare ogni specifico percorso nel migliore dei modi, domato da un'elettronica piuttosto evoluta ed efficace. Anche una volta c'era una moto per fare tutto, ma nel significato opposto. Non c'era «la moto giusta per»: ogni moto era quella giusta. Chiedilo idealmente ai grandi avventurieri del viaggio come il romano Felice Pacifici, il misconosciuto pioniere che negli anni venti del secolo scorso vagabondava per un'Europa quasi interamente priva di asfalto in sella alla sua Moto Guzzi due valvole, con la forcella a parallelogramma, il retrotreno rigido e le gomme sottili. Negli ultimi anni sono diventati di moda le manifestazioni e i tour su strade bianche e sterrati facili. Li organizzano un po' ovunque, dall'Eroica, fra il Chianti e le morbide colline delle Crete senesi, fino alla 1000 Sassi e alla Dust'n'Sardinia, che addirittura è riservata alle scrambler. Sono stati coniati due nuovi neologismi: *adventouring* (crasi di adventure e touring) e *discovering*, scoperta, per descrivere le nuove discipline che uniscono il turismo in moto all'avventura. La differenza è questione di percentuali. Il *discovering* prevede almeno il settanta per cento di asfalto in lunghezza, o tempi di percorrenza; l'*adventouring*, più fuoristradistico, con manifestazioni più itineranti e dall'organizzazione ben rodata, ribalta le proporzioni. Tanto per nominarne un paio, l'Hardalpitour HAT sfrutta i sentieri dell'Appennino ligure e diversi tratti della famosa Via del Sale, sulle Alpi Marittime, da Sanremo al Sestriere. Si corre di giorno e di notte evitando gli ostacoli e i crepacci alla luce dei fanali: non è per tutti, quindi. La Transitalia Marathon fa rivivere l'atmosfera dei grandi rally del passato intrecciando le strade e gli sterrati degli Appennini, mentre la 1000 Sassi è un inno alla bellezza della Toscana rurale – con tutti i relativi vantaggi offerti dagli scenari e dalla gastronomia locale. Anche noi nel Mugello non si è rimasti a guardare i ciottoli di fiume che s'asciugavano. Dopo i primi anni, oltre al nostro MugelloRally, abbiamo sviluppato la formula OnOff OnTour, per offrire il meglio degli sterrati della Sardegna e la forza panoramica soverchiante della Via del Sale nelle sue diverse tracce. Con tutta l'assistenza del caso, abbiamo spinto allievi e amici in Tunisia, Marocco e Algeria con la formula Fly&Ride, i viaggi-avventura nel continente africano. Tutte queste iniziative sono state curate da Gianni Giorgi, cofondatore del Gsss, una certezza quando si tratta di stilare un itinerario in moto, ovunque ci si spinga.

Per inciso, io adoro guidare in fuoristrada sempre. Al contrario, devo confessare che a volte mi riesce difficile insegnarlo da istruttore. Fatico ad accettare quello che, senza un briciolo d'umiltà, pretende di guidare in piedi sulle pedane senza essere già stato un nostro allievo su strada, quasi senza conoscere i fondamentali e affidandosi ancora alla capacità istintiva. Così si dimostra addirittura incapace di eseguire una traiettoria decente in una «esse», neppure troppo difficile, sull'asfalto. Allora perché consiglio d'imparare la guida in fuoristrada? Potrei rispondere: per avere più familiarità con la gestione della perdita di aderenza su strada. Ma potrei anche dire: per capire ancora meglio cosa significa essere capaci di dirigere con Esattezza la motocicletta dov'è stato deciso. Non per nulla i campioni della MotoGP si allenano in enduro e motocross. Apprendere la guida in fuoristrada è anche un fatto estetico, esalta il lato più avventuroso della moto. Il fuoristrada ci spinge a scoprire di cosa siamo capaci, tira fuori il meglio dalla persona. Per innamorarsene, occorre essersi perduti e poi ritrovati almeno una volta. Ci si sporca, si suda e ci si bagna, pure parecchio. Impolverati fin dentro le mutande, fradici da strizzare, a volte stanchi morti, ma alla fine sempre un po' più ricchi e confidenti di quando abbiamo dato il colpo di pedivella, o premuto il bottoncino che avvia il motore.

La moto qualunque non esiste

Esattezza non significa soltanto dimostrare con precisione l'abilità conquistata grazie alla Leggerezza e alla Rapidità. Perché il gesto sia perfettamente calibrato nella sua bellezza bisogna prima imparare a osservare, a capire la moto che stai guidando. A «sentire» fedelmente quali sono le sue caratteristiche e assecondarne le reazioni al tuo comando. Certe considerazioni grossolane mi mandano letteralmente in bestia, specialmente quando sono visualizzate in numero enorme e condivise dal pubblico dei *social*. Hai presente il solito *youtuber*, o l'enfatico giornalista di turno (a volte, ahimè, può trattarsi di un amico di vecchia data) che tesse immancabilmente le lodi delle desiderabili e supertecnologiche moto di ultima generazione? Spesso confronta gli accessori più o meno sofisticati, le piattaforme interattive installate di serie, i diversi pacchetti di optional messi a disposizione dalla Casa costruttrice. Arriva perfino a rilevare le quasi impercettibili differenze di comportamento dinamico dovute alla diversa dotazione degli pneumatici montati per l'occasione. Marchi, filosofie e modelli della comparazione sono diversi e concorrenti, per quanto simili per caratteristiche tecniche e design, e allineati per prezzo di listino. Giunti alla fine della mega-comparativa stile YouTube, la caratteristica che le rende realmente diverse passa immancabilmente in secondo piano. Trascurata, quasi fosse un dettaglio, allo stesso livello di un accessorio ormai banale come il cupolino regolabile (con una mano, ragazzi!) o le manopole riscaldate. Nessun cenno, o giusto una veloce allusione alla differenza marcata dalla trasmissione finale, che nella maggior parte dei modelli è a catena, più raramente a cinghia in kevlar, ma diventa elemento caratterizzante sulle moto dotate di albero e giunti cardanici.

A parte le evidenti differenze di costo realizzativo e materiali, che non possono essere ignorate perché incidono in modo determinante sul prezzo di acquisto, la trasmissione finale è un elemento di forma e sostanza, altro che il dettaglio al quale fare un rapido riferimento quando si parla di manutenzione periodica. È questo che non finisce di stupirmi: l'assenza di rilievo dato alle diverse filosofie concettuali e costruttive, che spesso rappresentano la realtà storica del marchio, oggi comunemente definita *heritage*. Alla guida, la differenza si sente, eccome. Per intenderci: immagina quanto sarebbero assurde una BMW boxer, oppure una Moto Guzzi con motore a V frontemarcia, dotate di trasmissione finale a catena. La loro matrice progettuale, lo sviluppo tecnologico e la relativa industrializzazione hanno fatto tesoro di certe peculiarità come il motore che gira in senso longitudinale e porta con naturalezza alla trasmissione ad albero. Allo stesso modo, le catene e le cinghie dentate sono assai evolute rispetto a quelle di una volta. Questi tre sistemi sono e resteranno diversi tra loro, quindi confrontabili solo all'interno delle rispettive famiglie di modelli, o in virtù della destinazione d'uso della moto. Trovo inaudito che non se ne parli, specialmente se l'autore è un personaggio largamente ritenuto capace di guidare a un certo livello. Non si tratta di dire qual è la migliore o la peggiore: solo di sottolineare la reazione diversa che un tipo di finale, o una particolare scelta tecnologica, procura a un pilota esperto. Contrariamente a quello che si può immaginare, l'esempio più significativo sulla trasmissione alla ruota posteriore riguarda la catena. Non perché l'albero cardanico non sia interessante da osservare, o trovi trascurabile l'incidenza del maggiore peso non sospeso sul comportamento dinamico. È che approfondirne la disamina tecnica ci porterebbe troppo lontani dal tema dell'Esattezza. Invece preferisco evocare una BMW specialistica da enduro di qualche anno fa, con trasmissione a catena: la G450, con il pignone posizionato sullo stesso asse del perno del forcellone. Valida e concettualmente moderna sotto tanti punti di vista, il pubblico non riuscì ad apprezzare la BMW G450 per l'assenza del «tiro catena», causata dalla sua particolarità costruttiva. La trasmissione finale non può costituire un dettaglio, perché è una scelta tecnica precisa che il motociclista esperto e consapevole mette in conto a monte dell'acquisto. Se sai cosa vuoi, se hai già pensato a come, quanto e dove guiderai la tua prossima moto, la filosofia costruttiva è determinante.

La stessa allegra noncuranza di certe mega-comparative all'ingrosso vale anche per altri aspetti: non possono essere messe a confronto le dual enduro di media e grossa cilindrata con la ruota anteriore da 19 pollici con quelle dichiaratamente votate al fuoristrada che montano il cerchio da 21. I due pollici di diametro determinano un comportamento dinamico molto diverso. Ancora più improponibile in fatto di Esattezza e sensibilità di guida è il confronto tra una moto con ciclistica tradizionale (la forcella telescopica comporta un'evidente variazione d'avancorsa e interasse accelerando e frenando) e le BMW dotate di avantreno tipo Telelever, che di fatto si comportano in modo diverso, minimizzando le variazioni di assetto in marcia. La moto qualunque non esiste, ecco perché non sopporto il qualunquismo nel parlarne.

A ognuno la sua: scegliere quella giusta

Mostrami la tua moto e ti dirò chi sei. Ho sempre pensato che, come i cani tendono sempre di più ad assomigliare ai padroni, il motociclista coglie e si appropria del carattere del suo mezzo. O, più probabilmente, si rispecchia in esso accogliendone le sensazioni. È un rapporto di muta e mutua comunicazione che amplifica il proprio sentire, sviluppa la sensibilità e nuove idee. Contribuisce a scrivere il proprio saggio filosofico di vita. Certo, l'importante è cominciarlo, prima di tutto. Possibilmente scegliendo la moto giusta. Sì, ma come? In base a quale ragionamento, o forma di libidine, si decide che *quella* sarà la tua compagna di viaggio, l'oggetto destinato a migliorare la qualità della tua vita? Anzi, prendiamola ancora più alla lontana: esiste la moto perfetta come la curva? Certamente sì: anche in questo caso, ci si arriva dopo un lungo percorso di esperienza. Mi è capitato più di una volta di avere a che fare con un allievo che si ostinava a imparare a guidare sulla moto sbagliata. Di solito, quando accade, si tratta di un mezzo più potente e veloce rispetto alle doti, alla perizia e all'abilità del pilota. Io ho sempre cercato di convincerlo a scendere di un gradino la scala della potenza, anzi dell'onnipotenza. Di effettuare un *downgrade*, una decrescita felice verso una moto con un po' meno cavalli e centimetri cubi, ma in grado di assicurare una maneggevolezza e una confidenza superiori. Probabilmente gli avrebbe reso le cose più facili nell'imparare le nozioni della guida sicura. Una volta assimilate, avrebbe sempre avuto tempo e modo di cercare la moto della vita in un segmento più alto e prestazionale. Ho avuto altri allievi che hanno ripreso a cavalcare una moto dopo svariati decenni. Avevano smesso ai tempi delle gomme strette, delle sospensioni a molla e dei primi freni a disco, se non addirittura a tamburo. Alcuni di essi si sono ripresentati al corso in sella a moto più grandi e con il doppio dei cavalli rispetto a quelle che guidavano a venti-venticinque anni. Calma ragazzi, calma: va bene l'entusiasmo della seconda giovinezza, ma...

Nel Novecento, il primo secolo della prodigiosa invenzione come la conosciamo oggi, alla motocicletta ci si è riferiti spesso, volentieri e pigramente, come al «cavallo meccanico». I motociclisti, anzi i centauri, sono stati descritti come i cowboy dell'era moderna. Prendi *Easy Rider*: cos'è, se non una versione western del road movie *Il sorpasso*, come ammise lo stesso regista Dennis Hopper, che aveva visto il capolavoro di Dino Risi in un piccolo cinema di Los Angeles? È fighissimo sentirsi un cowboy o un buttero, ma le cose non stanno esattamente così. Per quanto addestrato e controllato, il cavallo è un animale capace di decisioni autonome dettate dall'istinto. Ci mette del suo anche quando non si vorrebbe. La motocicletta no, è inanimata. Se è in perfetto ordine di marcia, è un oggetto ideato, progettato e costruito per eseguire esattamente gli ordini impartiti dal suo proprietario. La moto non può essere messa a confronto con il cavallo, gli ippofili sarebbero i primi a convenirne. In comune, la motocicletta e l'equino hanno la funzione di amplificare e mettere in atto la volontà di potenza e le emozioni dell'individuo. Ecco perché la giusta scelta facilita – e di parecchio – la guida e la vita. Sempre a proposito di western: mia moglie, una motociclista esperta, ha ribattezzato una mia moto da offroad Vecchio Tuono dopo esserci caduta malamente la prima volta che la stava provando. È lo stesso nome del cavallo, apparentemente calmo, ma in realtà assai nervoso, che l'incauto Gregory Peck si trova a montare per diventare cowboy nel film *Il grande paese*. Eccolo, un punto in comune fra moto e cavalli: mai lasciarsi tradire dalla prima impressione!

Una bella interazione fa nascere un altro sentimento importante: sentire la mancanza della moto quando non c'è. Un sentimento che, per esempio, va molto oltre la ricerca esasperata dell'adrenalina che fece dire a Steve McQueen quel suo famoso aforisma: «La vita è correre. Tutto ciò che viene prima, o dopo, è solo attesa». A me è piaciuta anche questa frase che ho letto da qualche parte sul web: «Chi vive, vede. Chi vive la moto, vede ancora di più». La moto è un generatore di endorfina che rende la vita ancora più valevole di essere vissuta. Non è un caso che molti proprietari le diano del «lei», anziché riferirsi a «essa», come se fosse animata. La personificazione della motocicletta è un vezzo che si spinge all'attribuzione di un nome proprio e a parlarle come se fosse un animale domestico, o una pianta. Ho sempre raccomandato ai comuni bipedi di non allertare la neurodeliri nel caso, passando davanti a un garage, capitasse di assistere a un motociclista che parla alla propria dueruote mentre la accudisce. Oltre a essere un'ottima ascoltatrice – sfido chiunque a dimostrare il contrario – la moto si è rivelata spesso un'ottima terapia contro lo stress. La concentrazione alla guida sgombra la mente dalle ragnatele e contribuisce ad alleviare il peso delle incombenze della vita.

La moto elettrica, cosa ne penso. Esattamente.

Penso spesso al colonnello Lawrence in sella alla sua Brough Superior SS100 ribattezzata George VII – tutte le sue Brough Superior si chiamavano George – e nell'affrontare la questione elettrica mi torna subito in mente un suo passaggio che da tanti anni, trascritto su un cartoncino, tengo appeso in garage: «Nella velocità ci scagliamo oltre il corpo. I nostri corpi non possono scalare i cieli se non nei vapori di benzina. Ossa, sangue, carne. Tutti insieme premuti in dentro».[6] Se già qui senti profumo di pregiudizio, devo contraddirti. La moto elettrica l'ho guidata, eccome. L'aggettivo che mi è uscito dal casco dopo averla provata per la prima volta è stato: stupefacente. Nel senso proprio di sbalorditiva, sensazionale – per quanto sia stata in grado di procurarmi uno stato di benessere artificioso per alcuni istanti. Avevo già letto diverse prove sulle riviste, ne avevo parlato abbastanza dettagliatamente con amici motociclisti e professionisti delle dueruote che stimo molto. Dovevo solo provarla. Ho avuto fortuna, per due settimane sono riuscito ad avere più di un modello a disposizione, sufficienti per farmi un quadro piuttosto completo della nuova situazione. Stupefacente. Assolutamente stupefacente, pensavo nell'ascendere al

Muraglione. Come ho già detto, per me è la strada di casa (sono tanti anni che vivo in montagna, giusto qualche curva prima del passo), quella che mi offre il maggior numero di riferimenti precisi quando voglio sentire come si comporta una moto. Come tutti, credo, mi sono domandato: allora sarà davvero così, il futuro? Domanda retorica, visto che lo impongono le crescenti restrizioni sulle emissioni inquinanti e la maggiore sensibilità dei consumatori verso il problema del riscaldamento globale e dell'ecosostenibilità in genere. Non per nulla, il Costruttore elettrico più noto, la Zero Motorcycles, ha la sede centrale a Scotts Valley, in California. Si tratta dello stato americano pioniere nella lotta contro l'inquinamento da gas di scarico, fin dagli anni sessanta, e che ha redatto le norme ambientali più stringenti per gli autoveicoli. Scotts Valley è anche la città dov'è stata fondata Netflix nel 1997, il che è piuttosto indicativo della visione che hanno da quelle parti. Un'altra valley, la Motor dell'Emilia-Romagna, nel 2014 ha tenuto a battesimo l'Energica Motor Company. Nel giro di cinque anni, l'azienda modenese è arrivata a fornire le sue Ego Corsa alla FIM Enel MotoE World Cup, il campionato del mondo per GP elettriche organizzato dalla Dorna Sports. Tutto questo per dire che l'Italia non resta indietro in questo campo, anzi. E che il futuro è sbarcato dalla sua astronave sul piccolo mondo delle dueruote a motore (elettrico, in questo caso) già da un bel po'. Bastava solo accorgersene. Stupefacente dunque, eppure ho avvertito subito che qualcosa mancava. Sfrecciando fra i tornanti e attaccandomi di brutto ai freni, perché privato della possibilità di scalare un paio di marce e sfruttare il freno motore nell'impostare la curva, ho avuto la sensazione che la moto elettrica proprio non mi piacesse: mi faceva sentire «scomodo dentro». Con i chilometri, la mancanza di convinzione si è trasformata in mancanza di entusiasmo, addirittura in ostilità neanche tanto velata, proprio nei confronti di un oggetto che amo come la motocicletta. Com'è possibile?

Patti chiari: non sono un giornalista, né un divulgatore. È evidente che stai leggendo esclusivamente il mio punto di vista. Ciò che penso non intende influenzare alcuno, né pompare gli ampli della musica endotermica, ma neppure voglio passare per un motociclista con l'anello al naso. Se ci sono due atout di cui la moto elettrica non fa difetto, si tratta della potenza e della coppia. Una coppia gustosa, possente. Immediata e disponibile da subito, molto modulabile. Addirittura eccitante quando si ruota con decisione la manopola destra e si comincia ad avvertire il sibilo freddo in crescendo del propulsore. Ecco il primo, vero nodo al pettine: l'assenza del caratteristico timbro dei motori endotermici. Prima ancora di vederle, le moto a due e quattro tempi le distinguo e riconosco dal loro sound. Il mono, lo stereo del bicilindrico, il plurifrazionato, l'aspirato, il sovralimentato, l'aspirato, per me sono generi musicali quanto la classica, il pop, il punk rock.... Io adoro il suono basso, continuo e rassicurante del violoncello. Così come apprezzo certe note alte e decise, che in certi motori possono diventare vertiginose, bisacute e trisacute, addirittura laceranti come nel jazz più free. Quelli che escono dal tubo di scarico sono suoni che riesco ad apprezzare in ogni sfumatura e volume – nei paddock con i provvidenziali tappi nelle orecchie, per non schiantare i timpani prima del dovuto. Ecco, sull'elettrica l'assenza del sound l'avverto subito. Manca tantissimo, a me come a molti altri motociclisti. I Costruttori se ne sono resi conto fin da subito. Soprattutto quelli che della musica inconfondibile dei loro bicilindrici hanno fatto un marchio di fabbrica. Nel 2000 la Ducati depositò all'ufficio brevetti statunitense la richiesta di mettere il copyright sul rombo distintivo del «pompone» desmodromico. Ci aveva provato anche Harley-Davidson nel 1994 con l'inconfondibile *potato potato* zoppicante dei suoi V-Twin. Quando è stato il momento di lanciare sul mercato la LiveWire elettrica (il termine indica il filo elettrico scoperto; per estensione, una personalità energica che ottiene ciò che vuole), la prima preoccupazione è stata di dotarla di un suono che non imitasse quello dell'aspirapolvere e che la rendesse riconoscibile anche fra le altre moto alla spina. In parte ci sono riusciti: in accelerazione, la prima Harley elettrica ricorda il reattore di un jet al decollo. Anche per le altre il problema troverà sicuramente una soluzione nell'elettronica, già capace di gestire sempre meglio le palate di kilowatt e newton metri a disposizione. Il menù interattivo dei *dashboards* offre possibilità di programmazione, scelta di erogazione e settaggio della moto precise e diversificate. La tecnologia invecchia più precocemente dei libri: il rischio maggiore è quello di cullarsi troppo sulle opinioni e sulla personale valutazione di pregi e difetti, presto superati dall'evoluzione delle moto elettriche. È piuttosto inutile anche il ragionamento sull'autonomia e sulla tecnologia degli accumulatori, i fattori che, mentre scrivo, rappresentano l'autentico tallone d'Achille dei PEV (Pure Electric Vehicles), insieme alla scarsa diffusione delle colonnine di ricarica. L'automobile, che entro il 2035 si presenterà sul mercato della Comunità Europea esclusivamente con tecnologia ibrida ed elettrica, e l'elettronica di consumo forniranno una bella scia alla moto. Ho in mente un'immagine disastrosa della conversione del parco automotive endotermico, accelerata dalle politiche ambientali dell'Unione Europea e degli Stati Uniti. Va bene le *gigafactories*, le enormi fabbriche di batterie a celle di ioni di litio – ne costruiranno un paio anche in Italia. Sono poco incline al compromesso e ho idee precise sul fatto che la produzione di energia elettrica destinata all'autotrazione dovrebbe essere ricavata dalle fonti rinnovabili, ma non è questo il libro in cui occuparsene con scienza e completezza. Preferisco tenere teso il filo della polemica sulla qualità dell'esperienza elettrica. È vero che, in prospettiva, la bilanciatura dei suoi pregi e difetti tenderà a renderla simile a quella offerta dalle moto endotermiche, sempre più soffocate dalle normative Euro. La riduzione delle emissioni inquinanti è inderogabile. Nel 2024 i Costruttori saranno obbligati a omologare e vendere esclusivamente modelli Euro 5+, l'anno dopo toccherà l'adeguamento di quelli già in commercio. La nuova messa a punto dei motori e l'aumento dei materiali nobili nei catalizzatori alzeranno i costi. L'erogazione ne risulterà alterata. La forma, la posizione e il suono degli scarichi cambieranno. Al punto che saranno considerati solo una noiosa formalità fluidodinamica da sbrigare e non più un mezzo di espressione della meccanica. È lì che la moto va comunque a finire. Quindi cosa mi impedisce di abbracciare serenamente l'età elettrica? Non posso ignorare la questione, devo afferrare alla gola i miei pensieri. La verità? Trovo improponibile qualsiasi confronto fra moto endotermica ed elettrica, allo stesso modo in cui non riesco ad accostare la motocicletta allo scooter e ai tricicli. Un'eresia, per me. Con tutto il rispetto per le persone che li progettano, li vendono e li guidano, credo che prodotti diversi debbano restare in compartimenti diversi.

Da alcuni anni, uno degli argomenti più importanti che ho portato avanti nei corsi Gsss Special di livello avanzato è proprio questo: aiutare a capire se il carattere della moto scelta – più o meno consapevolmente – da un allievo è quello giusto. È corretto attribuire il temperamento, l'indole, perfino la personalità a un mezzo meccanico? Certo che sì: parte dal suo cuore, il motore, per variare a seconda della cilindrata, del frazionamento e dell'architettura. Ognuno ha i suoi tratti caratteriali e la sua voce. È possibile modificarli e migliorarli grazie alle parti speciali più raffinate e resistenti. La gestione elettronica dell'erogazione e del comportamento dinamico ha fatto compiere un enorme passo avanti nella possibilità di avvicinare il carattere della motocicletta a quello del pilota. E ancora molto si può fare. In questo, la moto elettrica dispone di margini maggiori rispetto alla sorella maggiore endotermica. Basta un'app dedicata per smartphone per modificare da remoto la modalità di guida, monitorare i consumi e programmare la ricarica. Probabilmente fra non molto sarà possibile selezionare anche il tipo di erogazione e il suono desiderato, magari da scegliere in una libreria di effetti sonori online tipo Deezer, o Spotify, da diffondere attraverso una serie di speaker come già avviene con gli Active Sound System installati nelle auto sportive. Sulle moto, sarebbe come tornare alla cartolina fra i raggi della Saltafoss. E qui inizio a commuovermi. Però c'è un aspetto fondamentale che nessuna app o sistema elettronico riuscirà mai a riprodurre: la forza. Il motore è vivo: ha un cuore rovente che esplode migliaia di volte al minuto, una struttura dinamica che si dilata, vibra, spinge la moto e determina lo stile di guida. È la chiave di volta, il baricentro attorno al quale la moto trova ragion d'essere. Anzi, *esiste*. Il pacco batteria che lo rimpiazza è inerte. Un peso morto non indifferente da tirarsi appresso e che in staccata si sente, eccome. Hanno dovuto farci i conti anche i piloti della MotoE. Penso al significato della parola «pulsante». Non il bottone da premere, per scegliere se guidare una moto che canti da baritono, tenore, o castrato. Penso al pulsare parossistico del muscolo cardiaco, al tamburo parlante di una 500 monocilindrica da competizione degli anni cinquanta, come la Matchless G50 o la Norton Manx. Penso all'inconfondibile rabbia roca di un motore Triumph tre cilindri preparato a regola d'arte da una vecchia volpe delle moto inglesi. Avverto l'aria ondeggiare sotto la sferza lancinante di un motore da corsa plurifrazionato a quattro, cinque, sei cilindri. Cerco di tenere un posto d'onore nella memoria a quella volta che mi lasciai distruggere i timpani dal mitico (per una volta, l'aggettivo è al suo posto) V8 Moto Guzzi in pista a Monza. Sussulto al ruggito pauroso di un V4 1200 di ultima generazione, che vuole far capire chi comanda nella giungla della velocità. Oppure, semplicemente, mi lascio commuovere dal tono discreto e virile di un vecchio boxer da un litro, o dal chiasso giovanile di una due tempi da regolarità degli anni settanta. Come potrebbe la moto elettrica generare un simile ventaglio di emozioni? Beh, ho visto talmente tante volte certi specialisti cercare e trovare la carburazione giusta così, a orecchio, con il semplice aiuto di un cacciavitino. Esattamente come fa un bravo accordatore con lo strumento musicale. Ho visto regolare le coppie di puntine platinate, che oggi sono ritenute obsolete persino sulle moto d'epoca, con lo spessimetro senza neppure osservare la camma che le apre, ma soltanto «sentendo» con i polpastrelli il gioco tra gli ingranaggi. Un gesto che è puro zen giapponese. Già da bambino, ho imparato come assicurarmi che nella benzina che avevo rubato dal serbatoio della macchina del nonno per fare miscela non ci fosse dell'acqua. Come si fa? È semplicissimo, basta far passare la benzina attraverso la pelle di daino e controllare se ci rimangono delle goccioline d'acqua. Me lo aveva insegnato proprio lui, il mio nonno Cesare, che era stato aviatore sugli Sparviero, i trimotori Savoia-Marchetti SM 79 della Seconda guerra mondiale. Fra una generazione o due, dove sarà finita tutta questa poesia, se non nei ricordi, nel sentito dire o nello sfogo dell'estensore di queste note per i motociclisti del terzo millennio?

Perdonami, se puoi. Sono cresciuto tra i vapori di benzina, con le dita unte. Osservando con amore e infinita, inesauribile ammirazione la sottile lancetta di un contagiri meccanico Smiths che si muove a scatti, poi sosta incerta per qualche decimo di secondo accanto a un numero da moltiplicare per cento... Perdonami, ma non ce la posso proprio fare. Il problema non è tanto l'elettrico. È il digitale. La sola idea che la mia creatura animata da un motore, che sia elettrico o persino a combustione sempre più addomesticata, dialoghi con lo smartphone che – mio malgrado – tengo infilato in tasca a pochi centimetri dagli organi riproduttivi, mi fa venire l'epididimite e maledire immancabilmente chiunque sostenga che tutta questa inutile, artificiale, fasulla porcheria rappresenti il futuro. Ho un'unica consolazione: non sarà il mio.

Voglio concludere questa parentesi cercando di evitare fraintendimenti e mettere tutti i puntini del caso sulle I. Certamente non trovo nulla da dire sulla mobilità elettrica urbana: in questo caso, lo scooter è una soluzione di gran lunga migliore dello sciagurato monopattino. Credo, come ho cercato di far capire al paziente lettore e all'appassionato che mi hanno seguito fino a qui, che certe tipologie di veicoli rappresentino delle tribù a sé stanti, paragonabili per soluzioni ed evoluzione tecnologica solo all'interno delle rispettive categorie. Mi piacerebbe moltissimo continuare a pensare che l'invasività dell'elettronica delle piattaforme inerziali (a sei assi, mi raccomando) e delle app interattive per la gestione da remoto, che tanto mi preoccupa e indigna, possa non oltrepassare quel limite oltre il quale il rischio non è la perdita d'identità dell'oggetto moto, ma la perdita di qualità dell'esperienza moto. In sé, la motocicletta continuerà a tramandare nella memoria collettiva la sua essenza e la ricchissima storia ultrasecolare. Spero che la possibilità di crescere e di migliorarsi alla guida, la sua capacità di muovere l'anima, riesca a essere tramandata senza limitarsi a spostare il corpo di chi la conduce. Soprattutto, mi piacerebbe che la moto continuasse a generare pensiero, ispirazione e contenuto, sia sul piano filosofico, sia culturale. Esattamente come l'elettricità nei suoi anni pionieristici, oltre un secolo fa: «Ma è anche una stupenda Shéhérazade l'Elettricità, rispose Edison, l'Elettricità dico Milord! Li ignorano, nel mondo elegante, i suoi impercettibili e onnipotenti progressi quotidiani. Pensi! In virtù di essa non tarderanno a scomparire le autocrazie, non più cannoni, navi da guerra, dinamite, eserciti».[7] Lo scrisse nel 1886 il francese Villiers de l'Isle-Adam in *Eva futura*, il romanzo filosofico-fantascientifico in cui prefigurava la possibilità degli androidi e discuteva la questione etica del confine tra umano e umano, dei limiti delle macchine e dell'uomo. Suona familiare?

L'età della moto, il primo insegnante

Sono un motociclista di terza generazione: prima di me lo sono stati mio padre e mio nonno Cesare, nato a Fiesole nel 1902. Prima di lui, le motociclette (quasi) non esistevano. Ho cominciato ad andare in moto a dodici anni e, fino ai venticinque, le moto senza i tasselli non le degnavo nemmeno di uno sguardo. Ho trascorso un'adolescenza piuttosto turbolenta, da anni settanta duri e puri, tra Beta e Aspes, Ancillotti e Gori, KTM, Zündapp e Puch. Mi divertivo a tagliare pistoni con il seghetto a ferro dal lato dell'aspirazione, a modificare marmitte a espansione e a sostituire carburatori, a saltare i muretti e i fossi, ad andare per gli sterrati e per le mulattiere del Mugello e delle colline toscane. La musica non cambiò molto con l'arrivo delle enduro anni ottanta, da una Yamaha Ténéré molto aggeggiata a una TT600 trasformata nei modi più incredibili. Erano gli anni delle prime edizioni della Paris-Dakar: cominciavo a progettare viaggi avventurosi, mentre consumavo solo le indistruttibili Michelin Desert tra asfalto e sterrato. La prima moto stradale che guidai per qualche giorno mi fu data in prestito da Maurizio, il direttore dell'agenzia di pubblicità dove lavoravo come *visualizer*. Era una BMW R60/5. Bellissima, evocativa, con il suo strumentone nella calotta del fanale e la chiavetta di accensione a chiodo. E un chiodo lo era davvero, nel senso che per me, abituato alla KTM 400 da cross, non camminava, ma era confortevole e aveva tanto gusto. Con quella capii che anche andare piano può essere bello. Ecco, se non proprio piano, tranquillamente a passeggio. Alla velocità che permette di avere tutto sotto controllo e godersi anche il panorama, perché a vent'anni giravo sempre a gas aperto. Invece guidando la Barra 5 capii che avevo voglia anche di moto stradali, così mi comprai una BMW R90/6 blu elettrico e iniziò la mia vera storia d'amore con il motore boxer, a cilindri contrapposti. Della moto ho sempre avuto un'idea precisa. È un oggetto tanto bello da andarne fieri, da poterlo «indossare» ogni giorno con grande orgoglio. Allora mi piacevano da matti le inglesi e a Firenze non era difficile trovare chi le conosceva bene. Le persone giuste alle quali rivolgersi per comprarle, o per modificarle nel modo migliore. Solo che in quel periodo della mia vita non avevo tempo, né voglia di perderlo pensando a quante volte sarei facilmente rimasto fermo per strada con una Norton, oppure una Triumph. Altro ostacolo, i comandi rovesciati: cambio a destra con la prima in su, freno e posteriore a sinistra. Andava bene per andare a passeggio, ma per spingere, come desideravo allora? No, mi dava troppo da pensare. Così prediligevo le BMW degli anni settanta, che trovavo estremamente robuste ed eleganti, oltre ad avere il cambio e il freno posizionati per il verso giusto. Insieme alle prime moto prive di gomme tassellate, sono arrivate le irresistibili giacche di pelle vintage cercate nei mercatini, i caschi rigorosamente jet con gli occhialoni, i pantaloni di pelle aderenti sempre vintage, oppure i jeans neri che usavo abitualmente con gli stivali Walker dei poliziotti americani. Li avevo già visti indossare da Marlon Brando e dagli altri motociclisti nel *Selvaggio* e, sempre in quegli anni formativi, in *Scorpio Rising*, un rarissimo cortometraggio underground girato da Kenneth Anger nel 1963, al quale mi aveva iniziato il mio amico Adi Newton, musicista e fondatore della band post-punk Clock DVA. I dettagli di stile da associare alla moto erano innumerevoli, così partì la ricerca accurata per i guanti *period perfect* con le borchie, i foulard di seta e le t-shirt più belle e difficili da trovare. Ogni mese leggevo la rivista inglese *Classic Bike*, della quale conservo ancora tutta la collezione. Quante idee mi sono venute da quelle pagine, compresa la serie di *Curve&Tornanti*!

Chi mi ha insegnato a guidare in un certo modo su strada, semplicemente dandomi dei buoni consigli, è stato un caro amico, il pilota Luciano Pacchetti. Appassionato di motociclette e musica classica, Luciano era a sua volta amico di vecchia data di Manfredi Lombardi, il grande pittore fiorentino che ho avuto la fortuna di avere come vicino di casa per un lungo periodo della mia vita. Anch'egli motociclista da sempre, perlopiù su BMW, Manfredi è stato quasi un secondo padre per me, soprattutto per la storia dell'arte e una parte della letteratura. Indimenticabili le cene a casa sua – una dacia russa che aveva costruito da solo. Mi viene da pensare che ero sempre il più giovane mentre adesso, quando sono io che organizzo delle cene del genere, rischio sempre di essere il più vecchio! Anche Luciano frequentava casa sua e con lui, il «pilota esperto», iniziai le prime girate di carattere decisamente sportivo per strada. Un giorno, sul passo del Giogo, mentre affrontavo una curva a sinistra cercando come sempre di farla il più veloce possibile, quindi spostandomi rapidamente all'interno, lui mi passò a destra. A destra! Una volta arrivato in cima gli dissi: «Ma come guidi, mi hai fatto prendere uno spavento!». E lui: «Ma tu cosa ci facevi in mezzo alla strada?». Così mi spiegò la traiettoria meno rischiosa da adottare. Perché quello che aveva rischiato davvero, in quella curva, ero io. In piega non superavo con le ruote la linea di mezzeria, ma ero inclinato quasi completamente dall'altra parte, sulla corsia opposta: è l'errore che fanno tutti. Non ci credi? Appostati sulle curve del Muraglione: su dieci motociclisti, ti andrà di lusso se ne troverai uno che compie una traiettoria decente. E questo probabilmente perché è stato un nostro allievo: dopo tutti questi anni di corsi Gsss, cominciano a essere tanti.

Nell'imparare a guidare una motocicletta, si torna a quando, bambini, si cercano i primi passi in posizione eretta. La preoccupazione principale è quella di restare in equilibrio. Quanto più si prende confidenza, tanto più il mezzo diventa una parte di noi. Io lo definisco una *superprotesi*, una sorta di prolungamento del corpo che ci può far compiere delle imprese straordinarie. Il primo rapporto che s'instaura è assolutamente istintuale, un susseguirsi ininterrotto di accomodamenti e aggiustamenti, secondo l'abilità innata dell'individuo. È un po' come imparare a stare ritti sulle gambe, poi a camminare, infine a correre nella prima infanzia: ci si attrezza come si può. Per quanto la prima preoccupazione sia quella dell'equilibrio, dicevo, appena ci si muove più velocemente si acquisisce stabilità. Ancora più velocemente e si diventa addirittura leggeri. Soltanto quando si comincia a riflettere sulla complessità del rapporto uomo-macchina, si riesce a capire che l'istinto deve necessariamente essere messo da parte, per cominciare a utilizzare la consapevolezza che porta a un'elaborata tecnica di guida. I nostri allievi che già guidano bene spesso mi dicono che le sapevano già, certe cose, ma grazie alla progressione didattica e alle spiegazioni è come se le scoprissero per la prima volta. Scattano certi meccanismi. Si accendono le lampadine. La conquista della posizione a cavallo fu fondamentale nell'evoluzione del genere umano. Con molte meno implicazioni, lo è anche per chiunque voglia godersi un giro in moto come Dio comanda. Il coordinamento motorio che richiede è superiore, per esempio, a quello dell'automobilista, che resta seduto e protetto nel suo microcastello di cristallo e acciaio. È una differenza non da poco.

L'*auto fantasma*, cos'è esattamente

Nei corsi Gsss Special si insegna anche l'utilizzo integrato delle singole tecniche di guida, partendo dai fondamentali come accelerazione, frenata, curva, salita e discesa. Ho già spiegato, tanto per fare un esempio, come il modo giusto di spostare il corpo produca una serie di sfumature tecniche molto interessanti. A me piace molto dondolare in moto. Destra, sinistra, destra. Lo faccio sul rettilineo, o per trovare il punto esatto di inserimento in curva. A volte è utile anche per rallentare sfruttando l'inerzia e il freno motore della moto, o per pulire le gomme dopo un tratto sterrato. Se la strada suggerisce un serpeggiamento, io serpeggio. Perché contribuisce a farmi partecipare al ritmo della guida ed è appagante. Qual è l'obiettivo di portare una motocicletta? Trarne piacere, alimentare il corpo di endorfine. Quando non lo faccio, è perché sono veramente stanco: qui entro nella guida di conserva, il cui unico obiettivo è rientrare a casa senza fare danni. Tecnicamente, dondolare sfruttando lo spazio della corsia a disposizione serve per affinare le sensazioni. Si mette decisamente da parte la velocità e si decide di perdere utilmente tempo. Una gran parte delle cadute accade perché la moto è inserita bruscamente in curva. Dondolare armoniosamente serve anche a sentire lo spostamento di carico tra gli assi anteriore e posteriore, quindi inserire in modo molto graduale la moto in curva.

In questo mio dondolare, sto bene attento a non eccedere dalle linee tracciate dall'*auto fantasma*. Al Gsss abbiamo semplificato così il concetto di traiettoria sicura, che oscilla fra l'asse sinistro e quello destro delle ruote di un'automobile immaginaria. Queste linee parallele prendono le distanze sia dal margine esterno della carreggiata, con le insidie legate allo sporco e ai detriti che vi si accumulano, sia soprattutto alla linea di mezzeria, che dobbiamo imparare a considerare un muro invalicabile non solo con le ruote, ma con il corpo, testa compresa, quando ci troviamo a essere inclinati in curva. L'appropriato susseguirsi dell'allargamento della traiettoria in ingresso (inserimento), chiusura verso il punto centrale (detto «di corda») e il riallargamento in uscita deve svolgersi sempre nella propria corsia, o porzione di carreggiata. È una limitazione che non rende meno efficace il modo di disegnare la traiettoria. Occorre concentrarsi per evitare l'errore più frequente, quello di inclinare la moto troppo presto nella delicatissima fase dell'inserimento. Piegando in anticipo, nel caso di una curva a sinistra ci si troverà con molta probabilità in mezzo alla strada, nella situazione di maggiore pericolo. Nella curva a destra, è evidente che l'inserimento anticipato diventa pericoloso soprattutto in fase di uscita, perché saremo costretti a piegare di più la moto per non oltrepassare la linea di mezzeria. E così ci si trova nuovamente nella situazione di maggior pericolo esattamente dove rischiamo di trovare un altro motociclista, o un'auto, che proviene dal senso opposto. È importante capire che tutto lo spazio che si perde ritardando l'ingresso in curva, a pari velocità lo si riguadagna nel punto più favorevole in uscita. E la padronanza è maggiore in ogni situazione, di rischio o meno. La curva perfetta (quindi sicura) nasce dall'appropriazione dello spazio esterno nella propria corsia. In questo ci aiutano le automobili vere, non immaginarie: nel percorrere la curva a sinistra, scaricano la forza centrifuga sulle ruote anteriore e posteriore destre. Ne consegue che procurano un corridoio pulito e ben gommato dove il motociclista può confortevolmente mettere le ruote. Con lo sporco relegato all'estremità della strada, siamo più tranquilli di non scivolare. È importante tenersi distanti dalla linea di mezzeria, il famoso muro immaginario, per godere di maggiore visibilità nel delicato momento della preparazione della curva. Poi cercare il punto migliore per inaugurare la traiettoria stabilita e percorrerla in sicurezza, mantenendo l'inclinazione costante della moto: così ci troveremo al centro della nostra corsia. In uscita di curva, bisogna riuscire ad anticipare il più possibile la chiusura, specialmente se a destra: in questo modo saremo sempre in una zona molto più sicura. Tutto chiaro? È più difficoltoso descriverlo che mostrarlo su strada, credimi. Una volta imparato, dovrebbe diventare una questione di abitudine, sempre, anche in condizioni di ampia visibilità. La continuità della posizione più favorevole e redditizia è un regalo che non ha prezzo perché, prima o poi, ti permetterà di uscire più agevolmente da una situazione di rischio.

Sempre a proposito dell'*auto fantasma*, ricorda che in piega l'insieme della motocicletta e del pilota è largo come un'utilitaria. Rispetto alla sportiva, che ha i semimanubri ed è più raccolta, la proiezione a terra aumenta nel caso di una maxienduro stradale, o di una touring. Nella parte della strada dove sta la macchina, deve starci anche la motocicletta inclinata. Non è sufficiente tenere le due ruote nella propria corsia, se la testa o il corpo si protendono in quella opposta: equivale a invaderne lo spazio aereo. E se la linea di mezzeria non c'è? Non solo bisogna cercare di immaginarsela, ma, specie sulle strade secondarie, è opportuno regolarsi in base alla visibilità a disposizione. Più semplice di così!

Il concetto dell'*auto fantasma* è una delle peculiarità del Metodo Gsss. È nato quasi per caso dal mio amico Luciano che, come ho spiegato, mi ha insegnato a guidare così sulla strada. Per un motociclista, comprendere le forze in gioco durante una curva e farsi amica la forza centrifuga è probabilmente la cosa più importante dal punto di vista del proprio piacere di «volare rasoterra» e di tutto quello che ne consegue con l'esperienza. Si inizia in modo istintuale con la bicicletta: appena la velocità che abbiamo raggiunto ci porta a inclinarci naturalmente verso il centro della curva, si avverte il piacere di «vincere» la forza di gravità grazie alla forza centrifuga, e questa esperienza straordinaria, ripetuta nel tempo, diventa così automatica da non farci più caso. Però, affrontando una curva, la differenza tra un'auto che subisce sempre la forza centrifuga e viene spinta verso l'esterno e una motocicletta che invece – grazie all'abilità del pilota che si inclina – la sfrutta per ottenere maggiore stabilità è proprio il punto fondamentale da capire. Mantenendosi in scia all'*auto fantasma* – che ci indica la traiettoria migliore – è possibile girare le curve più velocemente rispetto alla scelta di tagliarle dovendo poi frenare per impostarne una più spigolosa o perché si è raggiunta una velocità troppo elevata. Ma il principale vantaggio di una curva eseguita con questo sistema è rappresentato dalla sicurezza, non dalla velocità. Percorrere e raccordare le curve nelle linee dell'*auto fantasma* è come disegnare sull'asfalto un semicerchio con il compasso. Per guidare più velocemente con sicurezza, a volte è meglio autocensurarsi, «scrivere» in modo più conservativo.

Prendi, per esempio, una bella statale di montagna, una di quelle che portano a un valico. Spesso è stretta, prodiga di curve accecate dalle rocce o dalla vegetazione. Immagina che dall'altra parte stia sopraggiungendo un autobus di linea. Per le sue dimensioni è probabile che durante la curva possa oltrepassare la linea di mezzeria. In questo caso è meglio che dalla direzione opposta provenga un motociclista consapevole, che non usi la mezzeria come riferimento assoluto. Senza margine per correggere la sua traiettoria, la fine è nota. In alternativa, frenando di colpo rischia di rialzare la moto e allargare la traiettoria così tanto da avere problemi in uscita di curva. Lo spazio nella propria corsia c'è; sfruttiamolo insieme alla forza centrifuga, che permette alla moto di uscire più velocemente di quanto è entrata.

Il metodo dell'*auto fantasma* è l'esatto opposto della guida veloce insegnata sui circuiti, dove non esistono la linea di mezzeria e la circolazione a doppio senso. Qui la traiettoria migliore, la più veloce nella percorrenza di curva, non coincide quasi mai con quella più sicura sulla strada aperta al traffico. In pista ci si allarga all'ingresso della curva, si punta decisi verso il punto di corda, cioè il fulcro dell'angolo che stiamo disegnando, per uscire nuovamente allargando. Per strada questo non si può fare. Una volta, nel primo anno di corsi Gsss, mi capitò di avere una vivace discussione con un ex campione del motomondiale degli anni settanta, passato a trovarci durante un corso. Naturalmente, quando si parlò di impostare una curva, lui non ebbe il minimo dubbio nel tagliare la carreggiata in due prendendo il punto di ingresso nella corsia opposta e allargando in uscita, come se si trattasse di una strada chiusa al traffico e controllata da commissari... di pista. Beh, a meno che stia correndo una gara in salita, è una situazione che non ti capiterà mai. Quando obiettai che dalla direzione opposta nello stesso momento potevo entrare in curva io, disse semplicemente: «Eh, tanto poi chiudo. Tutti guidano così, qui». Il nostro obiettivo in pista è andare più forte possibile. Su strada, quello di andare più lontano possibile. Oppure, se questo è il nostro desiderio, ottenere la maggiore velocità come risultato, non come obiettivo. Puoi pensare di essere bravo quanto vuoi a correggere, ma ci sono limiti fisicamente invalicabili.

Nel capitolo dedicato alla Visibilità spiegherò meglio perché l'inserimento è il punto più delicato. Intanto, prendiamo l'esempio di una curva a sinistra. L'ho preparata come si deve, ne calcolo il raggio, quanto mi accoglie, la velocità di percorrenza. Già dà gusto, se poi è parabolica diventa arrapante. Il problema è che, se la prendi troppo velocemente, non ci stai dentro e finisci per chiudere nell'altra corsia. Esattamente dove potrebbe inserirsi un altro veicolo proveniente dalla direzione opposta. È importante ricordarsi che, nel preparare la curva a sinistra, la stessa gira a destra per chi proviene dall'altra direzione. Viceversa, mentre inserisco la moto in una curva a destra, devo pensare che quella è una curva a sinistra dalla direzione inversa. Non si tratta di un trucchetto, ma dell'unico modo possibile per guidare nel migliore dei modi, senza che il ritmo e la velocità prendano il sopravvento ed evitando la quantità di incidenti sfiorati o accaduti nella stessa situazione ogni fine settimana. È un semplice ragionamento che fa necessariamente chiudere un po' il gas e trattiene i cavalli, ma procura un margine di sicurezza superiore.

I miti da bar

Il Gsss è il cimitero della chiacchiera da bar. Di favole, da noi, non se ne raccontano. Giusto qualche battuta per rompere il ghiaccio e stemperare la tensione, dopo di che ogni cosa deve avere una spiegazione logica, pertinente, scientifica, tecnica. Il motociclismo da bar è un *social* analogico formidabile, che in qualche modo ha allevato e ispirato generazioni di motociclisti. Le *bandes dessinées* francesi del *Joe Bar Team* di Christian 2Bar Debarre sono il manifesto del motociclismo da bar e racchiudono tutte quelle storielle strampalate, le imprese più inutilmente coraggiose e i personaggi più divertenti e originali che di solito ci si racconta con le moto parcheggiate davanti al marciapiede.[8] Un compendio di testimonianze di vita pericolosamente vissuta e di aneddoti raccolti negli anni settanta da 2Bar sulle strade e nei caffè francesi. Il *Joe Bar Team* è assolutamente spassoso e chiunque guida una moto dovrebbe leggerlo, per divertirsi anche in poltrona, d'inverno, quando fuori piove, le strade sono gelate e la moto ronfa il sonno dei giusti sotto il plaid, giù in garage. Come ci sono i bar sport, in diverse cittadine italiane c'è un Joe Bar con i suoi protagonisti sopra le righe, i suoi miti e qualche moto parcheggiata davanti a ogni ora del giorno e della sera. A Monza, per esempio, dietro la stazione ferroviaria c'era quello che i locali chiamavano «el bar di stupid», un'insegna ufficiosa che non ha bisogno di traduzioni dal dialetto brianzolo. Era il covo di un gruppo di goliardi a motore fra i quali spiccavano i fratelli Tino e Vittorio Brambilla (anche se il primo smentiva sempre), autori di goliardate e fuoriprogramma assurdi. Quelle imprese sono state raccolte e romanzate – ma neanche tanto – da Marco Pastonesi e Giorgio Terruzzi nel libretto-culto *Il bello del gas*.

> Erano tutti pronti a partire, a scommettere sopra ogni cosa, a cambiare un getto o una biella, a competere con i fratelli, che restavano i capi indiscussi di quella brigata. E così fu che il bar, per la gente del posto, aveva cambiato denominazione. Lo chiamavano il bar degli Stupidi, come dire che quelli del bar non erano a posto con il cervello. Il che forse poteva anche andare, essendo non proprio demente il cliente fedele, quanto piuttosto un po' fulminato da lampi improvvisi e frequenti. Dal fatto di stare un po' sul chi vive, per mettere in strada la prima scemenza, per scommettere qualcosa su tutto, per fare gli stupidi, appunto, in sella alle bestie.[9]

Nella vita reale, diciamo così, le spacconate tramandate di generazione in generazione dai sopravvissuti a ogni genere di impresa, impastate con personalissimi precetti e trucchi della guida sportiva, usi e costumi locali – e sul piatto mettici pure certi test su strada delle riviste specializzate –, hanno originato un filone narrativo orale che, appunto, possiamo racchiudere nella definizione «motociclismo da bar». Sono il sale della moto, finché si tratta di raccontare quattro balle, nutrire la fama e ammazzare il tempo. Se però si parla di guida dinamica su strada, è tutto un altro paio di gomme. Ognuno è libero di dire quello che vuole, ma forse è arrivata l'ora di smentire un paio di miti che si sono abusivamente consolidati nella testa dei motociclisti italiani.

Cominciamo dal più testosteronico: la *piega maxima*. Non c'è cosa più stupida e cafona che guardare se l'usura delle gomme è arrivata al limite delle spalle per capire se uno sa davvero guidare meglio degli altri. Quando la spalla è tutta nera, significa una cosa soltanto: che sì, sono andato veramente veloce, perché ho chiesto il massimo all'aderenza dello pneumatico andando oltre il punto d'appoggio utile. In strada non è sempre come in pista, dove le gomme a mescola appiccicosa, se non le slick, permettono di raggiungere il massimo dell'appoggio laterale. Intendiamoci, la piega non è nemica della dinamica in curva: è vincolata proporzionalmente alla velocità di percorrenza. In strada, però, è sempre meglio poter contare su un margine di riserva. La saponetta del ginocchio, lo stivale o il piolino della pedana grattati in piega sono trofei che rendono orgogliosi e alzano il punteggio al bar, ma non sono dimostrazioni del fatto di avere guidato bene. Solo un vezzo da esibire.

Due dita sulle leve le tengono solo le pippe lo contraddiciamo insegnando agli allievi a tenere l'indice e il medio sulle leve di freno e frizione. Una volta, il pilota audace di una moto a due tempi lo riconoscevi proprio da quello, dalle due dita sulla frizione, necessarie ad azionarla immediatamente al primo sospetto di grippaggio del pistone, con possibile bloccaggio della ruota posteriore. Nel tempo, molti motociclisti sono stati derisi per aver aggiunto indice e medio anche sulla leva destra, quella del freno anteriore. Gli autentici fenomeni da bar usano le due dita come identificazione della mezza sega al manubrio. Sul web, non ne parliamo: si legge e si vede di tutto, cose spaventose. Ancora una volta, lasciali pontificare. L'indice e il medio sono le nostre dita di finezza, quelle con cui compiamo le operazioni più delicate e aggraziate e che, insieme al pollice, dirigono – esattamente – la penna nella scrittura. E, appunto, tracciare le linee, sulla carta come sull'asfalto. Tenerle sulle leve è un gesto spontaneo di confidenza con la motocicletta e costituisce un vantaggio indubbio sulla sicurezza. Un incidente inizia quando ancora non ce ne rendiamo conto: meglio farsi trovare pronti, con il giusto tempo di reazione alla frenata. Questo argomento è ancora più importante quando la moto che stai guidando ha qualche anno ed è sprovvista di ABS, il dispositivo che evita la «frenata da panico». Il vantaggio di avere le tre dita rimanenti libere dalla frenata è quello di non scambiare il manubrio per una fune di salvataggio, alla quale aggrapparsi disperatamente. Meglio restare leggeri. Le due dita sulla frizione, se vogliamo, non passano mai di moda neanche con le moto a quattro tempi. Quando si guida in modo fluido, omogeneo, anche veloce, il dosaggio della frizione permette di addolcire ancora di più le traiettorie. A volte capita di trovarsi impigliati fra una marcia e l'altra. Per esempio, la terza alza troppo i giri del motore, mentre la quarta li ammoscia. Tenendo il rapporto superiore innestato, bastano un colpetto di frizione e uno di gas per riguadagnarli senza sforzo. La frizione è un lubrificante della guida su strada e risolve non pochi problemi in offroad, specie sui cambi di pendenza improvvisi e impegnativi.

Poi non dare retta a quelli che *il freno posteriore serve a nulla e la pastiglia dietro si cambia solo al tagliando obbligatorio.* Il disco (o tamburo, perché qualcuno lo «suona» ancora) posteriore è il primo freno da azionare, perché è un correttore naturale. Un colpetto e la moto si accuccia leggermente, mentre con il sedere senti quanta aderenza hai. Se dietro si muove un po', non c'è problema: la riprendi in mano, quasi si raddrizza da sé, a meno di non insistere così tanto sul pedale destro da bloccare la ruota posteriore. Non sei convinto? Prova a pinzare di colpo solo con l'anteriore: la moto torna sull'attenti e buonanotte traiettoria. O addio del tutto, quando non c'è la possibilità di chiudere la curva in un secondo tempo perché manca lo spazio di fuga... Accompagnando la frenata con il posteriore, si ha la certezza di poter contare su un buon amico. Su una seconda possibilità, che in motocicletta è sempre preziosa. L'importanza dello sfruttare per intero il dispositivo frenante sta anche nel trasferimento di carico da un asse all'altro, che dev'essere sempre graduale. Vale anche per l'inserimento in curva: quando si cade, spesso è perché è stato brusco. Invece dovrebbe essere un gioco il piacere del coordinamento alla velocità giusta. Lo stesso vale per la guida in discesa, che richiede la gestione fine dei freni, anziché della manetta del gas. E il senso dell'equilibrio prende il sopravvento sulla gestione della forza centrifuga. Ai corsi, dico spesso che il freno posteriore è una dimostrazione di capacità e allenamento, perché saperlo dosare – a volte in contemporanea con il gas – è utilissimo nell'*handling* più elementare, per imparare a fare lo slalom fra i birilli. Quindi non vergognarti di cambiare più spesso quella pastiglia «dimenticata».

Prendere il possesso della linea di mezzeria come se fosse il centro del ring è un altro chiodo fisso del motociclista da bar. Qualcuno ha detto che andrebbe presa come riferimento e ricalcata come un disegno con la carta carbone. Anzi, forse hai visto qualcosa del genere in una famigerata foto pubblicata online da uno dei più diffusi mensili di motociclismo italiani: quattro moto perfettamente allineate sulla linea di mezzeria. Errore, grosso errore. E sentendosi in fallo, invece di ammetterlo hanno addirittura dichiarato il falso e cioè che la strada era stata chiusa per fare le foto! Intanto, se la vernice «spartitraffico» non è composta e stesa come si deve, sulla linea bianca si scivola. E poi devi ricordare che una moto piegata occupa lo spazio di un'auto. Se prendi una curva in velocità, per combattere la forza centrifuga che ti porta fuori, anzi per fartela amica e sfruttarla, puoi solo scendere in piega. Più entri velocemente, più sbatti giù la moto e ti allarghi. In questo modo, finisci per invadere la corsia opposta con ciò che hai di più prezioso: la testa, poi il corpo, poi il resto della moto. Spera solo che dall'altra parte non arrivi un altro motociclista da bar, o uno che per qualche ragione non è riuscito a inserire la moto in curva come avrebbe dovuto. Prega soprattutto di non incrociare un camion. Nel caso poi che ci siano uno o più amici che ti seguono, augurati che abbiano scelto una traiettoria più sensata, altrimenti sai che filotto...

La cura della *superprotesi*, manutenzione periodica

Anche senza tirare in ballo lo zen, nel corso Gsss Classic sono impartiti i rudimenti della manutenzione della motocicletta. Non solo per la riuscita cosmetica, ma perché il proprietario, esplorandola nelle parti visibili fino all'ultima vite, può accorgersi se qualcosa gli sembra sbagliato o fuori posto. Su una moto di ultima generazione le cose che si possono fare non sono molte. Se invece metterci le mani ti appassiona veramente, dopo aver adibito uno spazio adatto a uso di officina attrezzata, il mio consiglio è di procurarsi una moto... del secolo scorso, con i carburatori e poca elettronica. Mi ha colpito e mi è piaciuto molto il libro di Matthew Crawford *The Case For Working With Your Hands* (Il lavoro manuale come medicina dell'anima).[10] Si direbbe che l'autore abbia sfondato una porta aperta da sempre, nel mio caso. Conoscere le operazioni più elementari della manutenzione significa imparare a fare da sé, risparmiandoci un po' dei sudati euro e le fregature dei meccanici senza scrupoli. Quelli che per esempio infilano nel conto le candele, l'olio e il filtro mai sostituiti. Non faccio di tutta la categoria un fascio: in Italia operano migliaia di bravissimi professionisti, ma le eccezioni alla regola non mancano, anzi. Alzi la mano chi non si è imbattuto in un furbetto del genere. La verità? Se la moto è la nostra migliore *superprotesi*, una propaggine di se stessi, è sconsigliabile affidarne la cura agli altri, se non in caso di difficoltà o necessità. Bisogna imparare a osservarla come ci si guarda allo specchio la mattina: conoscere come funziona è il modo migliore per sapere di cos'ha bisogno. Una volta portata a casa ancora fresca di concessionario, con quel profumino di fabbrica ancora addosso, bisognerebbe sempre prendersi il tempo di studiarla con calma. Non importa se nei mesi precedenti hai passato allo scanner mentale tutti, ma proprio tutti gli articoli delle riviste e dei siti specializzati prima di lasciare il fatidico acconto. Dal vivo, la moto è sempre un'altra cosa. È anche vero che, rispetto a quelle costruite fino agli anni settanta e ottanta, le motociclette più moderne sono sempre meno visibili e risolvibili nel garage di casa, fra elettronica e iniettori. Però qualche volta la conoscenza del mezzo può tornare utile, soprattutto nell'individuare un eventuale problema, se non a risolverlo con una manutenzione attenta e corretta. Il rodaggio? Un cascame del passato analogico. I tagliandi? Ma chi li guarda più. Invece è sempre meglio osservarli, rispettando i chilometraggi previsti dalle case. È utile oggi, lo sarà ancora di più domani quando, al momento di rivenderla, l'acquirente avrà sott'occhio lo stato e la progressione degli interventi effettuati e sarà incentivato a farla sua. Più ne sappiamo, meglio è.

Le parti sottoposte a usura sono quelle da controllare periodicamente, specie prima di un viaggio importante. Cominciamo dal basso, dagli pneumatici. Ricordati di verificare regolarmente la pressione delle gomme, secondo i valori indicati dal libretto di uso e manutenzione. Se si decide di viaggiare in coppia e con i bagagli, meglio un paio di bar in più. Ogni quanto tempo è meglio controllarle? In genere ogni due settimane, soprattutto in estate, quando l'asfalto scotta e mette a dura prova la mescola. Presta sempre molta attenzione alla temperatura delle gomme: lavorano bene solo quando sono calde, quindi evita di tuffarti in piega cinquecento metri dopo essere uscito dal garage... e questo vale ancora di più in inverno. Verifica anche la tenuta della valvola: la forza centrifuga (elevatissima a forte velocità) la spinge verso l'esterno durante la rotazione. Questo facilita la perdita di pressione e delega la tenuta al solo tappino. Sconsiglio di montare gomme di marca e tipo diverso tra davanti e dietro. Di solito, lo pneumatico posteriore si consuma prima di quello anteriore, ma può accadere anche il contrario: dipende dalla moto, dalla mescola e dalla strada percorsa abitualmente. Nella progettazione, i produttori si assicurano che i due raggiungano un'armonia di esercizio attraverso il profilo, la rigidità, le caratteristiche di deformazione della carcassa, la temperatura di funzionamento. Naturalmente, anche su questo ci sono diverse scuole di pensiero, alle quali non sono estranei i gommisti. Montare pneumatici diversi non è vietato, in questo caso assicurati almeno che l'anteriore abbia la mescola più tenera, che garantisca la massima aderenza possibile. Certi mix di gomme diverse risultano a volte provvidenziali, specialmente nell'uso offroad. In questo caso anche uno pneumatico più stagionato potrebbe risultare ottimale, si tratta sempre di saperne di più e di poter verificare la comprovata esperienza di chi lo consiglia. Tanto per restare da quelle parti, attenzione all'usura delle pastiglie dei freni. Se le hai appena cambiate, leggi sempre come segnale d'allarme l'usura non regolare della parte frenante sul disco. Meglio lasciar perdere prodotti troppo convenienti, potrebbero rovinarlo. Dall'efficienza delle sospensioni dipendono il comfort e la tenuta di strada. Accertati che gli steli degli ammortizzatori (o le canne della forcella) risultino sempre puliti e asciutti. Soprattutto in inverno, provvedi a una leggera ingrassatura superficiale con prodotti specifici, anche se il buon grasso di vaselina funziona sempre molto bene. E mai dimenticarsi della trasmissione finale, che sia a catena o ad albero (più impropriamente noto come cardano). Nel primo caso, controlla che abbia la tensione corretta, che sia pulita e ben ingrassata, per evitarne l'usura precoce. Invece il cardano richiede il ricambio periodico dell'olio, negli intervalli previsti dal libretto di uso e manutenzione, e di controllare bene le eventuali cuffie in gomma, perché se entra acqua sarà proprio il giunto cardanico a rovinarsi. Altre questioni importanti di cui tenere periodicamente conto sono i giochi del forcellone e del cannotto di sterzo, A questo punto avrai capito che, se vuoi fare da solo, un buon manuale di quello specifico modello, con indicate le coppie di serraggio, è indispensabile.

Nel capitolo dedicato alla Leggerezza, hai già letto come alla guida sia importante utilizzare almeno quattro sensi su cinque, più il sesto. Ecco, sfrutta l'udito per ascoltare la voce della moto, i rumori che fa. Se ne avverti uno strano, sospetto, non limitarti ad aggiungerlo agli altri, come faceva un mio amico («tanto non succede mai niente», se la rideva). Meglio capire da dove proviene, per non peggiorare le cose. Quando arriva il Generale Inverno e la moto resta irrimediabilmente al calduccio sotto il telo, è importante adottare qualche accortezza. Anzi, mettiamola così: usarle qualche gentilezza, farle capire che non è stata dimenticata. Prima di tutto, è necessario tenerla sollevata. Se la moto è sprovvista del cavalletto centrale, procuratene un paio da fissare sui perni delle ruote anteriore e posteriore. Ti aiuteranno anche a spostarla e nella manutenzione. In ogni caso, è meglio che le gomme non siano esposte all'umidità del suolo. Tienile più gonfie del dovuto, almeno di un'atmosfera, poi girale spostando la moto. Ricorda di avviare la moto ogni quindici giorni fino a portarla in temperatura e poi lasciare girare il motore per qualche minuto. Le ultime due operazioni possono essere sintetizzate nel «giretto dell'olio»: l'uscita veloce da un quarto d'ora, giusto per non perdere l'abitudine e rispondere al richiamo della foresta. Se invece la moto dorme della grossa sotto il telo, meglio staccare la batteria e, una volta al mese, ricaricarla con il caricabatteria, o tenerla collegata al mantenitore di carica. In ultimo, sarebbe meglio lasciarla ferma con il pieno di benzina nel serbatoio, per ridurre la superficie dove potrebbe formarsi la condensa generata dalla differenza di temperatura tra il suo interno e l'ambiente.

La motocicletta ha un'anima? Come riconoscere quella che fa – esattamente – per noi

La moto ha anche un'anima? Qualcuno giurerebbe di sì. Robert Pirsig assicurava che «il Buddha, il Divino, dimora nel circuito di un calcolatore o negli ingranaggi del cambio di una moto con lo stesso agio che in cima a una montagna o nei petali di un fiore»[11] La mia, potrei giurare di averla vista sorridere illuminandomi dall'interno del faro, prima di spegnerla dopo una giornata di viaggio in cui si era comportata in modo impeccabile. Probabilmente, come un cane o – in misura assai minore – un gatto, il carattere di una moto è largamente influenzato da quello del pilota. Ci torneremo più avanti. Non ho dubbi, invece, sul fatto che una moto possieda una personalità propria. È vero, è un oggetto inanimato. Però è una macchina progettata e costruita da uomini che le hanno trasmesso l'intelligenza e le altre qualità proprie dell'umana persona. Per quanto razionale, analitico e tecnico possa essere, il pensiero alla base di un veicolo proviene pur sempre dalla convergenza del genio di esseri umani unici, nelle loro capacità e imperfezioni. Sono le scelte dei progettisti quanto a cilindrata, frazionamento e architettura dei cilindri, a trasferire quel comportamento meccanico, dinamico e sensoriale che i motociclisti amano riassumere nel termine «personalità». Impropriamente, o meno. Per esempio, una moto è definita «generosa» quando offre una cubatura superiore. Un grosso propulsore porta maggiore coppia e potenza, un freno motore più incisivo e inerzie sensibili, perché gli organi in movimento sono più grandi. Il frazionamento, cioè il numero di cilindri di cui il motore dispone, è un altro elemento fortemente caratterizzante che determina la «voce» del propulsore. Un appassionato degno di questo nome è in grado di riconoscerla di primo acchito. Ricordo un meccanico e pilota amatoriale romagnolo che, mentre lavorava all'interno dell'officina, sentiva passare le moto di amici e clienti sulla strada provinciale riconoscendole una a una: «Questo è Gianca con la [Ducati] 1098; senti che polmone la Guzzi di Filippo; Beppe dovrebbe portarmi qui la [Honda] CBR, che fa un rumore di valvole strano» e così via...

Il monocilindrico, *single* per gli anglofoni, è l'essenza della motocicletta. Le componenti sono in numero unico, quindi percepite meglio in termini di suono, scandito dai battiti del pistone in una successione distinta e cadenzata come il battito cardiaco. Non per nulla, il campionato riservato ai supermono negli anni novanta era stato battezzato The Sound of Singles: un nome da dj set, più che da gara di supporto alla World Superbike. Piazzarsi a bordo pista era un piacere anche solo per le orecchie. La spinta è generosa, perché la coppia è servita calda già ai bassi e medi regimi, per poi raffreddarsi col salire dei giri. È un esuberante, il mono. Un compagnone sempre pronto a scatenare il divertimento, un genuino sul quale è facile poter contare davanti a un muro da scalare in fuoristrada, ma anche nelle discese più difficili, perché il freno motore è talmente efficace da limitare il ricorso alle pinzate di fino, almeno a chi ci ha instaurato abbastanza confidenza. Come tutte le personalità elementari, di contro il mono mal digerisce le sfumature. I regimi di rotazione bassissimi rendono la vita difficile nei viaggi, per l'inesorabile schiettezza pistonatrice.

Il bicilindrico (*twin*) conserva alcune delle migliori caratteristiche del *single*, come l'ottima coppia e il vigore ai medi regimi ancora più corposo. Si spinge più in alto, ma con la capacità di arricciare l'asfalto in basso. Il bicilindrico cambia tono a seconda della fasatura e della disposizione dei cilindri. La sua voce è tipicamente pastosa, profonda, a volte borbottante come quella di un burbero fuori ma buono dentro. I *twin* si caratterizzano a loro volta sia per la disposizione delle manovelle, sia per l'architettura. Gli esempi di bicilindrici moderni con imbiellaggio a 360° sono diventati rarissimi – uno per tutti, il parallelo frontemarcia della Kawasaki W800, con la distribuzione ad alberello e coppie coniche adottata fin dagli anni cinquanta, insieme raffinata ed evocativa. Di fatto, è stato il formato più ricorrente per molti anni. Ha generato le vibrazioni irriducibili delle Triumph e delle Norton dei tempi d'oro, fino all'arrivo dei contralberi di bilanciamento. Il bicilindrico a 360° raffreddato ad aria batte sotto il cofano della Fiat 500, la piccola utilitaria italiana che, con le sue colleghe economiche a quattro ruote, quasi diede il colpo di grazia al comparto motociclistico negli anni sessanta. In pratica, è un «doppio mono» che rende evidente il fenomeno della spinta generata dalla coppia: immagina la differenza tra pedalare su una bicicletta (con i pedali a 180°), in modo continuo, oppure su un Grillo, quella macchinetta monoposto per bambini che si azionava «pompando» su pedali affiancati sullo stesso asse (a 360°). Certamente non poteva andare veloce, ma il Grillo disponeva della coppia notevole sviluppata da entrambe le gambe che spingevano insieme. Era davvero facile sgommare sulla ghiaia dei giardinetti dove queste trappole della mia infanzia si potevano affittare per poche lire. L'inizio della fine dell'egemonia britannica non fu assestato dall'arrivo della modernissima inline-four Honda CB750. Si era profilato già qualche anno prima, nel 1965, con l'introduzione sul mercato americano della CB450 Black Bomber, la prima «grande» dell'Ala dorata. Il motore interamente in lega di alluminio era contraddistinto dal manovellismo a 180°, dalla distribuzione bialbero in testa e dalla raffinatezza delle barre di torsione, che assicurava il ritorno veloce e preciso delle valvole e, quindi, regimi di rotazione che un *twin* a 360° poteva solo sognarsi. Non per nulla, Honda dichiarava 43 cv (tanti, per 444 cc), l'accelerazione da 0 a 100 km/h cronometrata in 5"2 e la velocità massima di 170 km/h. La Black Bomber era più rapida e leggera di una Harley-Davidson Sportster; prestazionale quanto se non più di un'equivalente contemporanea inglese come la Triumph T100R Daytona, ma senza la sensazione latente che la moto si stesse smantellando fra le gambe... E poi, con le sue brave manovelle a 180°, c'è sempre lui, il boxer BMW. Con la sua storica, proverbiale affidabilità, dovuta al sistema di lubrificazione delle testate semplice ed efficace, oltre che all'esposizione all'aria dei cilindri che ne facilita il raffreddamento. La disposizione offre anche i vantaggi di un'equilibratura naturale e di un baricentro più basso del solito. La curva di coppia è sempre favorevole: lo ammetto, per il boxer ho un debole. L'identità del bicilindrico contrapposto non trova paragoni. È il tipico motore che per le sue peculiarità si ama o si odia, senza troppe sfumature. Periodicamente aggiornato sotto l'aspetto tecnologico ma uguale a se stesso, un po' come il suo Costruttore.

Nell'architettura risiede effettivamente uno degli aspetti più affascinanti della psicologia della moto. In centotrenta anni di storia, i progettisti si sono sbizzarriti per dotare i propulsori della maggior efficacia termodinamica possibile. Hanno disposto il cilindro singolo in modo orizzontale, inclinato di 45° o verticale. Anziché gemellarli in linea frontemarcia, o ruotati in senso longitudinale, fin dal 1923, BMW li ha sempre contrapposti: l'uno sdraiato a sinistra, l'altro a destra. Tirano pistonate alternativamente, come i pugni di due pugili: ecco perché il bicilindrico è stato ribattezzato boxer. Anche il bicilindrico a V ha le sue ottime peculiarità: mantiene basso il baricentro e si presta alla trasmissione finale ad albero con giunto cardanico. Il carattere mostra la sua irruenza già da fermi con la «coppia di rovesciamento», il marcato rollìo laterale che si manifesta dando un colpo deciso di gas. E se non sono presenti i contralberi di bilanciamento, come sui modelli fino al giro di boa del millennio, vibra più del boxer.

Nella sua disposizione a V (o a L, come sono definiti i motori desmodromici Ducati), il bicilindrico di scuola americana ed europea è il contraltare storico e filosofico del quattro cilindri, un'architettura già sperimentata con successo negli anni venti e trenta dagli americani (Henderson, Ace e Indian Four), inglesi (la geniale Ariel Square Four di Edward Turner, che i quattro cilindri li schierava in quadrato anziché in linea) e italiani (CNA e Gilera Rondine da corsa). Tale architettura è stata elevata allo stato dell'arte con l'arrivo nel 1969 della Honda CB750 Four, definita «la più classica delle moto moderne» ed eletta nientemeno che «moto del millennio» dalla stampa specializzata. Il quattro cilindri frontemarcia è annunciato dal caratteristico urlo provocato dalle alte rotazioni consentite dalla sua architettura. È quel tipo di motore che esprime la quintessenza della prestazionalità. È un tipo sofisticato, abituato a frequentare i piani alti della velocità. Paga necessariamente dazio ai bassi regimi, che però sono resi sempre più fluidi dall'accorta gestione della centralina elettronica. Il carattere è meno immediato, nella sua complessità a volte tende a mentire. Te ne accorgi tardi, perché molto spesso sa compensare i suoi deficit. A volte si comporta in modo asettico. Educato, verrebbe voglia di dire, senonché da dottor Jekyll si trasforma in mister Hyde con una decisa rotazione del gas. Il freno motore e quello inibitore sono piuttosto scarsi. Il suono è frusciante ai bassi, sibilante agli alti regimi. Altra musica, è proprio il caso di dirlo, quando i quattro cilindri sono disposti a V: coppia in basso e punte di prestazione che nei motori più recenti sono assolutamente sbalorditive.

Più particolare è il motore dispari, il *triple* a tre cilindri. Nei primissimi anni novanta chiesi a un giornalista come si comportasse.

Aveva appena comprato una delle prime Triumph Trident 750 importate in Italia dalla Numero Tre di Carlo Talamo. La Casa di Meriden e poi di Hinckley, sempre nei pressi di Birmingham, aveva fatto del motore tre cilindri un marchio di fabbrica già dai primi anni settanta. Il giornalista lavorava nella redazione di un quotidiano e si occupava dei fatti della vita, non della meccanica. Quindi rispose in modo semplice, al limite del laconico, ma esauriente come un titolo in prima pagina: «Vedi, non è un due, ma neanche un quattro cilindri». Intendeva dire che è un compromesso fra la spinta marcata del bicilindrico e l'allungo del *four*, caratterizzato dalla voce roca e che racchiude, con le dovute proporzioni, molte qualità e caratteristiche delle altre configurazioni. Anche il freno motore è discreto. Dulcis in fundo, dal punto di vista industriale e dei costi, il *triple* è senza dubbio più conveniente da realizzare rispetto al quattro.

Se si eccettuano le corse, dove nel 1956 l'otto cilindri della Moto Guzzi stupì il mondo per complessità e raffinatezza tecnologica, il massimo del frazionamento previsto sulle moto di serie è il sei cilindri, in linea (Benelli 6, BMW K 1600 GT, Honda CBX 1000) o contrapposti (Honda GL Gold Wing e Valkyrie). Anche se i tratti caratteriali e il comfort del *six* si lasciano apprezzare in genere oltre una certa cilindrata, si comporta in modo straordinariamente discreto ed equilibrato. Nonostante la presenza di un numero altissimo di componenti, il sei cilindri è in qualche modo rassicurante. Vibra meno, grazie ai contralberi di equilibratura. Offre un ventaglio di coppia e potenza molto ampio, erogate con dolcezza e modulabilità. Se il sei cilindri è poco diffuso, è perché ha dimensioni maggiori, pesa di più ed è molto complesso e caro da produrre.

Nel panorama dell'evoluzione tecnica degli ultimi anni, però, il comparto che ha registrato i progressi più rapidi è stato quello dell'elettronica. Più o meno sofisticata, la centralina gestisce il comportamento della moto nelle componenti che prima nulla avevano a che fare con l'elettricità, dalle sospensioni ai freni. L'elettronica ha aggiunto completezza nella diagnostica, nel dispositivo di navigazione di primo equipaggiamento e persino in tutte quelle dotazioni, tipo le manopole riscaldate, che aggiungono comfort alla guida. Gli optional e i gadget lasciano dimenticare al motociclista ciò che è stato costretto a sacrificare in nome delle norme anti inquinamento atmosferico e sonoro. La botta del carburatore, il canto libero degli scarichi, la ruvidezza dei comportamenti, ma anche la semplicità e la possibilità di risolvere i problemi da sé nel garage sono un ricordo, a meno di essersi votati alle moto d'epoca. Ormai le terminazioni nervose del cervello elettronico della moto arrivano ovunque. Nel nome della sicurezza passiva, è impostato per inibire l'impennata, il pattinamento, la derapata e altre manovre non contemplate dalla guida canonica e contemplativa. Il progresso è inevitabile, quindi non si discute? Nì. È che questi centri di comando hanno iniziato a pensare e ad agire sempre di più al posto del pilota, decidendo quale tipo di frenata è la più appropriata o quale grado di accelerazione è più lineare ed efficace, di concerto con la regolazione delle sospensioni a seconda del fondo stradale e del tipo di utilizzo prediletto (viaggio, sport, offroad). Per quanto globalmente accettata – o subìta? – l'elettronica ha acceso un dibattito vivissimo, spaccando il motociclismo tra l'ala più progressista, che ha accolto il suo supporto sempre più onnipresente, e i tradizionalisti più romantici, che invece reclamano la figura del motociclista pensante e abile, sempre attento a ricevere e leggere le preziose informazioni dinamiche della moto, anziché abbassare lo sguardo sui grandi display digitali, come si fa con gli smartphone. Un tempo, la guida di certe moto era un attestato di capacità, una pergamena di laurea: solo chi sapeva domare la potenza poteva dirsi un motociclista esperto. Oggi chiunque può mettersi alla guida di una supersportiva da 250 cv e 300 km/h e sopravviverle, grazie ai suoi nuovi amici ABS, DTC, controllo di trazione, antisaltellamento ecc. Non c'è dubbio che l'ABS sia una dotazione di serie largamente adottata e apprezzata anche dai motociclisti più esperti, che ne hanno confermato l'utilità nella frenata da panico e sul bagnato. Anche il controllo dell'erogazione di coppia e potenza attraverso le mappature dedicate è utilissimo, per esempio sull'asfalto sdrucciolevole nella modalità Rain, o in ambito urbano per limitare i consumi nella Eco. Attenti ai falsi amici, però. Il vero computer di bordo si trova nel casco.

In fatto di sicurezza attiva, un'evoluzione ulteriore dell'elettronica arriverà quando le moto cominceranno a parlare fra di esse, scambiandosi le informazioni sulla presenza e la distanza dei ciclisti e dei pedoni, gli utenti della strada più vulnerabili. Un impressionante assaggio del futuro l'ha offerto la BMW R 1200 GS sperimentale che viaggia da sola, senza pilota. La guida autonoma della moto è un ossimoro, una contraddizione in termini. Non pochi motociclisti sono rimasti sotto shock, molti di più l'hanno considerata una provocazione di pessimo gusto. La verità è che la Casa bavarese sta raccogliendo conoscenze su nuovi sistemi e funzioni che rendano la guida dinamica della moto ancora più sicura, nel rilevare in tempo reale le situazioni pericolose sulla strada, per esempio a un incrocio, o durante una frenata brusca. Dove non arrivano la destrezza e i tempi di reazione del pilota, ci penserà la moto. Per fortuna, sarà sempre possibile scegliere.

La modernità ci rende osservatori puntuali e attenti del nostro tempo, ma quando è stato il momento di lavorare sulla mia prima cafe racer, una Honda CBT 500 del 1973, la modifica fondamentale è stata la rimozione del motorino di avviamento dal motore bicilindrico parallelo, per renderla ancora più classica. Niente più bottoncino magico, solo la pedivella ad animarla. I motociclisti con il cuore classico sanno che, più che una successione di gesti da ripetere con enfasi e programmatica consuetudine, è una ritualità che appartiene a una liturgia scomparsa. Consideravo la pedivella il segno dello stile inconfondibile di certi anni d'oro, una prerogativa dei motociclisti che ammiravo di più. Il rito dell'avviamento si apre con il rubinetto della benzina e l'azionamento della leva dell'aria, il *choke*. Su altre grandi classiche di carattere come le prime Norton Commando, si arricchisce la miscela pompando direttamente un cicchetto di benzina sui carburatori. Già a questo punto si avverte il profumo della benzina diffondersi nell'aria. Quindi un paio di colpetti appena accennati sulla pedivella per cercare il punto di compressione giusto dei cilindri e, finalmente, una bella scalciata a tutta corsa sfruttando il peso del corpo. È importante: in questo modo s'imprime più velocità al meccanismo di avviamento, senza caricare la sola forza della gamba, a volte insufficiente quando il motore è ancora freddo. Ed ecco che – incanto, meraviglia – il ferro inanimato diventa un organismo vivo che sbuffa e ruggisce come una fiera. Mentre i cilindri si scaldano e iniziano a girare più regolari, tiro giù la moto dal cavalletto centrale, resto qualche secondo in ammirazione guardando la lancetta sottile dello Smiths che sale e scende a scatti, poi tiro la frizione, metto la prima e via! Con un alternatore come quello presente sulla Honda e la batteria, avrei facilmente fatto a meno di quella roba da fighetti rappresentata dal comodissimo avviamento elettrico. E vuoi aggiungerci la botta di autostima? Non l'ho tirato via per sottrarre peso ritenuto superfluo alla motocicletta, come richiede una cafe racer, ottenuta più per sottrazione che aggiungendo accessori. L'ho fatto per accogliere la bellezza del gesto dei cosiddetti *ton-up boys* (i ragazzi da cento miglia orarie) e dei *leatherboys*, i rocker con i giubbotti di pelle, mille volte ripetuto davanti all'Ace di Londra e a tutti gli altri *cafe* dove s'incontravano quegli involontari ispiratori del motociclismo postmoderno. La brusca scalciata sulla pedivella della Thunderbird esprime anche la strafottenza del ribelle senza causa Marlon Brando nel *Selvaggio*. Ma è anche la rivendicazione d'integrità di tutti i miei amici che ogni fine settimana rianimano le loro Triumph e Norton con gli scarichi liberi e diretti come un pezzo degli Stones. Per quanto valido prodotto dell'industria del Sol Levante e sebbene fosse derivata dalla Black Bomber, la mia Honda 500 CBT era considerata un catorcio già da nuova, surclassata dalle coetanee a quattro cilindri. L'avevo trovata in un cortile, bruttoccia, dall'estetica incerta e vagamente custom, concepita com'era per il mercato americano. Quella moto era stata abbandonata a se stessa da qualche anno, eppure nel momento magico in cui la vidi per la prima volta aveva esattamente tutto ciò che desideravo. Bastarono pochi istanti per immaginare come sarebbe diventata dopo un'attenta elaborazione. È come il pittore che vede il quadro prima di dipingerlo. Sulla sella sportiva scamosciata che avevo installato mi sono preso un sacco di soddisfazioni. Certo, non poteva essere considerata la numero uno del mio gruppo, ma nel giro di qualche curva gli incauti detrattori potevano vederne solo la targa – e ricredersi. Tanti anni dopo, ricordo che desideravo solo una bicilindrica parallela frontemarcia di media cilindrata (per i tempi), abbastanza leggera e affidabile, a cinque marce con il cambio a sinistra e il freno a disco. La cosa più importante, il fattore scatenante, restava l'avviamento a pedivella. Quindi non chiedermi cosa penso adesso di un dispositivo elettronico come l'assistente alla partenza in salita. Al solo pensiero sento già riemergere il mio caratteraccio di maledetto toscano.

L'importanza della storia, esattamente

Se la moto ha un'anima, il motorismo d'epoca è il suo culto elettivo. Di questo è testimone il mio caro amico e collezionista fiorentino Valerio Viti, che l'ha vissuto attraverso la passione di suo padre fin dalla più tenera infanzia:

> In pratica, sono nato dentro un sidecar. Era il 1958, e fino al 1964 il mio babbo ha portato a spasso la famiglia con una vecchia Zündapp KS 600 del 1939 con il carrozzino, che fosse inverno oppure estate. Ho vissuto la moto appena nato, ho sobbalzato, respirato l'odore dell'olio, dormicchiato al ticchettio delle punterie e con il borbottio dello scarico nelle orecchie. Mio padre Alfredo è stato uno dei pionieri che nel 1970 fondò la Scuderia Selene, una delle prime associazioni in Italia dedita al recupero e alla conservazione delle moto d'epoca. Un'incubatrice di generazioni di amanti e collezionisti, la cui attività non si esauriva nel ritrovamento, o nel lavoro di officina per conservare il patrimonio motoristico e raccontarne l'evoluzione. Partecipando agli eventi sul territorio, la

Scuderia Selene di Firenze dimostrò come le macchine risalenti a tanti anni prima potessero raggiungere velocità e resistenza ancora valide. Dai primissimi anni settanta, Alfredo e gli amici passavano il tempo libero intorno alle vecchie moto sottratte a depositi di rottami e demolitori. La loro ricostruzione attraverso vecchie riviste, libri, libretti di uso e manutenzione, era lunga e difficile, anche perché pezzi di ricambio non se ne trovavano, quindi bisognava ricostruirli pazientemente. Un mosaico che a volte toccava ricominciare due, tre, quattro volte. La passione nasce così, tramandata e respirata in un ambiente speciale e pieno di energia, attraverso le chiavi, i cacciaviti e tutti quegli attrezzi contagiosi che ancora conservo.

Viti tiene molto a ricordare come in Italia – e in Toscana in particolare – nacque il motore a scoppio:

Nonostante le rivendicazioni tedesche, questa è la verità. Nel lontano 1854, Eugenio Barsanti e Felice Matteucci brevettarono quello che sarebbe stato poi il cuore della rivoluzione dei trasporti avvenuta durante il 1900. Il nostro paese è sempre stato all'avanguardia nella produzione motociclistica mondiale. La salvaguardia di un patrimonio storico e l'attività di club nei propri valori sociali e ricreativi sono necessarie al sano e giusto equilibrio delle cose e perché la memoria è tanto importante quanto la ricerca e il progresso. Triste è constatare come oggi il commercio, i mercatini e le aste, le quotazioni e le repliche abbiano stravolto quella che era inizialmente una filosofia basata sulla passione, sull'attività di recupero e conservazione di una grande tradizione industriale, tecnica e sportiva nazionale. Quanto al collezionismo in sé, sempre più spesso gli psicologi tendono a catalogarlo come una mania che può portare al disturbo, a una forma di patologia mentale. Invece penso che senza la passione di chi ha raccolto, conservato, catalogato arte e cultura meccanica, sarebbe stato perduto un pezzo di storia dell'umanità. Anche Sigmund Freud è tornato più volte sul significato del collezionismo definendolo una forma di feticismo che mette al riparo dall'angoscia. Un tentativo di riproduzione dei piaceri erotici dell'infanzia, tramite la creazione di un piccolo mondo su cui esercitare padronanza e gestione totali. Un rituale che ha lo scopo di contrastare gli impulsi aggressivi e sessuali. Gli appassionati e i collezionisti sono persone felici, perché realizzano un sogno e fanno rivivere il passato. Mi preme rammentare che Freud era un collezionista che raccolse più di duemila pezzi d'arte antica...

Esattezza; adesso che con il racconto di Valerio ripenso ad Alfredo, ricordo quanta importanza dava in un restauro alla patina, e ti assicuro che descrivere fedelmente di cosa si tratta, che cosa sia per un restauratore la patina, è davvero un affare molto serio. La patina, che deve restituire agli occhi e al tatto il ricordo e il segno del tempo, stabilisce *esattamente* la grandissima differenza tra una preziosa moto *conservata* e un freddo restauro-totale, anche se corretto e accurato fino nel più piccolo dettaglio. Un vero esperto potrebbe definire il restauro privo di sentimento, tanto da far sembrare a volte un pezzo originale quasi una replica.

La *Legge del tre* (prima, seconda, in terza si vola...)

Fra cilindri, chilometri orari, giri al minuto, potenza e coppia massima, le moto danno i numeri ogni volta che possono. Per i semidei della velocità sono necessariamente a tre o quattro cifre. Per gli altri, comuni mortali, il più ricorrente è il due. Non fosse altro che per evitare ripetizioni, i giornalisti se la cavano sempre con «la dueruote». Qualcuno si spinge a evocare l'atmosfera della danza classica con il passo a due, elegante metafora dell'interazione fra pilota e mezzo. I lenti e i veloci in gara? Corrono a due velocità, giocano due campionati diversi. In gita con la donna, o l'uomo, esce regolarmente il due di coppia – e qualche volta di picche, ma questa è tutta un'altra dinamica. E poi: due manopole, due leve, due occhi, due braccia, due gambe. E che due palle! In realtà, per chi guida la moto il tre rappresenta un numero altrettanto significativo, anche se meno banale da cogliere. Dueruote? Bene, ma il pilota rappresenta il terzo elemento fondamentale. Tre è il numero di momenti che definiscono il moto della moto: partenza, movimento, arresto. Tre è anche il numero delle fasi della curva: inserimento, percorrenza, uscita. Sono tutte importantissime. Non solo in pista, dove conta essere più veloci possibile, ma anche e soprattutto su strada dove, per il nostro piacere, possiamo scegliere la lentezza giusta per farci fiondare in traiettoria dalla forza centrifuga. Ne va della performance? Mettiamola così: con un secondo in più a disposizione, una curva te la godi meglio anche senza guardare il panorama. Curiosamente, anche nella gestione delle forze in campo alla fine si torna sempre a un rapporto a tre: gravità, baricentro, forza centrifuga. L'Esattezza della *Legge del tre* si manifesta anche nella dimensione temporale che il veicolo in movimento infrange ogni istante. Il pilota vive il suo presente in una frazione di secondo, preceduto dal futuro della ruota anteriore e dal passato che sta per essere archiviato da quella posteriore. In viaggio, tra il nome della località di avvio e quella di arrivo, ce n'è sempre un terzo: quello della moto, l'ago che cuce la partenza alla destinazione. Puoi scegliere fra motori a due o quattro tempi, ma sono tre le fasi fondamentali della vita di un motociclista. Le avevo riassunte qualche anno fa in una serie di considerazioni personali intorno al ruolo di moderno cavaliere del gentleman rider, pervaso da autentico spirito romantico. Prima che mi si accusi di misoginia fuori tempo massimo – come potrebbero fare certe mie amiche motocicliste – preciso che la riflessione accomuna donne e uomini, con le dovute sfumature.

La *Legge del tre* è alla base anche del principio delle fasi della vita, o della carriera del motociclista. La prima è dominata dal sentimento della *scoperta* e della *libertà*. Qualcosa di formidabile, un'emozione travolgente. È come la prima, vera storia d'amore dell'adolescenza. Ogni costruzione razionale salta per aria. Se ne accorgono anche i bipedi implumi, gli *altri*, quelli sprovvisti di moto. Spesso t'invidiano.

A volte imitano e ciò è bene. Quando penso all'indimenticabile prima volta, ancora adesso rivivo le stesse sensazioni di quando, ragazzino, girai in senso antiorario il comando del gas di un «cinquantino» due tempi. Lasciata la leva della frizione, tutto ciò che ancora mi ancorava all'infanzia sembrò dissolversi nel fumo azzurrognolo della marmitta aperta. Bastarono pochi minuti per provare una sensazione disarmante nella sua intensità. Il senso di libertà in motocicletta arriva già dopo la prima curva, appena ti rendi conto di avere abbandonato un luogo statico, uno scenario che muta solo scegliendo di lasciarlo alle spalle. E dopo la prima, con gli occhi cerchi già la seconda curva, da percorrere – se possibile – più velocemente. Quella prima volta mi ritrovai in sella a un trabiccolo da cross. Ricordo che arrivai in cima alla collina con il cuore e il motore stretti nel pugno destro, una delle situazioni che il motociclista riconosce e deve imparare a gestire molto rapidamente. Quel giorno avvenne tutto d'istinto.

A cavallo di una moto, puoi andare *per-i-fatti-tuoi-dove-vuoi* con la forte sensazione di trasformare il presente ogni secondo che passa. Specie con le prestazioni straordinarie di una sportiva moderna, non si percorre più – banalmente – uno spazio, si attraversa una dimensione misurabile sulla scala dei chilometri orari, dei secondi e delle sensazioni che ti ghermiscono come draghi. Ti trasformano in drago, anzi. Nella fase della scoperta della libertà, il gusto di andare trascende completamente il senso della meta. Si va per andare e basta. Il piacere di essere dotati di un paio di ali meccaniche ai piedi è un frutto da mordere al volo. Per i motociclisti più fortunati, quelli che meglio riescono a nutrire il ragazzino che è in loro, la sensazione si rinnova ogni volta che si mettono in viaggio. Con quella strana morsa invisibile che all'inizio ti prende allo stomaco, per sciogliersi chilometro dopo chilometro. Qual era il sottotitolo del poster italiano di *Easy Rider*? Ah sì: *Libertà e paura.*

Dopo lo stupore travolgente della prima fase, per il motociclista comincia quella della *ricerca*. Nel caso degli esemplari maschi, specie quelli sotto i vent'anni, si manifesta con una spaventosa reazione chimica e neurologica che mescola l'adrenalina, il testosterone e l'incoscienza. È una smania detonante di prestazione – l'ansia arriva più tardi, quando le cose si fanno più serie e si comincia a misurarsi con i consimili della medesima specie – che accorcia drammaticamente la dimensione dell'esperienza motociclistica. Dal viaggio avventuroso, si punta dritti alla sparata tutto-e-subito concentrata in una giornata scarsa. La meta pretestuosa, più o meno distante, più o meno difficile da raggiungere, diventa terra di conquista, puro parametro per il calcolo dei propri limiti in sella. Il risultato non si raggiunge più: si afferra. Il piacere assoluto consiste nel capire che più di così, in quel dato momento, non è possibile fare. La fase dell'esplorazione è più strettamente legata a quella anagrafica: maggiori le energie a disposizione, più in là il motociclista è indotto a spingersi. Il fattore-ricerca aumenta esponenzialmente al momento della scoperta della pista. Si entra in un'altra dimensione, quasi onirica, con altre leggi e aspettative misurabili solo dal cronometro, nuovo riferimento e tiranno. Il traguardo assume la grafica della bandiera a scacchi, ma c'è sempre spazio per la bellezza del gesto atletico, per il gusto della curva ben scritta, del sorpasso a regola d'arte. Una volta il passaggio dalla strada alla pista era un'evoluzione graduale. Ancora negli anni ottanta, diversi campioni del motomondiale (penso a Marco Lucchinelli nel 1981, a Franco Uncini l'anno successivo) provenivano dalle sfide su strada e dalle gare in salita. Il pilota si affilava i denti con pazienza, prima di mordere gli avversari sulle Sport Production, le moto da corsa derivate dalla produzione di serie. Oggi gli allevamenti dei giovani piloti iniziano direttamente in pista con le minimoto, i talenti sono individuati già all'età della prima elementare. Salvo eccezioni, e per fortuna ci sono, il bambino particolarmente dotato è progressivamente indotto ad allontanarsi da tutto ciò che non è la moto, con la quale inizia a intrattenere un rapporto quasi biomeccanico, sempre meno emotivo quanto più scientifico-tecnologico.

Sarà che appartengo alla Generazione X, quella dei nati tra il 1965 e il 1980, orfani delle certezze dei *boomers* ma non ancora abbandonati alla totale precarietà della generazione successiva, però non ho avuto bisogno di un *mental coach* e di un capotecnico per diventare la persona e il motociclista che sono. La determinazione, l'orgoglio, le mie ambizioni si sono spinte sempre più in là in sella alla motocicletta: è stata lei che mi ha portato, a volte obbligato a fare i conti con me stesso. Mi ha insegnato che la delusione e la frustrazione che si provano quando si resta ai piedi del podio non sono nulla rispetto a quelle che può riservare la vita. Che i limiti imposti dalla guida e dalle proprie capacità innate sono difficili da accettare quanto quelli imposti dal lavoro, dagli affetti, dalle avversità. Ogni lezione ricevuta diventa ancora più memorabile quando dentro si avverte bruciare quella fiamma che definiamo talento. Per alcuni è un incendio che divampa furioso, inestinguibile, alimentato anche dalla presunzione. Circoscriverlo può trasformarsi nella ricerca dei confini personali, della quintessenza del sé. A volte si va lontano, a volte meno. Guidare la moto significa non smettere mai di imparare, soprattutto dai propri errori – le cadute e le ossa rotte insegnano quasi sempre qualcosa. Significa conoscersi meglio e più profondamente. Mettere regolarmente in discussione le proprie capacità, le abitudini più o meno sbagliate. Aggiornarsi. Ecco perché la fase della ricerca richiederebbe – il condizionale è d'obbligo – un esame di coscienza a un certo punto della propria storia. Sì, lo avverto, è un punto di vista forse eccessivamente romantico per il motociclista del terzo millennio. Se si toglie questo, però, cosa resta? Giusto la performance, una vita da bruciare contemporaneamente alle due estremità della candela, veloce e rettilinea come una *drag race*. E quando la moto diventa un motivo di frustrazione, anziché di piacere, si fa presto ad abbandonarla per provare a realizzarsi in altro modo, con altri sport. Come scrisse Thomas Edward Lawrence, il viaggio in moto, al contrario di una competizione, è sempre un'avventura, a prescindere dal tempo a disposizione e dalla destinazione. I chilometri si confondono con i segni grafici delle riflessioni personali da annotare sul proprio taccuino, o magari oggi sul tablet.

È qui che la ricerca assume la sua dimensione più avvincente. Quando avviene è perché si sta già evolvendo nella terza fase, quella della *maturità*. Non va confusa con l'età anagrafica: c'è chi la raggiunge ancora giovane e quasi indenne, dopo aver affrontato una successione ravvicinata di cadute, dubbi, discussioni che non è riuscita a intaccarne la passione. Mi sono reso conto che le donne ci arrivano prima dei maschietti, perché sono sostenute da uno spirito di autoconservazione e da una capacità meditativa più sviluppati. Diciamo che il traguardo ideale del motociclista è il raggiungere la fase della maturità mantenendo un certo grado di purezza. Per molti, il percorso evolutivo termina qui. Per altri non si esaurisce mai, indipendentemente dai giri del mondo che hanno compiuto, dal numero di moto provate, dai risultati più o meno strepitosi raggiunti nell'attività agonistica. Non è questione di attribuirsi una posizione sul podio. Di chiedersi cioè se nella vicenda personale e di motociclisti si è arrivati primi, secondi o terzi. Le classifiche sono impietose, ma non sempre dicono la verità.

Solo una consapevolezza accomuna i motociclisti che raggiungono la maturità: quella di potersi considerare dei sopravvissuti. Quando uso questa parola, c'è chi si affretta a infilarsi le mani nelle tasche e ricorrere ai propri amuleti personali. Beh, ognuno esorcizza secondo proprio uso e costume. Però prova a pensare alla quantità incalcolabile di situazioni e di varianti che affronti in tempo reale, ogni volta che lasci correre la moto. Moltiplica per tutti i giorni dell'anno in cui la guidi, poi per il numero di anni vissuti da motociclista attivo. La cifra è probabilmente simile alla distanza in chilometri fra la Terra e Proxima Centauri, la stella più vicina. Impressionante, vero? Di più: un miracolo. Davanti a questo tipo di constatazione, tanti decidono di rinchiudersi in una *comfort zone* percorrendo ogni fine settimana sempre le solite strade. Le più conosciute, quindi ipoteticamente anche le più sicure. Qualcun altro lascia il casco sulla mensola del garage perché «adesso ho famiglia» – e ci mancherebbe. I peggiori, i più ipocriti, sono quelli che «sono troppo pazzo per la moto, ho paura delle cazzate che potrei farci». Puttanate: significa che non sono stati capaci di raggiungere un rapporto maturo con essa, come se gli anni in sella fossero trascorsi invano, dissolti nel nulla, senza lasciare traccia. In qualche caso può starci: forse qualcuno si è reso conto di avere avuto molta fortuna e si è fermato in tempo, prima dell'irrimediabile. Meglio convincersi di questo che restare ostinatamente aggrappati al mito personale dell'invincibilità rinchiuso nel casco. Così ben coccolato e protetto da spingere a uccidersi, o peggio a uccidere qualcun altro in motocicletta.

Io vivo a due tornanti dal mitico passo del Muraglione e, credimi, di personaggi da Far West di questo tenore ne ho sempre incrociati parecchi. Intendiamoci: non c'è niente di brutto e di sbagliato nella velocità quando la si gode in sicurezza e padronanza della situazione. Purtroppo, a furia di giocare a chi estrae più velocemente, si finisce per spingere i limiti assurdamente in là, a staccare oltre ogni riferimento ragionevole, a tagliare le curve, anche quelle cieche. Si finisce per lasciare un proiettile di troppo nel gioco della roulette russa, confidando esageratamente nella fortuna. In questo irresponsabile calcolo delle probabilità, ci va di mezzo anche l'eventuale motociclista che compie l'unico inconsapevole errore di trovarsi nella curva sbagliata al momento sbagliato.

Credo che soltanto raggiungendo la maturità si riesca ad attribuire un'anima spirituale a quel complesso oggetto tecnologico che è la motocicletta. È allora che si raggiunge la consapevolezza di sentirsi orgogliosamente motociclisti. Perciò il concetto di maturità non va confuso con noia, con il viale del tramonto. È un piacere, una consapevolezza piena e settembrina che giunge in modo senz'altro meno travolgente del senso canicolare di libertà. Non serve forzarla, arriva da sé, quand'è il suo momento, pazientemente modellata dall'esperienza come fa l'acqua con le rocce. Avanti con le metafore? Benissimo: la maturità è un distillato finissimo da godere sempre, in ogni momento della giornata. Nessuna controindicazione: si tratta solo di riconoscerla e di assaporarla compiacendosene in un'ebbrezza infinita.

Nel vissuto motociclistico di ognuno di noi è accaduto di incontrare e scambiare quattro chiacchiere con un anziano centauro dotato della saggezza di Chirone (il più sapiente e benevolo dei centauri della mitologia greca) e di un mezzo fuorimoda, se non decisamente della sua epoca. Soprattutto da giovani, sembra quasi tempo perso il quarto d'ora regalato a chi dà l'impressione di trarre nuova linfa dalla compagnia dei motociclisti più giovani. Spesso è così, ma facci caso: c'è sempre una frase, un'espressione, una situazione che a fine giornata resta impigliata nella testa e fa girare il cervello come un pignone. Solo dopo qualche tempo, o molti anni, ci si rende conto di quanto quell'incontro sia stato determinante nell'avvicinarci alla maturità. La stessa sensazione può essere avvertita osservando una foto, leggendo un libro, anche solo imbattendosi senza preavviso in una motocicletta che fino a quel momento hai sempre considerato bruttina, inutile, loffia. Osservata, che so, appoggiata a un muro, o comunque incorniciata da un'ambientazione imprevista, rivela un aspetto di sé mai considerato prima. La maturità è un incontro sull'onda dei sensi: passare le dita sull'alluminio morbido al tatto, sull'acciaio lucido, per staccare i polpastrelli e avvertire il velo d'olio che ne ha unto la pelle... È una piccola epifania, un abbozzo di poesia meccanica che può essere apprezzata anche da chi motociclista non è. In questo caso, prima di affrettarsi a ripulirseli, io consiglierei di strofinare i polpastrelli e cogliere il rilievo donato alle impronte: evoca quello che la motocicletta dà all'esistenza.

La mancanza di definizione delle regole d'ingaggio rende la fase della maturità la più seducente e personale di tutte. Anzi, una volta riconosciuta, alimenta e rinnova le due precedenti, come fa il grasso sulla pelle screpolata della giacca e degli stivali. Una fase tira e rimette in gioco le altre due, in un susseguirsi inesauribile di goduria e scoperta di se stessi che ha per obiettivo l'equilibrio perfetto. Solo in quel momento ci si ricorderà di quell'anziano centauro incontrato tanto tempo prima sul passo, o lungo il mare. Con quelle labbra stirate in un sorriso. Con l'andatura minata dagli acciacchi che, una volta in sella, d'incanto si traduce nella grazia e nella leggerezza di una farfalla. La maturità è una sensazione piena e insieme volatile che si presenta a volte quando meno te l'aspetti. Magari in una serie di curve si avverte questa sensazione senza mai riuscire ad afferrarla. Poi eccola, è proprio lì, la riconosci all'uscita da quella S pennellata davvero bene.

Non è facile da descrivere, sintetizzare. Sto solo cercando di dare forma a un sentimento intimamente personale e legato al carattere, allo stile di guida, alle motivazioni che mi hanno spinto a comprare una moto e ad accenderla ogni volta che posso.

Le tre fasi del motociclista sono fittamente intessute nell'individuo, nella sua etica ed estetica, impeto e ragione, slancio e coerenza. Eppure, hanno la forza e la saggezza di trascenderlo per scrivere una storia comune. È la vita, ragazzi.

Note

[1] Calvino Italo, *op. cit.*, p. 58.

[2] Berger John, *op. cit.*, p. 11.

[3] Bernhard Thomas, *Il soccombente,* Adelphi, Milano 1985.

[4] Debarre Christian, *Joe Bar Team*, Vents d'Ouest, Grenoble 1990-2014, 8 voll.

[5] Monicelli Mario, *Amici miei*, Rizzoli Film-R.P.A, Italia 1975.

[6] Knightley Phillip e Simpson Colin, *Le vite segrete di Lawrence d'Arabia*, Mondadori, Milano 1970, p. 357.

[7] Villiers de l'Isle-Adam Auguste de, *Eva futura*, Bompiani, Milano 1992, p. 118.

[8] Debarre Christian, *op. cit.*

[9] Pastonesi Marco e Terruzzi Giorgio, *Il bello del gas*, Zelig, Milano 1995, p. 34.

[10] Crawford Matthew, *The Case For Working With Your Hands*, Viking, New York 2009.

[11] Pirsig Robert M., *op.cit.*, p. 28.

4

Visibilità

Questo «cinema mentale» è sempre
in funzione in tutti noi [...] e non cessa mai
di proiettare immagini alla nostra vista interiore.
ITALO CALVINO, *Lezioni americane*[1]

Essere e apparire all'improvviso

La Visibilità è la qualità di vedere, essere veduti, e immaginare ciò che non si vede. In virtù di questa, la posizione che occupi, o meglio che hai deciso di occupare sulla strada, è sempre funzionale a ciò che stai facendo. Le gomme non si devono mai trovare in un punto casuale: se sono lì, in quel punto esatto, è perché stai impostando una curva, o perché davanti c'è un'altra moto e non ti fidi di quanto o cosa sta vedendo il motociclista che precede. Mi hanno sempre affascinato le fotografie dei piloti in gara mentre dirigono la moto da una parte e guardano da tutt'altra. Significa che stanno facendo tutto bene, sono calmi e concentrati. Hanno un controllo così totale della situazione che possono permettersi – per un istante – di osservare altro. Quando non puoi permettertelo, significa che stai guidando a un livello piuttosto basso. Ti stai appigliando completamente a un senso, a uno strumento solo del corpo che, di fatto, non potrà mai bastare a raggiungere il tuo traguardo di giornata.

Dunque cosa intendiamo per Visibilità? Significa decidere dove dirigere la moto e noi stessi. Una motocicletta si guida prima di tutto con gli occhi, che inquadrano e valutano la strada secondo velocità e caratteristiche. Vedere è guardare più avanti possibile e decidere in anticipo non solo in base a quanto veloce ti stai muovendo, ma anche alla circostanza in cui ti trovi: giorno o notte, visibilità buona o limitata, traffico tranquillo o caotico, asfalto asciutto oppure bagnato, eventuale presenza di animali... Per estensione, più che vedere, un motociclista dev'essere in grado di prevedere. Quando le ruote passano su un determinato punto è già troppo tardi per cercare un'alternativa. Quello che hai deciso di fare solo pochi secondi prima sta già accadendo. Ne avevo accennato parlando della Rapidità, ma non fa assolutamente male ribadirlo. Si guarda non solo davanti, ma anche ai lati della strada. Nel guidare in montagna, o in collina, si può spingere l'occhio più lontano. Prima di affrontare una discesa è bene abituarsi a osservare e valutare le possibilità offerte dal punto panoramico, a cominciare dalle condizioni della strada e dal territorio in cui è inserita.

In termini di sicurezza, ma non solo, la Visibilità è la qualità che ci permette di guardare contemporaneamente davanti e negli specchietti retrovisori, a prescindere dalla velocità. A volte il pericolo maggiore può arrivare dalle nostre spalle, in pochi istanti. Leggere cosa dicono gli strumenti invece serve a poco; è inutile domandare all'oracolo del contagiri, se non siamo in pista. L'orecchio esperto sente quando il motore esige un cambio di marcia. Non importa più di tanto leggere sul tachimetro quanto forte stai andando, anzi è proprio inutile, se non per sincerarti di essere abbastanza lento nello sfilare davanti all'occhio impietoso e rapinatore dell'autovelox.

Vedere, essere veduti, immaginare quello che non si è ancora visto

Se vedere è indispensabile, anche assicurarsi di essere visti è fondamentale. È una garanzia di sicurezza. E qui si apre tutto uno scenario. L'essere veduti è anche una faccenda di cortesia, che andrebbe usata, per esempio, nell'iniziare un sorpasso; oppure prima di svoltare a un incrocio dove è sempre bene non fidarsi, anche se si ha la precedenza. Dopo un incidente, l'automobilista distratto dichiarerà sempre di non averti visto – e questo è molto probabile. Di fatto, se sei capace di renderti conto di quanto velocemente sei apparso nel suo retrovisore, sarà davvero difficile biasimarlo. L'invisibilità è qualcosa di più di una brutta sensazione: nel 2014 nel Gloucestershire, la contea dell'Inghilterra sud-occidentale nota ai più per il sidro, i suini pezzati e le location dei film *Harry Potter*, è stata varata la campagna di sicurezza stradale The Invisible Biker. Agli automobilisti ricordava che «a un incrocio, uno sguardo non è mai abbastanza: è meglio guardare a destra e sinistra almeno due volte. Questo raddoppia la probabilità di vedere un veicolo a due ruote». Di contro, ai motociclisti il consiglio era di «mettersi nella posizione migliore per massimizzare la propria visibilità» evitando i punti ciechi del guidatore, di solito le visuali di tre quarti anteriore e posteriore, occupate dai montanti della vettura. Anche la grafica era piuttosto azzeccata: ritraeva un biker invisibile accanto alla sua moto, senza le mani che sbucavano dalle maniche del giubbotto e con gli occhiali da sole sospesi nel nulla, mentre il resto del corpo era visibile solo perché fasciato dall'abbigliamento tecnico. Il motociclista che guida l'auto dovrebbe essere ancora più responsabilizzato nel guardare una, due, anche tre volte prima di uscire da uno stop o di effettuare un sorpasso. Siamo noi i primi chiamati ad avere cura dei nostri colleghi.

Anche immaginare quello che non si è ancora visto è vitale per la nostra e l'altrui sicurezza. L'esempio più semplice è quello che da sempre utilizzo nello spiegare come si affrontano le curve, al termine della parte teorica dei corsi Gsss. Lo abbiamo già trovato nel capitolo precedente, ma una ripetizione contestualizzata nel capitolo dedicato alla Visibilità ci sta benissimo. A questo punto sai già che una bella curva, e così le successive, dipende dalla sua preparazione. Resta sempre un'unica cosa da tenere a mente: se percorri una curva a sinistra, devi pensare che si tratta di una curva a destra per chi proviene dalla parte opposta. Se invece stai per inserirti in una curva a destra, che spesso può essere «chiusa» e offrire ancora minore visuale, devi tenere conto che quella curva gira a sinistra per chi proviene dalla parte opposta. È la sintesi del concetto di *immaginare quello che non si è ancora visto*, per cercare di ottenere la maggiore sicurezza possibile guidando su strada.

Vedersi, essere e apparire

Un altro aspetto della Visibilità è più intimo e si coniuga al riflessivo. Vedersi sulla propria moto significa capire se è quella giusta. Può essere l'unica posseduta, oppure una delle tante che abbiamo portato in garage: se sei motociclista da tanti anni, è davvero difficile resistere alla tentazione di crearti un piccolo harem. Quando passo le ore semplicemente seduto a osservarle, le mie moto, il loro valore commerciale è l'ultimo dei miei pensieri. Ciò che conta è quello che ci ho fatto, la vita vissuta insieme, dove e quando le ho guidate, con chi ho diviso la sella. Quella volta che sono andato a vedere una corsa in salita, la notte d'estate che sono partito al buio per vedere l'alba al mare, o quando ho fatto una sorpresa a un amore importante andando a trovarlo. Qualsiasi occasione vale un ricordo che può essere memorabile. Ecco, penso a quando, nei primi anni novanta, in un mercatino vidi e comprai una tuta di pelle da motociclista. Era già vecchia di una ventina d'anni, ma in ottime condizioni e giusto della mia taglia. Per me era giunto il momento del colore dopo che, fino ad allora, avevo comprato solo tute e giubbotti di pelle rigorosamente neri, che fossero nuovi o vintage. Fu per quella tuta bianca, rossa e nera che, pochi giorni dopo, decisi che mi sarei costruito una cafe racer BMW. Nell'epoca d'oro della magnifica Ducati 851, sarebbe stata provocatoriamente rossa, sui lati del serbatoio una larga striscia nera affiancata da una più sottile in bianco: la stessa grafica delle Norton Manx, ma con tinte diverse. Come avrebbero detto i miei nonni, in quell'occasione mi ero comprato la frusta prima del cavallo. In realtà, la BMW giusta l'avevo già adocchiata da diversi giorni, appoggiata a un muro del viale dei Colli di Firenze. La R75/6 aveva la forcella e il telaio piegati, il serbatoio ammaccato dopo un brutto incidente. Era ridotta a carcassa, ma proprio quella che cercavo. Cosa c'entra nel nostro discorso? Semplice: si può vedere con gli occhi, ma ancora meglio, e se possibile più distante, con il desiderio. Osservare una moto significa anche scoprire come funziona. Ettore Bugatti sosteneva che, se un pezzo del motore era bello, sicuramente avrebbe funzionato meglio di uno brutto. Così, vedere diventa cercare, desiderare e possedere, specialmente se riguarda oggetti meravigliosi come le motociclette.

Prova a osservare una motocicletta classica, ferma sul suo cavalletto centrale e con lo sterzo dritto. Ti avvicini, ci giri intorno. Fissi il suo grande occhio di vetro, ricambiato. Se ti metti di lato, o di tre quarti, la vista è ancora migliore. Anche se è ferma, la prospettiva ne slancia la forma. Si muove. In sogno – già, chissà se anche le motociclette sognano, a luce spenta – sta filando verso nuove avventure. Ciò che sorprende è la sua possibilità, intendo della motocicletta, di cambiare espressione semplicemente ruotando il manubrio a sinistra e a destra. Il fanale tondo è come una testa posata sul collo dello sterzo. L'espressione può essere timida, oppure sfrontata. Spesso e volentieri è animata dall'orgoglio di essere. Ho sempre pensato che una moto possa occupare uno spazio nobile della casa come qualsiasi altro bell'oggetto di design. Quella cafe racer rossa la tengo in salotto, accanto ai divani, così che ascoltando la musica possa vederla e rivederla cambiando seduta e angolazione. Una moto in casa è più vicina delle altre ricoverate in garage. Mi ricorda che questo magnifico aggeggio fa parte della mia vita, adesso addirittura della mia famiglia. In qualsiasi momento ci possiamo salire e andarcene via, così, all'istante, anche soltanto con la fantasia. Nel leggere la biografia di Steve McQueen scritta da Christopher Sandford,[2] sono rimasto colpito dal fatto che anche lui tenesse fra le mura domestiche, addirittura accanto al letto, la sua Indian Chief del 1946. Adesso è cosa abbastanza frequente vedere una moto classica in casa, il «pezzo raro» che fa bella mostra di sé sotto il faretto dedicato che la illumina. So che Giacomo Agostini ha in soggiorno la moto da corsa alla quale è più affezionato, la MV Agusta 500 tre cilindri, con regolare teglia sotto la coppa del motore per raccogliere le gocce d'olio in caduta. Forse, mentre la guarda, riavvolge il film delle sue imprese, i suoi momenti d'oro. L'importante è che ci sia.

La prima moto entrata a casa mia l'ho citata nel capitolo precedente. La Honda 500 CBT è diventata cafe racer poco per volta, modificatissima con quello che mi potevo permettere. Il cerchio d'alluminio a raggi Borrani da 19 pollici, quello con il bordo alto, lo avevo comprato al mercatino di Imola. L'altro, il fratellino da 18 pollici e 36 fori buono per la ruota posteriore, a Gambettola, la capitale italiana del ferrovecchio. Li avevo portati via legati tra la sella e il portapacchi della R 90/6, con le valigie laterali Krauser piene di pezzi di ricambio di ogni genere. Dalla sera alla mattina, quella Honda aveva preso il posto di una credenza antica che apparteneva alla mia fidanzata di allora. Così è iniziata la mia storia con le moto accolte in casa da vedere, toccare, a volte spolverare. Ci stavo seduto in sella la mattina, per iniziare al meglio la giornata mentre facevo colazione; dopo pranzo, con la tazzina del caffè in mano, oppure all'ora del tè. Del resto in inverno, con la neve del Mugello fuori dalla porta, in giro con quella Honda non ci sarei proprio potuto andare. Per anni ho osservato gli amici che stavano lì imbambolati a osservarla, come fosse un irresistibile magnete. La cafe racer era la prima cosa che attraeva l'attenzione e la curiosità di tutti. Diversi gli ospiti, identica la situazione. C'era chi mi diceva: «Ma cosa ci fai con una moto in casa!». Salvo poi, con l'occasione e la casa giuste, fare lo stesso!

Una motocicletta davanti agli occhi dà semaforo verde alla fantasia. Quante volte, mentre mi sentivo profondamente turbato, ho cercato di immedesimarmi in una storia triste e difficile narrata in un libro, o in un film. Pensavo: se d'improvviso fosse entrata una moto nella vita di quei personaggi, quei protagonisti senza speranza, quei maschi incompresi e quelle femmine depresse si sarebbero sicuramente potuti salvare. Avrebbero acceso il motore per scappare via, riafferrando la presa sul manubrio della loro vita e dei loro amori in poche ore. In certi film le motociclette hanno un fortissimo valore simbolico, prevalentemente legato alla possibilità della fuga: assolutamente emblematico è il finale di *Roma* di Federico Fellini, con le moto di notte, il suono dei motori e i fanali che illuminano frammenti della città eterna. La moto è il mezzo che più fortemente si lega al senso di libertà assoluta, immediata, travolgente. Anche per chi non c'è mai salito, per chi non ha mai potuto guidarne una, ma sente di poterlo fare semplicemente ammirandola. La prima volta che vidi al cinema *On Any Sunday*, che in italiano è intitolato *Il rally dei campioni*, era di pomeriggio. Avrò avuto dodici anni e ci ero andato con il mio amico Mauro, inseparabile compagno di scorribande in motocicletta, istruttore del Gsss Team fin dagli esordi e vicepresidente del nostro motoclub. Mentre scorrevano i titoli di coda eravamo ancora immobili, con la bocca aperta, incapaci perfino di commentare: quello che avevamo visto era stato una tale meraviglia! A quei tempi le proiezioni si susseguivano con pochi minuti d'interruzione e si poteva restare in sala fino all'ora di chiusura, volendo. Spente nuovamente le luci, ecco riapparire Mert Lawwill che, come spiegava la voce narrante, «non è un avvocato, ma un pilota professionista». Un brusco stacco e lo stesso uomo che stava camminando in giacca e cravatta su un marciapiede affollato di San Francisco ora derapava di traverso su una pista in terra battuta da *half mile*! Tra i dettagli delle motociclette e la musica sapientemente alternata al suono dei motori, entrarono in scena il campione di fuoristrada americano Malcolm Smith e Steve McQueen, mentre impennavano le Husqvarna 400 fra le altre centinaia di piloti amatoriali della domenica, felici in sella alle loro moto. Nessun film mi mette addosso la stessa voglia di prendere e andare per sterrati come *On Any Sunday*. Non si contano le volte che l'ho visto e fatto vedere agli amici, oppure ne ho regalato le copie in cassetta VHS. Credo proprio che le prime siano state per i figli di Mauro Scarpelli quando erano ancora bambini. È davvero bello pensare adesso che il maggiore dei tre, Niccolò, dopo diversi titoli italiani nell'enduro è salito sul podio della Sei giorni internazionale: si vedeva fin da quand'era piccolo che sarebbe venuto su bene!

In un video potresti finirci anche tu, presto o tardi. Meglio prima, perché riguardarsi procura una diversa percezione di sé e la coscienza della propria reale capacità di guida. Cosa impossibile da valutare senza osservarsi da fuori, magari con il commento puntuale di un bravo istruttore accanto. È indispensabile per la verifica della posizione di guida, del movimento e della fluidità in sella, della traiettoria scritta sull'asfalto. Rivedersi è un concetto più attento, scrupoloso e appassionato rispetto al mostrarsi, che è la prima preoccupazione dei ragazzini nel presentarsi in piazza, per farsi belli sul motorino nuovo davanti agli amici e, soprattutto, alle amiche. Certamente non ho mai desiderato, tantomeno acquistato, una moto con il solo pensiero di esibirla davanti al bar, ma sarei davvero ipocrita a non ammettere che anche quel genere di soddisfazione è stata importante, in certi momenti della vita. Al punto di voler sapere tutto di lei prima di portarla in garage; se era usata, persino chi l'aveva avuta prima di me. Mi viene da sorridere nel rivedermi molto tempo, molte moto e molti cambiamenti dopo, mentre pensavo «Ecco, è quella giusta» per modello, colore, allestimento. Hai mai sperimentato la situazione di essere affiancato al semaforo da un altro motociclista con la tua stessa, identica moto? L'ho sempre trovata un'eventualità terrificante. Passi se il tipo è vestito bene, intonato al mezzo, una persona in cui sia gradevole identificarsi. Ma se è scompaginato, inelegante, raffazzonato? Sono questi i momenti nei quali mi assale la preoccupazione di come posso essere percepito. L'impressione suscitata negli altri – per un motociclista – non è una questione da prendere alla leggera.

Sul codice della pubblica manifestazione di sé espressa dall'abbigliamento moto si potrebbe scrivere un libro. Nella *Curva perfetta* ci siamo accontentati di un intervento, per quanto autorevole. La verità è che la moto è una scelta estetica e insieme un'espressione dell'individualità. Come tale, *mi obbliga* a essere diverso. Essere me stesso e nessun altro. Il fregio della motocicletta, lo stemma di una moderna forma di cavalierato, non mi basta come blasone: aggiungo un adesivo, magari quello del motoclub, una spilla sul giubbotto. Poi ci sono gli amuleti personali. Su tutte le giacche di pelle del mio guardaroba ho appuntato la pallina di alluminio di una leva del freno rotta. Serve a ricordarmi quanto può essere facile cadere, anche se per fortuna non tutte quelle palline arrivano dalle mie moto... Nel 1999 mi ero inventato un bracciale ricavato dal segmento di una catena della distribuzione della Honda 400 Four. Nonostante i lavaggi serali con il Johnson Baby Oil, per mesi continuai ad avere il polso unto e sporco. Eppure quel bracciale l'ho portato per anni, ne ho realizzati altri e ne ho regalati alcuni. Quando ho cominciato a vederne troppi simili in giro, di solito replicati in argento da qualche artigiano ispirato, l'ho confinato nel cassetto. Un amuleto personale è ben altra cosa di un gioiello. Appartiene a te e a te solo. È la sintesi grafica di una simbologia complicatissima attraverso la quale alcuni catalogano con precisione gli altri motociclisti in grandi categorie, sottogruppi e piccoli clan. Che indichi il senso di appartenenza, la distinzione, oppure un messaggio di dichiarata ostilità verso un'altra specie di centauro, l'amuleto è un'espressione d'istintuale spontaneità. Il più delle volte si tratta di apparenza, di un vezzo, di una citazione: sono immagini in bianco e nero gli scontri fra i *rockers* e i *mods* a Brighton, chiodo contro parka, teschio e tibie incrociate contro bersaglio bianco, rosso e blu. Però si tratta di un'iconografia molto interessante da studiare. Come moltissime altre cose, l'epica dell'Ace Cafe l'avevo appresa leggendo ogni mese la rivista britannica *Classic Bike*. Per saperne di più, mi ero comprato alcuni libri illustrati, come l'imperdibile *Rockers!* di Johnny Stuart.[3]

L'essere motociclista comporta una certa dose di vanità, inutile nascondereselo. Qualcuno di noi le attribuisce un'importanza grandissima. Oooh, quanto mi sento figo al manubrio... È altrettanto vero che, per lo stesso motivo, ci lasciamo facilmente ingannare dall'apparenza. Mai giudicare un libro dalla copertina, si dice. Forse però – e come autore me lo auguro – è anche per quella che ora stai leggendo *La curva perfetta*. A volte capita d'incrociare un simile in cui è facile specchiarsi. Magari un tipo tranquillo, ma autentico, senza troppi fronzoli, con una moto un po' scassata e un indubbio fascino. Un personaggio sbucato dal nulla, capace di sorprendere e conquistarti, come un fulmine a ciel sereno. La prima impressione del motociclista che pensiamo di essere, o che siamo realmente mentre siamo veduti dagli altri, è sempre maledettamente densa di significati, molti dei quali credo proprio che siano impossibili da decifrare.

Se invece mi fermo a pensare a cosa non ho ancora visto, a immaginare cosa mi aspetta dietro le prossime curve della vita, fatte salve le raccomandazioni pratiche già ampiamente descritte e lasciando correre la fantasia che mi appartiene fin dalla più tenera età, mi sento ancora lo stesso bambino che scriveva la lettera a Babbo Natale: «Per favore, togli tutti i deficienti contromano e gli esagerati dalle strade di montagna. Non importa che diventino addirittura buoni, basterebbe giusto un pochino d'umiltà». Sulla stessa linea, avrei qualcosa da dire sul prezzo assurdo dei carburanti. Poco è cambiato dal 1997 quando Melissa Holbrook Pierson scrisse nel suo libro *Il veicolo perfetto*: «In Europa le motociclette hanno ampiamente conservato il loro status di mezzo di trasposto pratico e maneggevole e ogni fascia sociale e di età, dagli adolescenti ai sacerdoti, fa affidamento su scooter e moto di piccola cilindrata per destreggiarsi nelle strade strette, coprire brevi distanze e affrontare il prezzo esorbitante della benzina».[4] Al caro vecchio Babbo Natale avrei anche da dire due paroline sui legislatori eco-bio-sostenibili che ritengono le moto e le auto d'epoca parimenti colpevoli dell'inquinamento atmosferico. In qualche modo occorrerà porvi rimedio, ma le poche moto d'epoca a due tempi e le Euro 0 sono un bersaglio davvero troppo facile. Basta polemiche, meglio lasciare spazio ai desideri. Per quelli, un po' alla volta, ci si può attrezzare. Se c'è una cosa bella nell'essere motociclista, è che non sei mai sazio di ciò che hai già visto.

Note

[1] Calvino Italo, *op. cit.*, p. 83.

[2] Sandford Christopher, *McQueen. La biografia*, Dalai, Milano 2003.

[3] Stuart Johnny, *Rockers!*, Plexus, Medford, New Jersey 1987.

[4] Holbrook Pierson Melissa, *op. cit.*, p. 77.

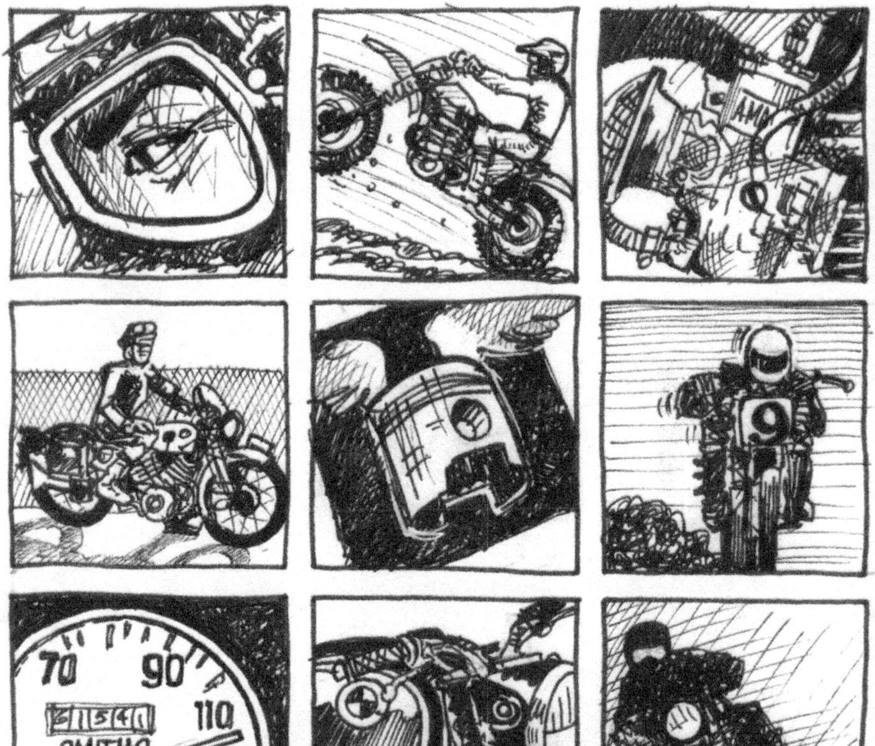
AMA
9
70
90
110
SMITHS
130
150

5

Molteplicità

Una motocicletta tutta nervi, con una dose di sangue nelle vene, è meglio di tutti gli animali da sella del mondo, perché è un'estensione logica delle nostre facoltà e perché la sua instancabile soave regolarità è un invito, una provocazione a cercare l'eccesso.

THOMAS EDWARD LAWRENCE, *Lo stampo*[1]

La condivisione dello stesso piacere

Carissimi Roberto (Patrignani), Robert (Pirsig e Fulton Jr.), Melissa (Holbrook Pearson) e John (Berger), grazie a tutti voi. Che bella compagnia mi avete fatto in certe serate di lettura davanti al caminetto acceso, con due dita di bourbon nel bicchiere; quanto intimo piacere mi hanno procurato i vostri libri, nei quali non si parla mai solo di motociclette, ma sempre di persone e motociclette, in modo attento e tanto appassionato! Voi e le vostre moto, i vostri amici con altre moto, la strada e il viaggiare hanno generato pensieri di straordinaria qualità, ognuno a modo proprio derivanti dalla stessa passione e soprattutto da una lunga pratica del motociclismo.

«Chi siamo noi, chi è ciascuno di noi se non una combinatoria d'esperienze, d'informazioni, di letture, d'immaginazioni? Ogni vita è un'enciclopedia, una biblioteca, un inventario di oggetti, un campionario di stili dove tutto può essere continuamente rimescolato e riordinato in tutti i modi possibili».[2] Questo scrive Italo Calvino in chiusura della sua quinta, conclusiva lezione americana, dedicata alla Molteplicità. Anche se era prevista una sesta lezione sulla Consistenza, è qui che il libro si ferma. Nel rileggere ancora una volta queste poche righe, si rafforza il senso della medesima analisi in chiave motociclistica. Lo scambio di impressioni e ragionamenti, di punti di vista e di esperienze dirette è una forma di consapevolezza orale fra motociclisti che rientra nel concetto della Molteplicità.

La Molteplicità è un affare maledettamente intellettuale. Certi libri che trattano e raccontano di motociclismo vi si sono necessariamente riferiti negli approfondimenti che a volte si allontanano dal tema principale, per poi risultare mano a mano più vicini e stimolanti, come una meta che prende definizione all'orizzonte. Nel leggere per la prima volta *La motocicletta* dello scrittore e drammaturgo André Pieyre De Mandiargues,[3] ho pensato che si trattasse di una pessima traduzione del testo originale in francese. Qualcosa di buono c'era, ma che fatica tirarlo fuori! Anche la copertina dell'edizione italiana che mi ero procurato lasciava davvero a desiderare. L'illustrazione con una ragazza sulla solita Harley era troppo moderna, discutibile anche nella qualità di esecuzione, con ammiccamenti sessuali a buon mercato, giusto per cercare di vendere qualche copia in più. Complessivamente si trattava di un'immagine piuttosto fredda, scelta probabilmente per cercare di rilanciare un libro stagionato, quasi dimenticato alle soglie del 2000, quindi estremamente distante da quella provocante e provocatoria contemporaneità che *La motocyclette* e De Mandiargues portarono nella prima edizione del 1963.

Quando il titolo del romanzo originale è riaffiorato nella versione francese del film di Jack Cardiff *The Girl on a Motorcycle* (1968), è andata decisamente meglio. Perfetti gli interpreti, Alain Delon e Marianne Faithfull, in un turbinare d'immagini psichedeliche tipiche di quegli anni. La Faithfull indossa un outfit semplicemente memorabile: non per nulla l'edizione italiana prese il titolo *Nuda sotto la pelle*, naturalmente nera e attillatissima. E poi quelle moto! Una Norton Atlas 650 per il Delon letterato seduttore; e una superdotata Harley-Davidson Electra Glide 1200 per la protagonista supersensuale. Di per sé, la storia non è che una fantasia di triangolo moto-erotico perfetto come la nostra curva. Il resto, cioè la musica originale, il trattamento violento del colore, il montaggio forte e diretto sono una questione di stile. Senza contare che la controfigura di Marianne Faithfull nelle scene dinamiche in moto fu nientemeno che l'inglese Bill Ivy, il campione del mondo della classe 250 del 1967, camuffato con una parrucca bionda. Per un cultore dell'immagine, per un feticista più che nostalgico, ecco finalmente un valido punto di riferimento. *The Girl on a Motorcycle* è un viaggio quasi iniziatico, ricco di Molteplicità nell'intrecciarsi dei temi più importanti, e vitali, di una torbida storia d'amore attraversata a cavallo di una moto.

Forse proprio per l'efficace trasposizione tra la parola scritta e l'immagine mi ha davvero colpito di recente *Sulla motocicletta* di John Berger,[4] un piccolo grande libro postumo realizzato con grande scrupolo e attenzione dalla curatrice Maria Nadotti. Come Berger, anche io, a causa o grazie alla ventennale esperienza da art director, sono abituato a pensare prevalentemente per immagini. E ritengo che, per occuparsi di motociclette, anche un ingegnere debba avere un tipo di immaginazione sviluppata per esperienza diretta, quindi essere motociclista. Lo stesso vale per un designer e, idealmente, per chiunque lavori in una Casa motociclistica. Anche il capo dell'ufficio del personale. Vedere troppi manager in giacca e cravatta intorno alle moto mi fa venire i brividi. Insieme alla certezza che potrebbero occuparsi di qualsiasi altra cosa con lo stesso atteggiamento freddamente professionale, dagli spremiagrumi elettrici ai software gestionali. Quando una moto è clamorosamente sbagliata e continua a esserlo negli aggiornamenti successivi, di solito è perché se ne sono occupate troppe persone fuori posto. Troppe teste che pensano in direzioni diverse, senza complicità nell'obiettivo di proporre un prodotto in perfetto equilibrio fra sostanza e apparenza, meccanica e design, consistenza e avvenenza. Se invece penso al genio di Massimo Tamburini e all'affiatamento della sua ristretta cerchia di collaboratori, capisco perché dal suo atelier sono usciti capolavori del design italiano come le Bimota (le «Ferrari delle moto») o la MV Agusta F4 750 Serie Oro. Così come mi ha sempre fatto sorridere un passaggio che ho letto da qualche parte sulla meravigliosa Britten V1000, la superbike frutto della Molteplicità di pensiero di un solo, geniale costruttore artigianale neozelandese: «In Giappone, il reparto ricerca e sviluppo di un marchio motociclistico è grande come una fabbrica e impiega centinaia di ingegneri che lavorano alla propria scrivania. In Italia, è una stanza piena di persone che continuano a chiacchierare fra di loro. Alla Britten, era John Britten».

A proposito di motociclismo, letteratura e Molteplicità, ma anche di emozioni e di morsi di vita vissuta, ho sempre trovato ogni dettaglio importante e significativo, esattamente come nell'osservare una motocicletta. Una piccola frase contenuta in un romanzo o in una partitura musicale può generare ragionamenti e interpretazioni di grande consistenza. L'idea che contiene può fare la differenza. Poche parole, una serie di note, un concerto di parti meccaniche riescono a centrare un punto, a dare un senso d'insieme e a rendere eternamente valida un'opera dell'ingegno e dell'ispirazione. Non avrei certamente pensato di trovare le motociclette nelle *Lezioni americane* di Calvino e di fatto non ci sono. Eppure nessun altro libro evoca e spiega le qualità, il senso profondo e il piacere di guidare una moto. Come non avrei mai pensato di trovare riferimenti alle due ruote nei *Mandarini* di Simone De Beauvoir, ambientato nel Dopoguerra francese.[5] E invece ci sono! Così come mi è accaduto recentemente di scoprire che un grande personaggio come Fosco Maraini, antropologo, scrittore, poeta e orientalista fiorentino, negli anni trenta del Novecento amava viaggiare sulla sua BMW.

Senza indugiare nella biblioteca per ritrovare frammenti d'espressione legati a uomini e donne che non si sono conquistati un posto nella storia del motociclismo, mi limito a considerare che l'amico

Manfredi non sarebbe certamente potuto essere lo stesso pittore e intellettuale se le motociclette non lo avessero accompagnato per tutta la vita. Per molti anni non ha posseduto un'automobile. Quando lo conobbi, da ragazzino, lui si muoveva ogni giorno, per diletto o necessità, su una splendida BMW R75/5 bianca. La ricordo come fosse ieri, con il panciuto serbatoio da 24 litri con i paraginocchia di gomma neri, un bel parabrezza in plexiglas per l'inverno e i tubi del telaio incurvati sulla matrice del mitico chassis Featherbed che rendeva la Norton Manx 500 un «letto di piume» da corsa. Con Manfredi si cominciava sempre a ragionare di moto, per poi spaziare nella Molteplicità di un organismo di argomenti connessi, dalla letteratura alla musica. La cosa più incredibile è che alla fine si tornava a parlare di motociclette, come se fossero, più che un mezzo, la naturale conclusione di ogni viaggio nella bellezza. Come il pittore, credo che il motociclista abbia una peculiare disposizione a mettere tutto in discussione, a cominciare proprio da se stesso. Il lavoro che compie su di sé porta a una serie di esperienze nuove che ne accrescono la Molteplicità di pensiero e, fatalmente, la diversità. Il motociclista non è disposto ad allinearsi automaticamente al pensiero unico. Non ama incolonnare la sua alle opinioni altrui, come se si trovasse in un serpentone di auto immobilizzato nell'ora di punta. Tantomeno perde tempo prezioso nel cercare un parcheggio per i propri pensieri, anzi preferisce tenerli sempre pronti a raggiungere una conclusione.

In due sulla traiettoria

Allo stesso modo, possiamo dire che su una bella traiettoria si sta bene anche in tanti. Non sempre, ma accade che per primo sia il motociclista a scriverla con grazia e confidenza; quindi gli amici che lo seguono la ricalcano confortevolmente. Molteplicità come condivisione, dunque. Molteplicità come piacere nel girare la curva e vedersi schiudere un panorama inaspettato. Con la consapevolezza che il mio compagno, o compagna, di strada sta provando un'emozione simile alla mia, nello stesso momento. È come quando scopri un percorso bellissimo e ci porti un amico, per rivivere con lui l'emozione e il piacere della prima volta. Nella Molteplicità del gesto stanno la condivisione del momento e la vera comunicazione dinamica fra i motociclisti. È una forma di dialogo né scritto né verbale. Emotivo piuttosto, come se i sentimenti e le emozioni dell'uno si riflettessero negli altri che lo accompagnano. Da istruttore ho provato un forte senso di Molteplicità anche quando un allievo mi ha dimostrato un particolare senso di gratitudine per avere imparato qualcosa di importante. D'altro canto, la differenza fra le persone è sempre utile per ricordarsi che anche un maestro ha ogni volta qualcosa da imparare nel rapporto con gli allievi. Un corso di Guida sicura su strada passa per una situazione di confronto. La pietra angolare dell'insegnamento è far capire all'allievo che non ci si trova mai in una posizione casuale. Neppure essere in sella alla moto è un fatto casuale. La prima cosa che chiedo ai miei allievi, tanto per andare dritto al punto, è cosa significa per loro essere motociclisti. Liberi di pensare che sia una risposta scontata, dopo anni trascorsi al manubrio. Beh, non lo è mai. È una scelta precisa. Sempre.

L'automobile è la dominatrice onnipresente, la tiranna indiscussa della strada. Solo i motociclisti più irriducibili, i puri, arrivano a farne a meno. Troppo comoda, protettiva, versatile, la macchina. Ma, in generale, anche troppo legata all'utilizzo quotidiano per associarla alla sfera della passione pura, quando non si tratta di auto sportive o d'epoca. Fra decine di milioni di utilizzatori – considerate bene il termine, utilizzatori – sono rari quelli che dichiarano di avere scelto l'automobile come pilastro del proprio stile di vita. Lo scooter è un altro protagonista della mobilità di massa e ha creato figure di appassionati come i vespisti e i lambrettisti. Anche i moderni maxiscooter hanno i loro club di aficionados. Sono pratici, automatici, più protettivi di una moto e non di rado vengono utilizzati per il turismo, generalmente a corto e medio raggio. Anche allo scooter si arriva per una scelta consapevole. Di solito, però, è legata all'economicità e alla velocità negli spostamenti urbani e suburbani. Lo scooter è il grimaldello per aprirsi un sentiero nella viabilità caotica e sovraffollata, l'arma indispensabile nella caccia al parcheggio, il passaporto per i centri storici chiusi alla circolazione delle auto nelle città italiane grandi e medie. Si sceglie di essere scooteristi? Sì, qualcuno lo fa per passione, la maggioranza degli utenti per la praticità e la versatilità del mezzo, che sta un po' fra le due e le quattro ruote. La vocazione alla moto, quella è tutto un altro cielo, tutto un altro stato della mente. È legata a emozioni e motivazioni insite più in profondità nell'animo umano. Ne ho già scritto prima, anche nell'esposizione della mia personalissima *Legge del tre*. Per quanto riconducibile al senso di libertà e della sfida, alla ricerca del sé, al dominio del sacro fuoco della velocità, la spinta, l'urgenza che porta alla motocicletta è personale. Vai a un raduno, fingi di essere – che so – un giornalista locale dall'aria molto ordinaria e domanda a dieci motociclisti perché hanno scelto di muovere l'anima e fendere l'aria su un mezzo così complesso e pericoloso. Ne riceverai non meno di cinque risposte diverse, oltre a un profluvio di aggiunte, distinguo, confessioni personali, aneddoti, e l'obbligo di visione delle loro gallery sullo smartphone. Diversa l'origine della passione, identico il percorso che inizia con una scelta fondamentale: quella della propria moto. Implica una carica di desiderio e un trasferimento di energia – e di valsente, *ça va sans dire* – che normalmente non si esaurisce, anzi non dovrebbe mai esaurirsi con l'acquisto. Hai portato a casa la moto osservata, studiata, confrontata, discussa, corteggiata per mesi. Di giorno e, a volte, di notte sei rimasto lì, imbambolato a guardarla, ancora un po' incredulo di trovartela davanti, tua e soltanto tua. L'hai mostrata a familiari e amici. Bene: è solo l'inizio. La carriera del motociclista non è la stessa dell'automobilista. Non ci si sprofonda in un sedile, non si accende la radio, non si regola il climatizzatore. Il dominio dell'equilibrio precario è l'elemento base della consapevolezza dell'essere motociclisti. Guidare la moto è partecipazione, cioè assecondare il mezzo e, nello stesso tempo, trarre piacere dal condurlo con il corpo e con i sensi. Ogni motocicletta li impegna in misure e gradazioni differenti.

Il secondo pensiero che cerchiamo di condividere nelle lezioni del corso Gsss è che se la moto si guida prima di tutto con il cervello è perché abbiamo già attivato almeno quattro sensi su cinque... più uno. Nel capitolo dedicato alla Visibilità ho dimostrato come la vista deve farsi vigile anche inconsapevolmente e allungare lo sguardo ben oltre la ruota anteriore, verso la prossima curva, sull'eventuale imprevisto da evitare. Sarà la velocità, più avanti, ad allenarci a portare gli occhi sempre più avanti, sempre più rapidamente. Anche dove apparentemente non vedono, aiutano a scrutare il futuro immediato. Il tatto è il nostro software della sensibilità totale, che si diffonde attraverso ogni punto di contatto con la moto. Mani, piedi, ma anche le gambe tramite le ginocchia da tenere – quando serve – premute sul serbatoio. Da non trascurare il sedere, che dalla sella fa salire all'emisfero cerebrale sinistro i dati in tempo reale sulla stabilità e sulle reazioni del retrotreno. L'udito e l'olfatto servono ad avvertire i segnali di pericolo: il suono che annuncia l'approssimarsi di un altro veicolo, l'odore di gasolio sull'asfalto perso dal furgone che ci precede sulla salita al valico, oppure un rumorino di fondo che segnala un'irregolarità della moto, propria o del compagno di strada, prima che si trasformi in guasto meccanico. Il gusto? Quello lo lasciamo alla scelta della moto, oppure possiamo farlo entrare in gioco nelle pause pranzo durante una gita e nelle leggendarie cene fra motociclisti, il «terzo tempo» della moto. Scherzi a parte, anche il gusto invia segnali da non sottovalutare: come quando si avverte quel certo saporino metallico in bocca, appena dopo uno spavento. Significa: accosta, spegni il motore, tira un bel respiro, poi riprendi. Forse è successo anche a te. Di suo, il motociclista possiede anche un sesto senso, che si sviluppa costantemente con la consapevolezza e l'esperienza di guida. Uno strumento prezioso e predittivo per superare indenni le situazioni più insidiose della strada, che l'elettronica di bordo non riuscirà a imitare e riprodurre ancora per molto tempo.

Più di ogni altra cosa credo che la Molteplicità evochi nel motociclista la grande varietà di canali espressivi, quei «media» che utilizza nel comunicare con la moto. Come ho descritto nel paragrafo «Vedere, essere veduti» del quarto capitolo, la moto offre al suo pilota la certezza di provare sensazioni personalissime – che siano positive oppure negative è un aspetto secondario. E suscita reazioni negli altri, sempre. Anche nel vederla sfrecciare per un istante, come faceva quella del fantomatico Scureza, il motociclista di *Amarcord* di Federico Fellini che, al pari di altri personaggi del film, era ricalcato su una persona reale, al secolo Attilio Vignali. Soprannominato Scureza ad Corpolò (un paesetto vicino a Rimini) per il rumore emesso dalla sua «petomarmitta», il motociclista folle attraversa il film più volte, ma per un attimo, solo per un attimo, e bisogna essere davvero esperti per riconoscere il modello su cui è in sella. Nella realtà era una Frera, nella finzione prende le sembianze di una Harley-Davidson WL 750 rossa, ma ha importanza? Per qualcuno certamente sì, per altri meno. Ciò che impressiona è il passaggio, il rombo del motore, la sagoma dell'uomo incorporato alla moto che sfreccia come in un quadro futurista. Diventa un ricordo indelebile, un suggerimento, un incoraggiamento a vivere in equilibrio precario, veloce, sempre così veloce, costi quel che costi. Anche la pelle. Un'apparizione del genere porta la violenza traboccante della gioia. È un brindisi di emozione pura: nel calice, la Molteplicità di sensazioni di quel veicolo che ha il potere di muovere l'anima.

Il viaggio è il viaggiatore

> Dove c'è l'uomo, dev'esserci per forza un qualche genere di strada.
> ROBERT EDISON FULTON JR, *One Man Caravan*[6]

L'epica del motociclismo è costruita sull'impresa individuale. Il gesto agonistico del pilota si esprime in circuito, su strada o sulle piste africane, per primeggiare sugli avversari. Quello del cavaliere solitario sulla teoria senza fine delle strade che innervano i cinque continenti.

Il viaggiatore in moto, moderna figura che condensa l'esploratore, il nomade e il turista inquieto dotato di grandi schede di memoria per la foto/videocamera, è definito *overland* quando il suo viaggio contempla l'attraversamento di almeno un continente e il senso dell'avventura prevale sul raggiungimento della meta, qualsiasi essa sia. L'Italia ha una certa tradizione in fatto di motociclisti di lungo corso. Tra i più noti c'è l'ingegner Giuseppe Guzzi, detto Naco, fratello del fondatore Carlo Guzzi. Nel 1928 partì da Mandello del Lario sulla nuova GT 500 battezzata Norge per superare il Circolo polare artico e raggiungere Capo Nord. Sembra che Naco, braccio destro di Carlo e supervisore tecnico della Casa di Mandello, fosse un tipo che amava soprattutto la propria compagnia, un burbero ai limiti della misantropia. Non amava ricevere le persone, a domicilio come al lavoro. Anche perché pare soffrisse molto il caldo in qualunque stagione, al punto che aveva preso l'abitudine di girare per casa e disegnare al tecnigrafo in mutande e canottiera. Interloquire con un estraneo gli arrecava il disturbo di vestirsi. Il suo ufficio era dotato di un meccanismo anti-intrusione, isolato termicamente e raffreddato da una serie di serpentine che correvano lungo le pareti. Per lui, il silenzio e il freddo desolato di Nordkapp erano un sogno, il giusto premio alla sua pazienza. Grazie all'eco della sua impresa sulla stampa, fu l'ingegner Guzzi a inaugurare la mania, molto italiana, di raggiungere Capo Nord, farsi fotografare sotto il mappamondo di acciaio, ammirare il sole di mezzanotte (se non c'è brutto tempo, quindi raramente), comprarsi l'adesivo da attaccare sulla valigia laterale e invertire la rotta a sud. Naco scrisse la storia dei raid: sul parafango anteriore della sua Moto Guzzi, una targhetta riassumeva i suoi meritati «viaggetti estivi» a caccia del fresco: 1923 Mandello-Parigi 2000 km, 1924 Mandello-Tolosa-Pirenei 2500 km, 1926 Mandello-Vienna–Budapest-Carpazi 3000 km, 1927 Mandello-Slesia 3000 km, 1928 Mandello-Stoccolma-Lapponia-Oslo-Berlino 6200 km, 1929 Mandello-Amburgo 2200 km. E per tutto questo non gli servì neppure spendere più parole del necessario.

Negli stessi anni ruggenti, anche Felice Pacifici si distinse come ardimentoso guzzista e trasvolatore solitario delle latitudini sulle ali spiegate di Mandello del Lario. È un pioniere poco noto: l'ho scoperto grazie a Costantino Frontalini, il maggior esperto, restauratore e collezionista di sidecar in Italia. Insieme al figlio Giacomo, sui viaggi di Pacifici ha scritto e pubblicato il libro *Mototurista di lungo corso*. È sua l'emblematica frase che da tanti anni campeggia nell'ultima pagina delle dispense dei corsi Gsss Classic: «Morire per un rischio previsto e deliberatamente accettato vuol dire essere vittima del proprio ideale; morire d'un rischio che non si è studiato di scartare vuol dire essere vittima della propria stupidità».[7]

Non furono tanto il caratteraccio e l'intolleranza al caldo quanto piuttosto il fiuto della pubblicità, unito a un vero spirito avventuroso, a spingere Leopoldo Tartarini e Giorgio Monetti a macinare sessantamila chilometri intorno al mondo in sella a una coppia di Ducati 175 a coppie coniche, tra il 1957 e il 1958. Dodici mesi di viaggio ben organizzato e sostenuto dalla direzione commerciale della Ducati, in cui però capitò loro di tutto. Erano ancora tempi di colonie, imperi, personaggi letterari e pericolosi animali tropicali. Anni di avventura vera, senza GPS. I giovani Monetti e Tartarini vi entrarono dalla porta principale. Furono arrestati, rapinati, inondati, coinvolti in risse da marinai (con l'aiuto di quelli veri, della nave scuola Amerigo Vespucci) e accolti da bagni di folla a ogni arrivo annunciato di tappa. Un quarto di secolo prima, l'americano Robert Edison Fulton, da cui ho preso a prestito la frase in esergo di paragrafo, era stato il primo uomo a compiere un viaggio intorno al mondo in motocicletta. Da solo. Se qualcuno ci è riuscito prima di lui non ne ha lasciato traccia scritta, fotografica e persino cinematografica come ha fatto Fulton. Su YouTube circola un rozzo montaggio dei suoi filmati del 1932, riassunti nel documentario *Twice Upon a Caravan*. I primi decenni del Novecento erano ancora terreno fertile per gli audaci circumnavigatori del globo: i nuovi mezzi a motore come la motocicletta, l'automobile e l'aereo erano stati costruiti per accorciare le distanze e rendere il pianeta più piccolo. A un manipolo di coraggiosi, l'onere e l'onore di dimostrarlo con i fatti.

Quelli di Fulton, Pirsig e Berger sono nomi noti agli allievi del corso Gsss Special: li sprono a conoscerli meglio attraverso le loro opere spiegandone brevemente la differenza di approccio al motociclismo. Senza dimenticare che anche le signore hanno vissuto e scritto tante pagine memorabili, dalla globetrotter inglese Elspeth Beard ad Aloha Wanderwell, considerata la più grande viaggiatrice su due e quattro ruote degli anni venti e trenta. A quanto pare, fu la prima donna a compiere il giro del mondo su un'automobile. Il suo contemporaneo Fulton lo cito sempre volentieri per due ragioni. La prima è la sua straordinaria personalità, lo stile e la Leggerezza nell'affrontare e poi raccontare situazioni anche estreme. La seconda invece è riferita a una circostanza che non manco di ricordare ai miei allievi: il pericolo rappresentato dall'attraversamento della strada da parte degli animali. Da qualche tempo è possibile avvistare sul web la bella immagine di un cervo che attraversa la strada accompagnata dalla frase: «Non è il cervo che attraversa la strada, ma la strada che attraversa il bosco». Cambiare punto di vista è indispensabile per ricordarsi che nel giro di un istante potresti trovarti davanti un animale di grosse dimensioni. Al coautore di questo volume capitò in South Dakota con un bisonte. Pascolava bello tranquillo in mezzo alla carreggiata, proprio dietro una curva cieca. Quella tonnellata di pelliccia, carne e corna non si mosse di un centimetro, così la pachidermica Harley si coricò prudentemente a bordo strada. Invece, ad attraversare la strada di Fulton, stretta fra le risaie della Malesia, furono nientemeno che i pesci volanti!

Il più famoso dei maratoneti su due ruote è lo scrittore inglese Ted Simon, che nel 1977 avrebbe narrato la sua epopea in Triumph Tiger 100 durata ben quattro anni nel libro *I viaggi di Jupiter*,[8] oggi un classico dell'*overland*. Nel 2001, a settant'anni suonati, Simon ha ripetuto lo stesso percorso di 103000 chilometri attraverso 45 Paesi. Anche questa impresa è stata narrata e pubblicata, con il titolo *Sognando Jupiter*.[9] A lui si è ispirato l'attore scozzese Ewan McGregor per tre lunghissimi documentari di viaggio in moto, in coppia con Charley Boorman (figlio del più famoso regista John). Il primo, *Long Way Round* del 2004, è stato un viaggio intorno al mondo da Londra a New York passando per l'Europa, l'Asia e, attraverso lo stretto di Bering, il Nord America. Tre anni dopo è seguito *Long Way Down*, dal Nord della Scozia a Città del Capo, in Sudafrica. Sempre in sella a una coppia di BMW GS Adventure, passata da 1150 a 1200 centimetri cubi. Ha concluso il ciclo l'inevitabile *Long Way Up*, a salire dall'estremo Sud della Terra del Fuoco fino a Los Angeles. Nella terza avventura, i due attori hanno guidato una coppia di Harley-Davidson LiveWire elettriche, con tutti i problemi possibili legati alla ricarica, ma anche le comodità del caso. Con quel nome letterario che si ritrovava, nel 1982 la giovane architetta Elspeth Beard scelse di caricare la sua amatissima BMW R60/6 e partire da sola per lasciarsi alle spalle un amore finito male, come da copione un po' melò. Ciò che emerge dalla sua impresa è il rapporto intimo, intensissimo, instaurato fra la viaggiatrice e la motocicletta, ben più di un semplice mezzo con il quale girare il mondo. La sua esperienza di viaggiatrice è raccontata nel libro di memorie *Lone Rider*.[10] Oltre che molto carina, Els era davvero una tipa tosta: armata di pochi utensili e del provvidenziale manuale d'officina Haynes, era in grado di smontare e riparare la BMW quasi sempre da sola. Sotto quest'aspetto, balza agli occhi la differenza con l'atteggiamento di Ted Simon, che considerava le frequenti panne delle spiacevoli seccature da risolvere, meglio se da un meccanico locale. Quando, vent'anni dopo, passò alla BMW R80 GS per bissare l'impresa, Jupiter diede la sensazione di non riuscire a capire e apprezzare fino in fondo una moto concepita per viaggiare su ogni tipo di fondo, dall'asfalto alla nuda terra, ben più della Triumph Tiger 100.

Per quanto avventurose, quelle dei grandi viaggiatori sono esperienze che ogni motociclista vorrebbe vivere, a parte la lombosciatalgia e gli incontri ravvicinati con le bestie. Fulton, Simon e la Beard le avevano compiute da soli, senza troupe al seguito, furgoni, auto di appoggio e hotel pluristellati ad attenderli. Quando il sole si accucciava dietro il deserto o le montagne, li aspettavano solo l'incontro con popolazioni straniere, che a volte ostentavano indifferenza, se non aperta ostilità; e le pagine bianche del taccuino, da infittire di parole con le impressioni e gli episodi della giornata. In fondo, era questo il bello. Un lungo respiro di vita vissuta, ma vissuta davvero, prima di rituffarsi nell'apnea dell'ordinario, nel tritacarne del destino sociale e professionale. Ai tempi delle prime esperienze giovanili in moto, la mamma mi raccomandava sempre: non andare via da solo, cerca qualcuno che venga con te, così se succede qualcosa ti può aiutare. E a dire il vero, ha continuato a raccomandarmelo fino alla mezza età – una mamma è una mamma, in Italia. Per essere sincero, di viaggi in moto abbastanza avventurosi ne ho fatti diversi, mai in solitaria però. Fra i tanti bellissimi ricordi, anche quelli di un paio di situazioni che, ad averle potute capire prima, sarebbe stato bene evitare. L'incontro memorabile accadde quando avevo vent'anni, in un campeggio di Salonicco trascorsi qualche giorno di vacanza addirittura con un superviaggiatore, colto durante il suo infinito giro del mondo. Si chiamava Charles Batham, era partito dalla sua casa di Londra sette anni prima sulla Honda Gold Wing GL1000 prima serie. Il carrello autocostruito che trainava non solo conteneva tutti i bagagli suoi, ma anche quelli della compagna: aveva sedotto la bella Monique in Messico tre anni prima e da allora non l'aveva più lasciata. La sera, il loro magico *trailer* si trasformava addirittura in una comoda alcova. Negli spaziosi gavoni sotto il letto, fra ricambi di ogni genere, ricordo di aver visto anche un Kalashnikov! Da qualche parte devo ancora avere un paio di copie della rivista *La Moto* con il racconto di Charles a puntate e le foto che ci ritraggono insieme.

Il viaggio in solitaria non è sempre possibile, o necessario. Generalmente nasce dalla voglia di restare un po' con se stessi, ma anche dalla difficoltà di reperire un altro motociclista sopportabile nella buona e nella cattiva sorte, ardito e vagamente cerebroleso, con sufficienti tempo e denaro da perdere. Aggiungete la praticità di non essere costretti a spiegare, giustificare e condividere ogni decisione con un compagno di avventure. Nel nostro piccolo, anche per un solo weekend, viaggiare in compagnia può essere più bello. Poche esperienze come la condivisione della strada cementano i rapporti fra le persone – o li demoliscono del tutto, a seconda di come vanno le vacanze. Quando si viaggia da soli, si tende sempre a tirare dritto inseguendo l'irrequietezza. Le tappe si allungano, le soste si restringono al tempo del pieno, della sigaretta per chi fuma, dell'essenziale insomma. La dimensione giocosa si allontana sempre un po' per lasciare più spazio all'elucubrazione, l'orizzonte si stempera nella foschia dei pensieri. Il tempo regalato dall'imprevisto, dall'imponderabile, dall'evento fortunoso, diventa merce più rara. Si resta come ostaggi temporanei di una tratta che si allunga sempre di qualche chilometro di troppo. Da soli, bisogna nutrire la sensibilità per se stessi, alimentare costantemente la curiosità, possedere il senso dei propri limiti e un certo gusto del cazzeggio. Non tutti riescono a stivare queste qualità nelle borse e, comunque, un viaggio in moto non è come l'azienda del famoso proverbio: funziona anche con un numero di soci dispari superiori a uno e con dei compagni di strada alla pari. Anche pochi, ma buoni. Non c'è dubbio. In questi casi, l'armonia viaggia sul battistrada impalpabile dell'intesa, dei piccoli gesti. Sulla leggerezza e l'esattezza della sincronia multipla con la moto e con il partner. In viaggio con gli altri ci si rilancia la palla, l'interazione in sella è continua. Nell'altro o negli altri motociclisti ci si rispecchia in un continuo rimando di muta e mutua ispirazione. Anziché rinchiudersi nell'azione martellante di tritare chilometri e accumulare respiri e paesaggi come se fossero cartoline immateriali, perché irriproducibili anche dalla migliore delle fotocamere, con il compagno di viaggio giusto è più difficile rinchiudere le sensazioni nel casco. Si è più portati alla discussione, all'esplorazione e al contatto con le persone che capitano.

La mia è una riflessione soggettiva, influenzata dal carattere e indotta dal temperamento. Per ogni viaggiatore, la dimensione sfuma in infinite gradazioni di toni. Quale che sia, sapete bene che un viaggio ben riuscito nasce sempre dalla preparazione. Da Fulton all'ultimo dei *vlogger* di YouTube, ogni motociclista si preoccupa sempre di mostrare l'assortimento di abiti, ricambi e aggeggi vari che si porta dietro – anche perché spesso deve giustificarne l'omaggio, meglio noto come sponsorizzazione tecnica. Dalle candele al cane, l'importante è saperli disporre in modo equilibrato. Per caricare i bagagli, l'industria degli accessori da moto offre una varietà di soluzioni ampissima, insperata anche solo vent'anni fa, quando elaborammo la teoria del primo corso Gsss. La scelta più ovvia sono le borse laterali, alle quali è consigliabile applicare la legge della bilancia, pareggiandone il peso. Le valigie rigide, spesso previste dalle case come primo o secondo equipaggiamento sulle tourer, offrono diversi vantaggi: la maggiore impermeabilità e robustezza, il contenuto più ordinato, le serrature antifurto. Di contro, le borse morbide e semirigide, originali o *aftermarket*, sono più economiche, si adattano meglio al tipo di moto, ingombrano a seconda del loro contenuto e spesso non richiedono staffe o telaietti di montaggio. Se si viaggia da soli, è possibile spostarle in posizione più avanzata, trasferendo il peso verso il baricentro; in ultimo, sono più adatte alle sollecitazioni se il viaggio prevede molto fuoristrada di quello vero. Quando si fa affidamento sul portapacchi, controllate che sia ben saldo e mai caricato oltre ogni buon senso. Soprattutto quando è posto a sbalzo oltre l'asse posteriore, cioè di frequente. La soluzione migliore è: borse laterali e portapacchi per gli oggetti di uso durante il viaggio, più una borsa da serbatoio non troppo pesante e voluminosa, che grava verso il centro della moto. Il bagaglio dev'essere assolutamente saldo e sicuro. Per legare qualcosa, scegliete le cinghie con meccanismo di bloccaggio automatico. In alternativa, le corde elastiche (i «ragni») sono più comode, ma rischiano di sganciarsi con maggiore facilità. Sulla «ragnatela», la rete elastica, ci sarebbero un paio di cose da dire. Va considerata una possibilità aggiuntiva alle cinghie, o alle corde elastiche, per fissare qualcosa di leggero e di pronta estrazione, ma è meglio non affidarle l'intera responsabilità del carico sul portapacchi. Con il caldo, le vibrazioni e il peso, le sottili maglie elastiche tendono ad allentarsi. Massima attenzione nell'agganciarla bene. Ricordo ancora quando a un amico la ragnatela finì nella ruota posteriore a raggi, bloccandola. I bauletti? Non parlatemene neppure, non li ho mai potuti vedere. Al corso gli facciamo una guerra spietata. Comodi, comodissimi, per carità. Montati sul supporto al termine della sella e sopra il fanalino posteriore, però, spostano il peso in alto e oltre l'asse della ruota posteriore, a sbalzo. Anche quando è vuoto, il bauletto influisce negativamente sulla dinamica della motocicletta. Fa guidare peggio e – diciamolo – è clamorosamente brutto. Che senso ha lasciare casa e portarsi appresso una cassapanca?

Dal punto di vista dinamico, la moto a pieno carico non rinnega le proprie caratteristiche, ma si prende più spazio nella frenata e maggiore inerzia in ogni manovra. Bisogna ricordarsene nel percorrere i primi chilometri, o le prime manovre impegnative, per non ritrovarsi come un capodoglio spiaggiato. La moto carica richiede un'elasticità di guida che non metta in crisi il sistema moto-bagagli-passeggeri con operazioni brusche e poco armoniche. Il manubrio e le pedane, i nostri strumenti nella guida (e quindi di pressione per portare la moto in piega), devono essere utilizzati con misura, in modo fermo, mai brusco. Un'ottima pratica preparatoria al viaggio, che consiglio, è esercitarsi a utilizzarli in modo disgiunto l'uno dall'altro, per sapere a quale ricorrere nei momenti di pericolo improvviso. È così che prende forma l'unico stile di guida perfetto per il viaggio: quello duttile, che favorisce il lavoro della motocicletta e mette in campo tutta la sicurezza di cui è capace.

Scrivere del viaggio, dell'atteggiamento mentale che richiede nel prepararlo e affrontarlo, mi ricorda anche Pierre. È un caro amico parigino naturalizzato fiorentino, art director di fama internazionale e accanito fruitore della motocicletta. Nei primi anni novanta, Pierre Punginelli era avanti di vent'anni in fatto di special: qualcosa di simile alla sua l'avrei visto solo molto più tardi, alla gara di accelerazione Glemseck 101 sul vecchio rettilineo dell'ex Solitude, presso Stoccarda.

Aveva vestito una Honda 500 Four in modo originalissimo: un'affusolata carenatura a campana in vetroresina, realizzata con le sue mani, copriva l'intero avantreno di un sagoma lunga e bassa da gran premio, come quelle che si vedono nel film *I fidanzati della morte.* Aveva installato un fanale asimmetrico su un lato e una grossa presa d'aria sull'altro, per non mandare arrosto il quattro cilindri. Completava la carenatura un piccolissimo parabrezza in plexiglas, che non riparava dal vento neppure il mento del pilota. Era dipinta in bianco con grafica curatissima, come per tutte le sue moto. Lui la ribattezzò affettuosamente Il Siluro. In quegli anni, sotto Natale, Pierre viaggiava sempre da Firenze a Parigi e ritorno per andare a trovare *maman.* Fra le sue venti motociclette poteva sceglierne un'altra, più comoda e adatta allo scopo e alla lunga tratta, come certamente avrei fatto io. Poco importavano le previsioni del tempo, il gelo e magari la neve che avrebbe immancabilmente trovato dopo il Massif Central: nel 1995 scelse di partire, come sempre, con la sua ultima creazione, la nuova vamp, la preferita del momento. In buona sostanza, quella che gli andava di guidare. Potete immaginarlo? Per lui, quello fu l'anno del Siluro, un viaggio nell'emozione in purezza.

Note

[1] Lawrence Thomas Edward, *Lo stampo*, Adelphi, Milano 1996, p. 249.

[2] Calvino Italo, *op. cit.*, p. 120.

[3] Pieyre de Mandiargues André, *La motocicletta*, Feltrinelli, Milano 1967.

[4] Berger John, *op. cit.*

[5] Beauvoir Simone de, *I Mandarini*, Einaudi, Torino 1955.

[6] Fulton Robert Edison Jr, *One Man Caravan*, Elliot, Roma 2015, p. 14.

[7] Frontalini Costantino e Frontalini Giacomo, *Felice Pacifici. Mototurista di lungo corso*, Icilio Caciorgna, San Severino Marche 1999, p. 9.

[8] Simon Ted, *I viaggi di Jupiter. Il giro del mondo in motocicletta*, Elliot, Roma 2010.

[9] Simon Ted, *Sognando Jupiter. Il giro del mondo trent'anni dopo*, Elliot, Roma 2011.

[10] Beard Elspeth, *Lone Rider. The First British Woman to Motorcycle Around the World*, Michael O'Mara Books, London 2017.

6

Consistenza e Coerenza

> Si conobbero. Lui conobbe lei e se stesso, lei conobbe lui
> e se stessa, perché pur essendosi saputa sempre,
> mai s'era potuta riconoscere così.
> ITALO CALVINO, *Il barone rampante*[1]

La lezione mancante

Consistenza e Coerenza sono i temi della lezione che Italo Calvino lasciò sospesa nella sua sapienza di letterato e divulgatore. Potrebbero, per noi, essere anche i più compositi, nel tentativo di farsi un'idea complessiva sul senso di questa articolata riflessione. Riepilogare e valutare la Consistenza di tutto quello che è stato detto sulle amate due ruote è indispensabile, si potrebbe dire addirittura doveroso, nei confronti del libro stesso e dell'idea che lo ha fatto nascere. La questione, adesso, è forse ancora più complessa di quello che si poteva immaginare. È stato possibile descrivere e spiegare il piacere, il senso e le qualità insite nel motociclismo con la Leggerezza delle parole? Posso assicurare di essermi e di avere adoperato quanto nelle mie possibilità per evitare la superficialità che incrosta il nostro tempo. Se in certe pagine *La curva perfetta* ti avrà fatto sorridere, ritrovare alcune sensazioni relegate ai ricordi, o magari scattare la molla di ragionamenti nuovi, ne sarò estremamente felice. Per valutare il senso della Consistenza dovrei chiedermi se, oltre che leggero, sono sempre stato abbastanza rapido e puntuale. Se ho inserito in curva il pensiero-moto nel punto giusto, se ho mantenuto o corretto tempestivamente la traiettoria migliore della narrazione. Se sono stato in grado di vedere abbastanza lontano per portarti, gentile lettore, in dirittura d'arrivo. Valutata la Consistenza della *Curva perfetta*, posso dirti che le considerazioni proseguono oltre le *six memos* calviniane dedicate – nel nostro caso – ai motociclisti del terzo millennio.

La Consistenza della scelta di muoversi in motocicletta, per necessità o diletto, è il primo valore che ha percorso i capitoli di questo libro. Ognuno guida per conto proprio, ma a volte è sufficiente un esempio per avvertire una rapida identificazione, la comprensione di un concetto, magari nuove opportunità di scelta per seguire un sentiero poco esplorato prima. È più facile migliorarsi aggiungendo curiosità e umiltà all'esperienza. È il segreto che non fa invecchiare davvero il motociclista, anche il cosiddetto «eternamente giovane» di una certa età, figura sempre presente e pimpante ai corsi Gsss. Ecco, al termine della lettura, un bel risultato della *Curva perfetta* sarebbe quello di farti provare la stessa certezza che provano i nostri allievi nel sentirsi motociclisti migliori. Poco importa se poi continuerai a trarre piacere nel confrontarti con il tuo istinto, direi primordiale, di motociclista. È sempre un indice di freschezza, il segno che non ci si stanca mai di sentirsi davvero tali.

Riflettendo sulla Consistenza, in un pomeriggio d'autunno ho pensato che avrei dovuto smettere di scrivere. Basta. Meglio aprire il garage, prendere una moto e andarci a fare un giro. Sarebbe stato consistente anche senza raggiungere nessun luogo in particolare, per quanto l'assenza della meta non sia mai stata uno stimolo ideale per me. Magari un percorso di media lunghezza, vicino a casa e naturalmente ad anello. La scusa giusta è stata quella di rivedere una strada recentemente riaperta, dopo anni di chiusura a causa di una frana. Mi sono chiesto se sarei stato capace di uscire dal bosco, considerando il fango e la marmellata di foglie morte sotto le gomme consumate. Bene: in piedi sulle pedane, un filo di gas e qualche minuto dopo, stavo percorrendo la stradina sterrata entusiasta e veloce. Raggiungo lo scollinamento a quota mille sul livello del mare con la solita manciata di gas. Il bestione non s'impenna più: giusto una raspata con il posteriore consumato, di alzarsi e trasmettermi subito il feeling giusto non se ne parla. Forse si è un po' spompato, dopo i primi centocinquantamila chilometri denunciati dallo strumento... Pochi minuti di guida fuoristradistica sportiva sotto i pini, prima di superare la Buca delle Fate e uscire sull'asfalto della SS67. Come al solito oscillo un poco per pulire l'impronta a terra e dopo appena un chilometro raggiungo il passo: non c'è nessuno! *Pape Satàn, pape Satàn aleppe!*[2] Che bellezza! Non si vede neppure il mio amico Marius, appassionato motociclista e collezionista che abita proprio lì, in cima al Muraglione. È un tipo preciso Marius, vero svizzero di Berna, capace di valutare la Consistenza in grammi: penso alle sue parti speciali ricavate dal pieno e a me mentre le osservo, i riccioli di metallo lucente che schizzano dal pezzo d'acciaio che gira sul tornio.

Sfilo accanto al Muro mentre il suono dello scarico rimbomba in quegli unici cinquanta metri dove la dura pietra si sostituisce al famoso «muro invisibile» che insegno a immaginare sulla linea di mezzeria, quella che dev'essere sempre considerata invalicabile. Inserita la quarta, saluto con la mano un indomito motociclista sbucato dalla nebbia romagnola. In realtà, fino a Osteria Nuova è terra di Toscana, ma per noi quassù, non appena si comincia a scendere di là dal passo è già Romagna. Dalla partenza da casa non sono passati neppure dieci minuti. Ripenso alla prima soddisfazione di essere riuscito a scappare dal bosco. Non potevo certamente darla per scontata. Non è un tratto troppo in pendenza, per la verità, ma con i due solchi profondi scavati ogni giorno dalle fuoristrada 4x4, i quattrocento metri viscidi sotto i faggi ormai quasi completamente spogli, navigare su venti centimetri di foglie morte impastate con tanto fango è sufficiente per capire che in certi giorni non è proprio il caso di avventurarsi fuori dall'asfalto. Con le gomme che mi ritrovo, poi, mettersi nei guai è inevitabile. Ma ce l'ho fatta. Mi aggiusto in sella e comincio a dondolare tra le curve, con la coda dell'occhio prevedo che tra non molto raggiungerò un autotreno in discesa. Che ci fa qui un TIR del genere? Sarà il solito camionista dall'Europa dell'Est che, per evitare l'autostrada, sceglie immancabilmente la montagna e la statale 67. Un'assurdità, specialmente in inverno e su una strada concepita e inaugurata nel 1836, come recita la lapide fresca di restauro piazzata in cima al Muraglione.

Cerco la posizione migliore in sella per la discesa con la consueta serie di piccoli esercizi, è una sequenza quasi automatica e indispensabile quando comincio a guidare sull'asfalto. Il risultato arriva presto, si concretizza nel mio ritmo ideale, la velocità è quella giusta, ma c'è dell'altro?

Sono molti anni che la parola divertimento mi sta stretta, in moto. Sì, mi diverto ancora nel riuscire a superare un ostacolo in fuoristrada, ma più che altro provo soddisfazione nel dimostrare a me stesso che ne sono ancora capace. Per quanto, in date circostanze, l'età anagrafica mi suggerisca maggiore prudenza. Allora metto il divertimento da parte. Potrei certamente provarlo se mi trovassi con un amico, a giocare come da ragazzi. Il fatto è che quel giorno sono uscito per cercare più Consistenza, sulle stesse curve percorse un milione di volte. Le traiettorie sarebbero state diverse dal solito, per via delle foglie morte che tappezzano l'asfalto umido, ma lo sapevo già. Specialmente con le gomme mezze lisce c'è poco da piegare, piuttosto meglio rallentare e prestare la dovuta attenzione. La guida sempre e comunque sportiva m'impegna abbastanza, resta poco spazio per quei formidabili pensieri che mi passano per la testa solo mentre guido. Pur mantenendo il ritmo mi rilasso, passa qualche chilometro e già sono in sintonia con i due quintali e mezzo della moto. Sento chiaramente che oltre alle gomme nuove avrebbe bisogno di una messa a punto, ma oggi posso accontentarmi. Tutto sommato è sempre comoda e molto piacevole da guidare, presa per il verso giusto fa ancora quello che decido io, quindi insisto a portarla dove voglio. Dopo il curvone a destra con le case di Fontanareda e il bivio per la Val di Meda a San Benedetto, passo sul ponte nel punto in cui l'Acquacheta e il torrente Troncalosso diventano il fiume Montone, dando origine all'omonima valle, come racconta Dante nel canto decimosesto dell'*Inferno*. Dove posso cercare un po' più di Consistenza? Magari nella tecnica di guida, un po' più rapida e precisa. Una serie di destra-sinistra in rapida successione è ideale, con il fondo asciutto per qualche centinaio di metri. Mi metto alla prova e allungo ancora un pochino per vedere se la coordinazione resta fluida: non guido da dieci giorni – e per me dieci giorni senza salire in sella non sono un periodo breve. Certo che di Consistenza su una 1200 da oltre duecentoquaranta chili se ne sente parecchia, adesso che scivola vedo che l'asfalto è asciutto, ma sporco. A ogni inserimento in curva devo considerare che scarroccia di qualche centimetro come una barca a vela di bolina. Dovrei semplicemente ridurre i termini della questione al peso di moto e pilota, con relativa inerzia? Rappresenta pur sempre una forma di Consistenza. Mi torna in mente Marius mentre soppesa con la mano il pezzo ricavato al tornio, ancora prima di affidarlo al verdetto della bilancia, magari con l'intenzione di risparmiare qualche grammo. Mentre soppeso la mia, di Consistenza, non mi stupisco nel considerare che il movimento armonioso e preciso fa scattare come sempre la magia della Leggerezza. Non starò provando l'entusiasmo di guidare una moto nuova di zecca, ma dopo qualche chilometro mi sento già meglio. Avevo proprio bisogno di un giretto e infatti il bello comincia ad arrivare. Si manifesta in tutto ciò che mi sta intorno, nella varietà dei colori incredibili del bosco nell'autunno inoltrato, fino alle gradazioni di grigio delle rocce asciutte o bagnate ai lati della strada.

Rallento e mi sporgo a destra per avvistare il Montone giù in fondo alla valle, per un istante lo intravedo. Superato l'autotreno che avevo notato dal passo, incrocio, saluto e sono prontamente ricambiato da un altro motociclista. Non nascondo che la differenza tra gli sporadici incontri di oggi e quelli, insopportabili, in tante altre situazioni è sostanziale. Il cenno con la mano non è un'abitudine. Il mio significa «ti vedo, ti rispetto, ti stimo e ti saluto, amico e fratello motociclista». Basta un segno veloce con la mano, parlare non serve. Invece molte, intense parole potrei rivolgere ai deficienti esagerati e contromano che mi capita spesso d'incrociare. Certi pseudo-motociclisti rappresentano l'anti-Consistenza, il vuoto pneumatico che contribuisce a formare l'anticlimax. Dopo Bocconi e il suo incrocio molto pericoloso giro a destra, nonostante i cartelli continuino a dichiarare che la provinciale 25 della Valbura sia chiusa per frana. Per le condizioni del fondo e la vegetazione ai lati, sembra di avventurarsi su una strada abbandonata. Bene, è proprio quello che cerco. Non tanto per il paesaggio stupendo di uno dei valichi più remoti e selvaggi di questa zona – e per soddisfare la mia proverbiale misantropia –, ma proprio per il desiderio di scivolare a bassa velocità e salire di quota per un tracciato che ricordavo pochissimo. Ora che la frana è stata sistemata, tengo gli occhi spalancati per vedere, anzi per «sentire», tutto quello che c'è. Negli ultimi anni, da quando ho iniziato a utilizzare le *Lezioni americane* di Calvino come metafora di quanto stavo cercando di comunicare, è successo diverse volte che alcuni allievi dei corsi Gsss Special, specialmente quelli più attenti e sensibili, mi abbiano chiesto perché non avessi pensato di scriverci un libro. Mancava il tempo, o la voglia, mentre si preferiva ragionare su come trasferire il contenuto dei corsi Gsss sul canale YouTube. Fatti salvi pochi, mirabili esempi di prove e tutorial effettivamente ben confezionati da veri professionisti, oggi c'è sovrabbondanza di videoclip inutili. Li fanno un po' tutti, magari blaterando un italiano raccapricciante e semidialettale. Nessuno scrupolo, o timore di fare figuracce, per questa nuova generazione di pseudo-anchormen e insegnanti del nulla: qualsiasi cosa va bene, se porta un milione di *like*... Ecco perché mi sono finalmente deciso a dare prova di Consistenza e scrivere *La curva perfetta*. Per raccontare com'è andata in questi primi vent'anni, da *Curve&Tornanti* a Gsss. Per testimoniare in prima persona cosa è accaduto davvero, cos'abbiamo trasmesso. Per dare idealmente voce a chi in tutti questi anni ha partecipato con lo spirito giusto a questa bella storia. Se proprio devo dirlo, la ragione principale è stata questa: l'idea di realizzare un oggetto, un libro consistente che sarei stato orgoglioso di tenere fra le mani. Da rileggere e aggiornare con i miei appunti, come faccio spesso. Per la soddisfazione di riporlo nello scaffale insieme ai più importanti che ho letto e riletto per tutta la vita. Qualcosa che racchiudesse tutto ciò che sono e tutto ciò che vorrei comunicare, dai consigli di guida, se possibile ben argomentati, fino alle emozioni più intime. Volevo che ci fosse tutto quanto può essere davvero utile sapere al motociclista del terzo millennio, tra queste pagine di carta che puoi far frusciare accanto all'orecchio, toccare e annusare. Puoi leggerlo anche in formato digitale, su un tablet, ma per questo dovrai fare a meno del piacere di piegare l'angolo di una pagina per ritrovare un passaggio che ti ha colpito. Anche a questa forma personale di Consistenza e Coerenza ho pensato nello scendere i tornantini a scaletta dal passo Manzo, sorvolando in leggera planata il villaggio di Premilcuore. Per poi risalire nella nebbia sempre più fitta al passo dei Tre faggi e, contento, rivedere casa.

Conclusione

Al momento di tirare le somme, non posso non domandarmi cos'avrebbe insegnato Italo Calvino a proposito della *Consistency*, in inglese, così come ha lasciato scritto di suo pugno. Ora la strada che hai davanti è vuota. Più libera? Puoi dare tanto gas da strappare gli specchietti? No, non proprio. Ti appartiene. Puoi farci quello che vuoi, quando vuoi, per andare dove vuoi. Con tutta la responsabilità e la serietà che comporta questo gioco bellissimo che è l'andare in motocicletta. Come si conclude un libro di note per il terzo millennio? In una conferenza del 1983 tenuta alla Columbia University di New York, fu lo stesso Calvino a dire come aveva reso *Le città invisibili* fluido e liberamente leggibile: «Questo libro è fatto a poliedro, e di conclusioni ne ha un po' dappertutto, scritte lungo tutti i suoi spigoli». Al motociclista il piacere di trovarle.

Note

[1] Calvino Italo, *Il barone rampante*, Einaudi, Torino 1957, p. 182.

[2] Dante, *Inferno*, VII, 1.

Che cosa c'è dietro la prossima curva

Da *Curve&Tornanti* al progetto Gsss

Prima del Gsss c'era *Curve&Tornanti*. Raccontare com'è andata e tutto quello che è successo nei suoi primi vent'anni richiederebbe davvero tanto spazio. Preferisco ricordare gli aneddoti che hanno permesso di cambiare velocemente le carte in tavola alla vita mia e di Gianni Giorgi, con il quale iniziai quest'avventura nel 2000. Senza dubbio, l'esperienza come disegnatore e poi come art director, le attività svolte con successo nei vent'anni precedenti, così come la professione di fotoreporter e giornalista di Gianni, hanno rappresentato moltissimo per la nostra nuova attività. In virtù di un'idea totalmente nuova, non abbiamo avuto alcun bisogno di reinventarci: all'inizio si trattava semplicemente di essere più che mai noi stessi, con un plus di entusiasmo a disposizione in quel particolare periodo storico di grandi innovazioni. Si trattava di tracciare una nuova strada sulla quale ci auguravamo di trovare uno spazio personale da costruire quasi su misura, per manifestare sia la passione per le motociclette e per il nostro territorio, sia una parte ancora inespressa delle rispettive esperienze professionali.

Alla fine degli anni novanta, la rivoluzione tecnologica e culturale legata al digitale stava cambiando il mio lavoro e i ruoli ben definiti con i quali ero cresciuto in diverse agenzie di pubblicità, in Italia e in California. Se volevo continuare come professionista, non avrei potuto concedermi ancora per molto il privilegio di abitare in campagna, benché a non più di venti minuti di moto da Firenze, dove avevo lo studio e mi recavo quasi ogni giorno. Non bastavano più le trasferte periodiche nell'ormai ex «Milano da bere» di quegli anni. Se volevo ottenere risultati nuovi e commisurati a ciò che avevo già fatto, era il momento di cercarsi un bilocale in affitto nella metropoli lombarda. Nello stesso periodo, Gianni stava vivendo un disagio tutto sommato simile al mio con le redazioni milanesi. Soltanto le nostre moto, la bella Toscana, gli amici, le mogli e fidanzate che ci stavano intorno avrebbero potuto salvarci.

Come svoltammo? Grazie a un gelato. Durante un bel giro in moto, era un giorno di primavera inoltrata, ci fermammo a mangiarlo a Firenzuola. Il piccolo bar si trova proprio a un incrocio e guardavamo l'andirivieni degli altri motociclisti. A un tratto, mi scappò a voce alta: «Se invece di essere qui in moto avessero gli sci ai piedi, sarebbe come trovarsi a Corvara, in Val Badia. Si può partire per una pista diversa in ogni direzione, tanto sono tutte magnifiche e collegabili». Come Corvara è in una posizione strategica rispetto al famoso anello del Sella, sulle Dolomiti, così Firenzuola è il crocevia delle nostre amate strade dell'Appennino tosco-romagnolo. Anche per la loro storia, dal circuito stradale del Mugello alla Mille Miglia, sono il cuore della passione motoristica più antica. Per associazione di idee, mi ricordai di un articolo davvero ben scritto sullo Snake Pass nel Derbyshire, letto da poco sull'inglese *Classic Bike*. Nacque così l'idea di realizzare un librettino di piccolo formato che contenesse i migliori itinerari in moto, consigli pratici e magari delle gag. Contraddistinto dall'assoluta autenticità e dallo stile completamente nuovo, a misura di motociclista. Che si sarebbe chiamato *Curve&Tornanti* lo decidemmo subito, a gelato finito. Il primo numero sarebbe stato dedicato ai passi «di casa». Io avrei realizzato il logo e le illustrazioni, Gianni avrebbe scritto i testi, raccontando tutto quello che c'era da dire e sapere. All'idea fecero rapidamente seguito un primo progetto e un menabò fatto a mano, con il logo originale, una bozza della copertina e, all'interno, i *roughs*, gli schizzi dei primi itinerari con le righe di testo finto, com'ero abituato a fare nel mio lavoro per un qualsiasi *layout*. Cogliemmo al volo l'occasione di testare l'idea grazie all'amico giornalista Marco Masetti, che proprio in quel momento stava realizzando una serie di nuovi articoli per *Motociclismo*. Il format si chiamava *Le strade più belle d'Italia*. Sul numero 8 di agosto 1999 uscì il suo pezzo intitolato «I diavoli del Muraglione». Nelle foto, con Marco che provava un'Aprilia RSV 1000 nuova di fabbrica, insieme a Loris Reggiani e Bruno Casanova, oltre a un manipolo di amici romagnoli, c'ero anch'io con la mia special BMW battezzata Von Richthofen. Nell'articolo compariva anche un riquadro dedicato al nostro libriccino: 100 pagine dense di illustrazioni e testi inediti per 15000 delle vecchie lire. Nel giro di pochi giorni ricevemmo un centinaio di richieste del primo numero, che in realtà era ancora tutto da fare!

Preparato rapidamente il piano operativo, raccolte le informazioni, si trattava di descrivere la strada nel suo spirito più autentico: classificandola, per esempio, secondo la tecnica di guida che richiede e le diverse opportunità che offre. *Curve&Tornanti* avrebbe dovuto essere una pubblicazione snella che raccoglieva le dritte necessarie alle soste, le informazioni utili sulle stazioni di servizio e i meccanici. Nulla andava trascurato, dai punti panoramici alle postazioni dei famigerati autovelox, che cominciavano a diventare sempre più invadenti. Nelle illustrazioni il tracciato evoca il genere di strada, non è mai una mappa. Se certi miei disegni ne ricordano una, è perché rievoca quella che da bambino tracciavo per scovare il tesoro dei pirati. Consigliavamo di associare a *C&T* una buona cartina stradale, visto che i GPS erano pochissimo diffusi. Le nostre informazioni utili non erano copiate dalle guide turistiche: consigliavamo la sosta in un punto abbastanza suggestivo per sedurre la passeggera, la trattoria nascosta dove mangiare i migliori tortelli del Mugello. Ovviamente, l'entusiasmo era inversamente proporzionale al budget: il progetto iniziale era autofinanziato. Però volle il caso che un bel giorno, proprio mentre eravamo in giro a prendere note tra il valico di Croce ai Mori e il passo dei Mandrioli, ci trovammo davanti alle vetrine della Motorranch di Bibbiena, in provincia di Arezzo. Il negozio gestito da Rolf Niebel offriva di tutto, specialmente abbigliamento e accessori importati dalla Germania a prezzi molto convenienti. Gianni e io ci fermammo e, comprate due cose, raccontammo al titolare cosa stavamo facendo. Andò che in venti minuti trovammo nel berlinese toscanizzato il nostro primo sponsor: «Mettiamo la pubblicità di Motorranch su *Curve&Tornanti*, voi mi date mille copie che io posso vendere per rientrare dell'investimento e il resto è guadagno».

I primi mesi del 2000 smentirono ogni profezia menagrama dei Maya e, alla fine di aprile, portarono in stampa il primo numero di *C&T*.[1] Lo presentammo in maggio, a modo nostro, al circuito internazionale del Mugello, nel weekend del gran premio. Mentre Marco Masetti, autore dell'introduzione, girava per la sala stampa indossando la nostra misteriosa t-shirt nera con il logo di *Curve&Tornanti* in rosso, avevamo posto in vendita i *pocketbook* sotto l'ombrellone posizionato davanti a un incredibile pullman Kässbohrer-Setra nero opaco da dodici metri: era il negozio viaggiante di Motorranch, addobbato di adesivi e scritte a dir poco inquietanti. Eravamo gasatissimi, ma le vendite quel giorno non andarono granché bene. Ci rimanemmo un po' male, del resto il pubblico eterogeneo del Mugello non costituiva proprio il target giusto. Invece fioccavano gli ordini via e-mail. Soprattutto, fu la nostra particolare idea di distribuzione a fare il successo di *C&T*. Si poteva trovare in vendita solo nei bar-ristorante sui passi. Cominciammo con i punti più famosi del primo numero: nello chalet sul passo della Raticosa ci pensava la simpatica Eloise, sul Muraglione *Curve&Tornanti* si trovava da Giovanni. Fu così che cominciammo anche a verificare quelli che – in base al maggior interesse dei clienti – sarebbero stati i più adatti a vendere il secondo numero, che naturalmente nell'estate del 2000 avevamo già in cantiere e sarebbe stato dedicato ai passi dell'Appennino tosco-emiliano, dalla Futa fino al Bocco, in Liguria. Non lasciavamo mai grandi quantitativi in conto vendita, 50 libriccini prendevano poco spazio, per portarli bastava uno zainetto ed era possibile consegnarli direttamente in moto. Ogni scusa era buona per farsi due curve, arrivare in cima al passo a prendere un caffè e, in certi casi, provare qualche strada minore sconosciuta, buona per collegare gli itinerari più importanti. Ne approfittavamo anche per prendere gli appunti aggiuntivi che avrebbero migliorato le edizioni successive. E così nel 2001, mentre il numero 2 era uscito sempre con una memorabile introduzione di Masetti,[2] pensavamo già di dar vita a un'intera collana; più o meno tutte le riviste di settore ci dedicavano spazio e s'intensificavano le collaborazioni commerciali.

Già dal primo numero, lo stile di *C&T* aveva creato una traccia da seguire, non tanto per percorrere questa o quella strada quanto per vivere una piccola avventura in motocicletta. Eventi e iniziative future avrebbero tradotto in realtà questa filosofia. Intanto, una prima celebrazione del successo della nostra formula fu la richiesta da parte del Touring Club Editore di progettare e realizzare la guida *Italia in moto*, che debuttò nelle librerie nel maggio 2003.[3] In 280 pagine, racchiudeva 43 itinerari indimenticabili in tutta Italia, con cartografia allegata. Al progetto, curato da Gianni Giorgi, collaborai raccogliendo informazioni e provando alcune tracce. La novità fu salutata dal pubblico dei motociclisti con tre ristampe e due edizioni, niente male. Non c'era da sorprendersi: nello stesso periodo, il mercato della moto in Italia scalava oltre quota trecentomila esemplari venduti (più gli scooter), la fame di belle strade era tanta. E sarebbe cresciuta costantemente. La collaborazione con il Touring Club proseguì con la più ambiziosa guida *Europa in moto – Dalla Scandinavia alla Spagna alla Grecia: 40 grandi viaggi per chi ama le due ruote*.[4] Anche questa fu ristampata più volte. Realizzata in collaborazione con il periodico *Mototurismo*, era completa di una raccolta pieghevole di cartografie dettagliate. Il successo delle due pubblicazioni fu tale da essere in parte riprese e inserite nel libro *Europa en Moto* da parte dell'editore spagnolo Anaya Touring Club.[5] Non solo: finirono per essere allegate alla *Gazzetta dello Sport* e al *Corriere della Sera*. Furono anni di lavoro e di crescita: dal 2002, *Mototurismo* inaugurò anche una seguita rubrica fissa, *A spasso con Curve&Tornanti*, nella quale ogni mese raccontavamo con un testo e delle illustrazioni un percorso che, secondo noi, valeva la pena di essere vissuto in sella almeno una volta nella vita. La rubrica si sarebbe protratta per qualcosa come dodici anni, svelando oltre cento percorsi su e giù per l'Italia!

Insomma, cominciavamo a essere notati. Un giorno, da Borgo Panigale arrivò la richiesta alla giovane società Garage 960 Snc di elaborare degli itinerari giornalieri di grande suggestione turistica e sportiva per il WDW (World Ducati Week) del 2002. Era il primo, grande raduno biennale organizzato per i ducatisti, giunti in moto da mezzo mondo. Noi si giocava in casa e, per l'occasione, decidemmo di ristampare la versione aggiornata del primo *C&T*, che era andato rapidamente esaurito diventando un libretto di culto. Eccoci dunque al WDW, impegnati con un gruppetto di amici-collaboratori di comprovata abilità ad aprire sulle *nostre* strade gruppi di cinquanta-settanta motociclisti: una cosa mai provata prima. Ci trovammo di fronte a una realtà che non avremmo potuto immaginare. E ci rendemmo rapidamente conto di come la maggior parte dei motociclisti fosse in sella a motociclette sportive italiane eccellenti, ma guidate in modo approssimativo e soprattutto assai rischioso. Senza essere in grado di apprezzarle, di gustare il piacere della guida su una strada di montagna con quell'andatura sportiva, armoniosa e sicura che permette a un motociclista esperto di scorrere fra le curve godendosi (anche) il panorama circostante. Effettivamente, fin dal primo tour cominciarono ad arrivare dichiarazioni di fiducia e tante richieste di consigli specifici. Un dettaglio non irrilevante è che fossero soprattutto gli stranieri a richiedere la possibilità di altri incontri su tracciati più brevi, studiati apposta per imparare le traiettorie migliori. Gianni e io ci pensammo un po' su, anche perché, sempre nel 2002, altre aziende del settore ci ritenevano i migliori esperti delle strade più motociclistiche della penisola. Ci contattò Aprilia, stavolta per collaborare alla presentazione stampa, non su pista ma su strada, della prima RSV 1000 Tuono R – a tiratura limitata di soli 200 esemplari. Riuscimmo a organizzarla realizzando anche un piccolo *leaflet* in stile *C&T* con le mie illustrazioni, sulla famosa strada statale 67, la Tosco-romagnola che sale al mitico passo del Muraglione e di cui ormai sai già tutto. Fu un successo: le Aprilia Tuono R andarono rapidamente esaurite, quindi eccoci nuovamente affiancati allo staff Aprilia nell'organizzare la presentazione della nuova RSV 1000 Tuono Fighter. Stavolta suggeriamo il tracciato veneto Caprino-Spiazzi. Famoso e celebrato perché su quei 7 chilometri e 300 metri si teneva una famosa cronoscalata per auto sportive. Oltre alla presentazione e al primo grande raduno AWM (Aprilia World Meeting) organizzato a Noale, ci trovammo anche a pensare e a vivere in prima persona un articolato progetto che aveva lo scopo di far apprezzare la nuova bicilindrica proprio in eventi dinamici stradali. Così, con la formidabile Tuono progettata da Klaus Nennewitz, una moto che resterà per sempre nella mia memoria, mettemmo a punto per il 2003 una serie di appuntamenti da maggio a settembre. Furono battezzati CAsT (Con Aprilia sui Tornanti): nove date open sparse per la Penisola, ognuna sulle strade locali più famose, quelle dove si celebra il rito della gita sportiva domenicale in montagna. I gruppi erano eterogenei per età e tipo di moto, ma notammo che lo schema comportamentale dei partecipanti si ripeteva ogni volta. Sulle strade di casa loro, fin dalle prime curve i motociclisti locali ci sfidavano per stabilire – in un pugno di chilometri – chi sapesse andare più forte. Con l'inevitabile smanettone pronto a prendersi un rischio di troppo. Tra contenimento e dimostrazioni di capacità di guida mirate, il nostro vero obiettivo era ottenere una sorta di promozione sul campo: da autori di *Curve&Tornanti* a «piloti alfa» e capigruppo. E puntuali arrivavano le richieste di qualche consiglio per acquisire la capacità non di correre ma di scorrere prendendosi qualche rischio in meno. Non disponevamo ancora di un preciso protocollo e della proverbiale progressione didattica che arriverà con i corsi Gsss, ma i buoni consigli arrivavano al segno e i risultati dei nostri esperimenti con la comunicazione non verbale iniziavano a diventare sempre più interessanti. Ormai, era questa la nostra specialità, il nostro marchio di fabbrica. Tra le esperienze stradali come tour leader, fu importante quella al Trofeo Centopassi del 2003. In quell'occasione fu Ducati a scegliere la formula su strada per presentare il suo nuovo modello, la Multistrada

1000 DS. Il Centopassi è una vera e propria gara di regolarità sulle strade delle Dolomiti – non per nulla queste montagne sono il tema del nostro terzo volumetto pocket *Curve&Tornanti*.[6] L'esperienza fu più rilassante perché ci trovammo alla guida di due gruppi di motociclisti che seguivano lo stesso percorso, ma da turisti, senza l'assillo del cronometro. Era la situazione ideale per maturare come istruttori perché ognuno poteva contare sulla preziosa collaborazione di un paio di agenti motociclisti della Polizia Stradale che, senza dubbio, contribuirono a dare una calmata a tutti e, a fine giornata, ci ringraziarono per le dritte sulla tecnica di guida e le nozioni apprese.

Occorre ricordare che a cavallo del millennio la performance era diventata un'ossessione per i motociclisti italiani. Una frenesia esaltata dai modelli performanti che spopolavano sul mercato, di conseguenza glorificata da testate come *Superbike* e *Super Wheels*, che giocavano sulla velocità e sulla spericolatezza per cementare una base di lettori entusiasti e fanatici. Quella tendenza fu amplificata dal nuovo fenomeno dei forum online: i motociclisti avevano scoperto Internet, la nuova frontiera, e la sfruttavano per scambiarsi pareri sulla guida, quali parti speciali montare sulle proprie moto e dove darsi appuntamento per sfidarsi. La saponetta – cioè la protezione al ginocchio – grattata sull'asfalto in curva diventò il must da esibire al bar da ogni proprietario di naked (il nuovo segmento prestazionale inaugurato dalla Ducati Monster), sportiva o supersportiva. Mentre ogni anno che passava i Costruttori alzavano l'asticella dell'arsenale tecnologico secondo la formula «un cavallo in più per un chilo in meno» e i motociclisti si farcivano la testa di chilometri orari, cominciavano a diventare più frequenti i frontali fra due moto, un tipo di incidente che indicava come, per andare forte, certi «fenomeni» non si facevano scrupolo nell'occupare tutta la strada.

Intanto, noi proseguivamo l'attività di *Curve&Tornanti* gestendone anche la parte commerciale. Erano passati due anni, il momento era giunto per pensare al WDW 2004. Al momento di elaborare le nuove proposte da presentare alla Ducati e dopo tutto quello che avevamo visto accadere sulle strade italiane, oltre ai tour inaugurammo l'iniziativa Safe Road Riding. Era una serie di corsi quotidiani di guida sicura su strada, fra teoria e pratica, in cui gli autori di *C&T* si presentavano ufficialmente per la prima volta nei panni di istruttori. Fu un buon successo. Nella nostra piccola scuola capitava anche chi, pur guidando in modo eccellente, partecipava per rendersi conto di cosa si trattasse. E magari, data la notorietà che avevamo conquistato nell'ambiente grazie a *Curve&Tornanti* e a numerosi articoli apparsi sulla gran parte delle riviste di settore, anche per la buona occasione di fare semplicemente due curve insieme. Nella Safe Road Riding erano in nuce i tratti che oggi contraddistinguono i corsi Gsss. Accarezzavamo già l'idea di farne un progetto autonomo, ma operando in una veste istituzionale e con un'impostazione professionale, senza attribuirci qualifiche in modo autoreferenziale. Evidentemente, la Federazione motociclistica italiana era il nostro punto di riferimento. Nel 2005, grazie all'interessamento di Massimo Mita, un vecchio amico e appassionato conosciuto fin dai tempi della Scuderia Selene di Firenze, al tempo responsabile del Registro storico Fmi, fissammo un appuntamento al Centro tecnico di Polcanto con Fabio Larceri, vicepresidente Fmi e responsabile del Settore tecnico. Il progetto fu approvato e stilammo insieme il primo calendario di corsi di Guida dinamica sicura su strada col marchio registrato Gsss: non esisteva nient'altro di simile allora in Italia. Il nuovo progetto Gsss era costituito da sei appuntamenti programmati e progettati con cura e si avvaleva della supervisione del tecnico federale Antonio Vitillo. Fin da subito, trovammo sede nel Centro tecnico federale Bruno Comanducci di Polcanto, creato negli anni settanta, fino ad allora utilizzato da Fmi soltanto per iniziative legate all'attività fuoristradistica. Era la base ideale per questo tipo di corsi di guida sicura, localizzato com'era vicino ai grandi passi dell'Appennino. Polcanto lo frequentavamo da quando eravamo ragazzi e, appena restaurato dopo un periodo di semiabbandono, era comodissimo: si trovava a due passi da casa.

Ormai, le collaborazioni con le maggiori testate del settore si erano intensificate, fra i tanti reportage in moto alla scoperta di percorsi sempre nuovi. Uno dei più famosi fu quello del 2006 per *Motociclismo fuo-*

ristrada. Ci affidò due Triumph Scrambler nella ex Germania Est, sulle tracce della mitica ISDT (International Six Days of Trial) del 1964, quella in cui aveva gareggiato Steve McQueen sulla Trophy TR6C, cioè l'antenata del nuovo modello inglese. Una foto scattata in quell'occasione mi ritrae mentre impenno una Scrambler: finirà stampata a dimensioni enormi sui teloni dei camion della Triumph Motorcycles Italia. Anche stavolta l'idea era partita dalla mia collezione di Classic Bike UK. Su quelle pagine scoprii un paio di cose notevoli. Devo ammettere che per accettare la prima mi ci volle qualche giorno: non fu Steve McQueen a fare il famoso salto del reticolato nel finale del film *La grande fuga* di John Sturges, ma il suo caro amico e pilota Bud Ekins! Sconvolgente... La seconda era che proprio con Ekins, suo fratello Dave e Cliff Coleman, il loro amico di scorribande nel deserto del Mojave, McQueen aveva partecipato alla Six Days del 1964 come pilota ufficiale del team americano nella Repubblica Democratica Tedesca, oltre la famigerata Cortina di ferro! Di qui l'idea di andare in Turingia a ricercare i tracciati delle prove speciali di quella ISDT. «Ma Carlo, quelle di adesso sono moto stradali!» mi fece notare l'allora direttore Roberto Ungaro, poi passato a *Riders*. Certo, ma non lo erano più di quelle del 1964. Sarebbe stato il primo pezzo tutto vintage, con le foto in bianco e nero, basato sull'autenticità dei fatti e sullo stile. Ancora oggi penso sia stata una delle più belle esperienze che ho vissuto, assolutamente incredibile sul piano umano per le testimonianze e l'emozione struggente degli anziani che vi avevano preso parte. Nel guardare le foto dell'epoca, finalmente potevano raccontare anche quello che, in piena guerra fredda, era proibito. Tra le altre collaborazioni, continuavo a disegnare tavole a fumetti del GarageDiabolico, pubblicate sulla rivista *Cafe Racer*.

L'impegno richiesto dai corsi Gsss era diventato a tempo pieno e, con la produzione dei nostri *pocket road-book* momentaneamente sospesa, per un certo periodo il blasone di *Curve&Tornanti* continuava a campeggiare esclusivamente sul dorso delle tute in pelle degli istruttori del team. Grazie alla nostra richiesta di istituzionalizzare tale ruolo, già nel 2006 la stessa Federazione motociclistica italiana decise di dare vita all'Albo Igs (Istruttori di guida sicura). A me e Gianni furono assegnati i cartellini numero 1 e 2: eravamo i primi istruttori qualificati sul territorio nazionale. Grazie alla nostra iniziativa, la federazione avrebbe introdotto i diversi albi di istruttori federali di specialità. Come la maggior parte delle altre federazioni sportive, prima del progetto Gsss la Fmi si era occupata quasi esclusivamente di agonismo. Esistevano già da tempo i tecnici federali, che in certi casi erano veri e propri preparatori atletici, o piloti professionisti che verso fine attività avevano deciso di dedicarsi alla formazione dei giovani.

Dal 2005 cominciammo quindi a mettere a punto ed evolvere costantemente il metodo Gsss, impostato su base logica, basato sulla conoscenza e sulla consapevolezza dell'essere motociclista e, successivamente, della motocicletta. La caratteristica fondamentale, di rottura rispetto al passato, fu la scelta di lavorare su strade di montagna selezionate con attenzione ma aperte al traffico. All'inizio degli anni duemila, le provinciali e le statali si erano affollate di moto. Pur con qualche alto e basso, il 2006 segnò un record di moto vendute in Italia, con 160000 esemplari in un solo anno. Una cifra alla quale si aggiungeva il fitto sottobosco rappresentato dal mercato dell'usato. Ecco perché i nostri corsi si svolgevano perlopiù durante la settimana e terminavano in genere all'ora di pranzo del sabato: il traffico automobilistico del weekend e la piccola invasione delle dueruote sulle strade di montagna avrebbero reso pericolosa l'attività. Nel frattempo, nel 2005, il nuovo mensile *DueRuote* aveva allegato al numero di lancio in edicola un'edizione personalizzata di *C&T* che raccoglieva i migliori percorsi contenuti nei quattro volumi già pubblicati. Il *Best of Curve&Tornanti* venne accolto benissimo dal mondo motociclistico italiano: 180000 copie tirate! Il successo non fu una sorpresa: *C&T* si era conquistato una discreta fama. Ricordo un programma di libri trasmesso da Rai2 che presentava una classifica di vendite settimanale di alcune importanti librerie. Quando toccò alla Libreria dell'Automobile di Roma e di Milano dell'editore Giorgio Nada, *Curve&Tornanti*[7] apparì a lungo come il secondo in classifica fra i titoli a tema motoristico. Sempre nel 2005 arrivarono nuove collaborazioni di prestigio. La prima con Dainese, azienda leader italiana da sempre impegnata nell'offrire capi tecnici di abbigliamento per migliorare la sicurezza dei motociclisti. L'altra con Moto Guzzi, in fase di eterno rilancio dopo essere stata rilevata dal Gruppo Piaggio e desiderosa di far conoscere e provare i suoi nuovi modelli. Proprio Dainese e Moto Guzzi furono i primi partner tecnici di Gsss.

Un'altra svolta importante giunse nel 2006 quando la Federmoto, oltre ad assicurarci un ottimo supporto logistico e organizzativo, indisse su nostra richiesta il primo corso di formazione e selezione per i nuovi istruttori di guida su strada. Il successo dei corsi Gsss aveva fatto emergere la necessità di nuovi docenti. Poiché l'attività si svolgeva su strade normalmente aperte al traffico, i candidati dovevano assolutamente avere tutti i requisiti in regola. L'abilitazione a questo tipo di insegnamento era riservato da Fmi ai soli tecnici federali, così per la prima volta Gianni e io diventammo istruttori formatori. Una figura innovativa in Italia. Durante i corsi di formazione avevamo la facoltà di invitare motociclisti speciali, capaci sia di guidare molto bene, sia di insegnare la materia a classi di allievi decisamente eterogenee. Sempre a partire da quell'anno, a Polcanto organizzammo anche la formula Gsss OnOff. Considerando che il Centro tecnico nacque intorno all'omonimo circuito di motocross e che tutta l'area offriva le caratteristiche ideali, ritenemmo che la guida su fondi non asfaltati, dove l'obiettivo sta nella conquista della stabilità in condizione di aderenza non costante, rappresentasse una nuova frontiera per conquistare un ulteriore margine di sicurezza. Contemporaneamente al nuovo Gsss OnOff, forti delle varie esperienze maturate da autori di reportage e guide di viaggio, inaugurammo i primi appuntamenti improntati al turismo. Il nuovo Gsss OnTour era un po' la nostra vacanza-studio in moto. Nel 2007 lo sviluppo, il successo e la crescente richiesta di iscrizioni portarono alla consacrazione e alla maggiore strutturazione sia dei corsi, sia del team, grazie anche all'impagabile collaborazione di Leonardo Lumini, presente fin dagli esordi e finalmente nominato istruttore formatore. Dal 2010 fui inserito nell'organigramma federale come responsabile per i corsi di guida sicura Fmi. L'incarico istituzionale che ho mantenuto fino al 2016 quando, in seguito al rinnovo delle cariche federali, il presidente Paolo Sesti cedette il posto a Giovanni Copioli e un tecnico sportivo, da noi formato con brevetto Igs nel primo corso per istruttori, sostituì Fabio Larceri alla direzione del Settore tecnico. Nel frattempo, anche attraverso Tommaso Pini, proseguiva l'intensa collaborazione di *Curve&Tornanti* con quasi tutti i periodici del settore moto per la produzione di reportage di viaggio. Fummo pubblicati su *Motociclismo*, *DueRuote*, *Motonline* e, dal 2007 per un paio di anni, anche su *Riders*, il neonato e innovativo mensile di *lifestyle* moto diretto da Roberto Ungaro.

La nuova era del Gsss fu inaugurata nel 2008 collaborando all'organizzazione di importanti eventi su strada, tra i quali il Centopassi e il Motogiro d'Italia. Fino al 2010 tracciammo circa duemila chilometri di itinerari per ciascun evento, su e giù per l'Italia e dintorni. E poi ci chiedono perché conosciamo tante strade per le moto! Sempre quell'anno, Dainese confermò il proprio supporto a Gsss e Yamaha Motor Italia subentrò a Moto Guzzi come partner tecnico. Con la Casa dei tre diapason c'era già un buon rapporto, iniziato fin dal 2004 con la produzione di alcune mini-edizioni di *Curve&Tornanti* studiate su tracciati dei loro annuali *demo rides* sulle Dolomiti, in Toscana e in Sicilia. Yamaha fornì ben otto nuove motociclette alla flotta della scuola e con questa novità arrivarono importanti passi in avanti nello sviluppo del Gsss. Oltre all'evoluzione costante del metodo Gsss, l'innovazione più significativa fu rappresentata dagli attestati di partecipazione con le diverse valutazioni di merito. Il Settore tecnico Fmi istituì il Registro degli attestati (numerati), con specifica valutazione su tre livelli: Centauro, che certifica di aver partecipato a un corso Gsss; Expert, che attesta la comprensione del metodo e una buona capacità complessiva in sella; infine Master, il terzo e più avanzato, che dà anche la possibilità di accedere ai corsi di formazione e selezione indetti dalla federazione per diventare istruttore di guida sicura. Considero questa fase il completamento del progetto Gsss. Costruito su una forte base etica, rappresenta un percorso circolare a partire dal motociclista interessato a migliorare la propria capacità tecnica di guida e di comunicazione tra sé e la moto. Grazie alla serie di progressi, il cerchio si chiude con la nomina a istruttore. È un vero e proprio punto di arrivo per una realtà che abbiamo sempre ritenuto – e a ragione – socialmente utile per tutti gli utenti delle due ruote, per la ricerca della sicurezza. Sempre su questo tema, progressivamente abusato, Gsss si pone come obiettivo la formazione di una vera e propria generazione di motociclisti moderni, preparati quanto consapevoli, soprattutto civili in ogni circostanza. Il sottotitolo di questo libro, *Note per il motociclista del terzo millennio*, ne riprende le intenzioni originarie. L'aspetto più importante è la base etica dei corsi Gsss rispetto ad altre iniziative spesso imperniate sulle nostre peculiarità, comprese quelle attuali della Fmi. Dal 2008, in collaborazione con il Settore tecnico della Federmoto, furono proprio i quattro istruttori formatori del Gsss Team a mettere a punto un nuovo corso di formazione e selezione che si articolava in modo completo, dalle lezioni in aula al test attitudinale scritto, fino alle indispensabili verifiche di guida su strada. Sempre in questo periodo il Gsss Team prese davvero forma con l'apporto dei nuovi istruttori, mentre dal marzo del 2008 il marchio Curve&Tornanti/Gsss diventò anche un motoclub associato alla federazione. La preparazione dei propri istruttori rappresentò, a ragione, la punta di diamante dei corsi Gsss. In quell'anno, per la grande richiesta, fu addirittura necessario aggiungere due date alle dieci previste dal calendario, oltre a ben tre Gsss OnTour sulle Alpi francesi, le Dolomiti e l'area del Gran Sasso. La segreteria organizzativa ebbe modo di stabilire con maggiore precisione i pregi e difetti dei corsi grazie all'istituzione di un sondaggio di gradimento compilato dalla gran parte degli allievi. Ormai, l'insegnamento della sicurezza su strada costituiva la più importante attività del nuovo motoclub. I corsi fecero un ulteriore e significativo passo avanti grazie al primo Gsss Special, l'appuntamento riservato a quegli allievi che desideravano approfondire gli argomenti di base del metodo Gsss già appresi nel corso di primo livello. La partecipazione al nuovo corso avanzato offriva la possibilità di ottenere l'attestato Master Igs, migliorando ulteriormente la selezione dei candidati istruttori.

Le attività continuavano a intensificarsi e occorreva letteralmente farsi in quattro: nel 2008 e 2009, Moto Guzzi ci affidò la gestione dei suoi Class Tour, percorsi guidati sulle montagne intorno a Mandello del Lario in cui i partecipanti potevano guidare i nuovi modelli di gamma. Nomine, attribuzioni, compiti e collaboratori si avvicendavano con sempre maggiore rapidità, mentre si studiava un programma sempre più attento e variegato per cercare di migliorare uno standard qualitativo ormai consolidato. Dal 2010, Gianni Giorgi prese a occuparsi specificamente degli eventi che portano Gsss fuori dal Centro tecnico federale: oltre a Gsss OnTour e agli appuntamenti brevi – i «demo» –, anche i Gsss Light e, in seguito, gli OnOff OnTour e i viaggi. Grazie alla sempre maggiore attenzione agli eventi *corporate*, fu rinnovato il rapporto con Ducati per l'organizzazione del WDW. Anche se da tempo Moto Guzzi aveva cessato di essere uno sponsor tecnico, dal 2010 fu stretta una forte collaborazione col Gruppo Piaggio, che portò il Gsss Team a partecipare all'organizzazione dei tanti *demo rides* e delle presentazioni stampa per i marchi del gruppo in molte località italiane e non solo: si partiva in trasferta per Parigi, Barcellona, Montecarlo. Anche Dainese si affidò a Gsss per scegliere i percorsi e guidare i gruppi che partecipavano al suo Italian Legendary Tour, nelle tre edizioni dal 2009 al 2011. Quaranta fortunati vincitori di uno speciale concorso, provenienti da tutto il mondo, furono invitati in Italia per trascorrere tre giorni lungo le più belle strade del nostro paese, in compagnia di svariati campioni del mondo, anche loro in moto. E che campioni: Giacomo Agostini, Max Biaggi, Marco Lucchinelli, Valentino Rossi, Kevin Schwantz e il compianto Marco Simoncelli. Per celebrare la fine della stagione riunendo istruttori, allievi, amici e collaboratori, nel 2010 il nostro motoclub diede vita alla sua prima Annual Reunion. Com'è logico pensare, era una giornata di festa in puro stile Curve&Tornanti. Ci si divertiva con la gara di lentezza, le accese sfide al *beauty contest*. Il più combattuto era il nostro originalissimo Push Me Baby: un brevissimo slalom in discesa tra i birilli su sterrato, da fare in coppia sul relitto di una vecchia moto, con il solo freno posteriore! La giornata si chiudeva con una cena accompagnata dalla consegna dei proverbiali ricchi premi e cotillon.

Il giro di boa del decennio fu compiuto con il Gsss Special, aggiornato e spostato in una diversa base logistica, a Sansepolcro in provincia di Arezzo, con gli Appennini tosco-romagnolo e umbro-marchigiano a disposizione. Il progetto ormai era maturo e si completò con la diffusione di un programmatico percorso formativo proposto dal Motoclub Curve&Tornanti/Gsss, in collaborazione con il Settore tecnico federale, attraverso il nostro sito web. Dal 2011, infatti, per essere ammessi a partecipare a un corso Gsss Special non è più sufficiente il completamento del solo corso Classic, bensì è necessario avere ottenuto un attestato Expert, oppure Master. Nel Settore tecnico Fmi nacquero i nuovi brevetti per gli istruttori nelle varie discipline motociclistiche: Igm (Istruttore guida moto, tecnica di base); Igv (Istruttore guida veloce, su pista); Igf (Istruttore guida fuoristrada) e Igs (Istruttore di guida sicura su strada). Dopo la new wave arrivata con l'ultimo corso di formazione e selezione tenuto in marzo, il Gsss Team era ormai composto da ventuno istruttori. Alcuni erano stati invitati dalla Federmoto direttamente ai corsi di formazione e selezione, molti si erano fatti avanti partecipando a un corso Classic, per poi percorrere l'intero percorso formativo fino a ottenere il brevetto. Con l'attività formativa e corsistica che ribolliva e il troppo impegno su diversi fronti, la collana *Curve&Tornanti* aveva rallentato. Così Gianni e io decidemmo di stringere un accordo con Giorgio Nada Editore e con Giunti Distribuzione per rilanciarla e produrre nuove guide. Arrivarono presto *Curve&Tornanti 4 – Dal Brennero al Sempione*,[8] *C&T 5 – Alpi Occidentali e Appennino Ligure*[9] e *C&T 6 – Colline Toscane e Isola d'Elba*.[10] Nelle varie edizioni, i nostri libretti tascabili hanno sfiorato complessivamente quasi 50000 copie. Non male, considerando che avevamo iniziato per gioco! Al computo si aggiunge l'edizione «su misura» commissionata dalla Regione Toscana nel 2012, per promuovere il mototurismo sui percorsi di casa. Naturalmente, l'attività formativa non era venuta meno, anzi. Forti del metodo Gsss e della sua ricetta originaria, ogni anno i corsi erano offerti in varie formule e continuavano a svilupparsi prevalentemente nei contenuti didattici. Rivelando potenzialità del tutto nuove, soprattutto per i corsi di livello avanzato Gsss Special e OnOff, strada e fuoristrada. Grazie al sistema degli Avm (Attestati con valutazione di merito), ogni paio d'anni il Gsss Team cresceva con nuovi istruttori ex allievi: un circolo virtuoso che ci ha reso particolarmente orgogliosi. Nel 2013 il rapporto con Ducati si arricchì di un'altra importante attività: lo studio del percorso su strada del WPM (World President Meeting), il tour annuale che portava in viaggio per quasi una settimana i presidenti degli *owners clubs* provenienti da tutto il mondo. Nondimeno, proseguiva la collaborazione con il Gruppo Piaggio per l'organizzazione delle presentazioni stampa su strada, soprattutto delle novità Aprilia e Moto Guzzi. Dal 2014, con la formula Gsss Light e successivamente Gsss OneDay, organizzammo delle giornate singole dedicate a gruppi e motoclub in varie parti d'Italia. La formula era ottima per approcciare il metodo e, dopo questi appuntamenti, sono stati numerosi i soci che hanno voluto testare i comprovati vantaggi di un corso Classic al Centro tecnico di Polcanto. C'era pane per i loro denti, visto che il parco moto di Gsss si era ampliato per far fronte agli impegni multipli. Accanto a Yamaha, ecco Triumph Motorcycles Italia, che ci fornì i nuovi modelli per l'attività del Gsss Special. Il rapporto con la Casa di Sua Maestà si consolidò nel 2014, quando divenne primo fornitore di moto per i corsi.

Nel 2015, intanto, erano accaduti diversi fatti che ci toccarono da vicino. Alcuni più umani che strettamente tecnici. Purtroppo venne a mancare il nostro affezionato allievo Sandro, con cui avevamo piacevolmente condiviso lo spirito e i tanti momenti di Gsss. Conoscendo l'attaccamento di Sandro al nostro lavoro, la sua famiglia decise di donare al Motoclub C&T/Gsss la sua bella Moto Guzzi Griso 8V Tenni 1200: diventò una delle moto più utilizzate dagli istruttori durante i corsi. Stesso destino per la Yamaha XJ6 di Graziano, anch'egli prematuramente scomparso, donataci dalla famiglia. Queste testimonianze di affetto ci fecero percepire quanto il nostro lavoro fosse andato a incidere nella vita personale di chi ci frequentava. Pur nel dolore per la morte di due amici, percepimmo che, da *Curve&Tornanti* a Gsss, avevamo trasmesso qualcosa che andava – e va tuttora – oltre il fatto tecnico e motociclistico. Per trovare una soluzione alle difficoltà legate alla sicurezza nell'organizzare i corsi Classic nella zona del Mugello durante il fine settimana, ma anche per le richieste degli allievi, inaugurammo i corsi intermedi Classic 2. Base logistica in Romagna, i contenuti didattici sono i medesimi dei corsi Classic, alleggeriti nella parte teorica e irrobustiti nella pratica, ma cambiando location e percorsi. Così come Gsss Classic si spostò anche in Val d'Orcia, sulle belle curve delle colline senesi dove l'ottima visibilità, il clima favorevole e soprattutto il poco traffico – anche nel fine settimana – offrivano nuove opportunità. Dalle *survey* di gradimento che esaminavamo alla fine di ogni stagione emergeva un dato importante; il settanta per cento dei partecipanti, specialmente i possessori di potenti moto moderne, dichiarò che un corso Gsss avrebbe dovuto essere reso obbligatorio. Le imposizioni non ci stanno simpatiche, ma siamo davvero orgogliosi di aver ottenuto un consenso del genere. Gli OnOff quell'anno sposavano la formula OneDay, proponendosi come corsi propedeutici alla partecipazione a eventi OnOff per maxienduro, come Eroica in moto e Il Classico, manifestazioni esterne a Fmi alle quali collaboriamo come fornitori di servizi. Per festeggiare il decimo anno di attività, nel 2015 il nostro motoclub trasformò l'Annual Reunion nel MugelloRally – la motoavventura in Appennino, una giornata di tour non competitivi. Due itinerari, uno per le moto stradali e uno per le maxienduro con tratti sterrati facili, ma suggestivi. La manifestazione si svolge secondo il format Adventouring della Fmi ed è a «impatto zero». Nel senso che gli itinerari sono seguiti direttamente sul solo *roadbook*, senza lasciare alcuna traccia sul territorio attraversato.

Gli attestati Avm non sono più l'unico percorso per candidarsi a diventare istruttore, ma costituiscono il credito più importante, così come la partecipazione ai corsi Gsss di diverso livello, specialmente se avanzato. L'aspetto più importante degli attestati che rilasciamo è qualitativo. Grazie a questo sistema, possiamo garantire la partecipazione a gruppi complessivamente ancora più omogenei, specialmente nei corsi di livello avanzato. Nel 2018 arrivò un nuovo ottimo partner tecnico per il parco moto come Kawasaki Italia, mentre il rapporto con Dainese e AGV era ormai consolidato. Ai corsi OnOff si aggiunse Enduristan, che offriva le sue borse da viaggio anche per i nostri tour avventura. A proposito di viaggi, curati da sempre da Gianni Giorgi, cambiammo partner puntando sul neonato – ma forte di personale di lunga esperienza – tour operator Overlandtour. Al sedicesimo anno di attività (2021) abbiamo formato ben oltre 5500 motociclisti. Le aziende del settore con le quali collaboriamo da anni sono sempre più attente e ci rendono direttamente parte dei loro eventi, rassicurate dalla professionalità nella gestione dei gruppi del Gsss Team in ogni frangente. L'attività è in costante evoluzione e trova spazio con frequenza sulle riviste di settore, sul web e in televisione. Il nostro canale di diffusione migliore resta comunque quello analogico del passaparola fra gli allievi soddisfatti, che tornano più volte anche senza il desiderio di scalare il percorso di formazione. Magari con la scusa di accompagnare un amico, si ripresentano per replicare un'esperienza positiva. In un certo senso, per sentire di fare parte del progetto Gsss. E questa è senza dubbio la nostra più grande soddisfazione, che si aggiunge a quella di aver battezzato, cresciuto e «laureato» ben venticinque dei ventinove istruttori federali iscritti all'albo.

Che cosa s'insegna ai corsi

Sono in molti a domandarcelo: ma come fate a insegnare la guida sicura sulle strade aperte? Si può fare grazie a un preciso e articolato protocollo tecnico messo a punto d'intesa con la Federazione motociclistica italiana e il ministero dei Trasporti. E riesce così bene che finora i corsi Gsss hanno avuto oltre cinquemila allievi. Come detto, di solito arrivano seguendo il passaparola degli amici. Con i loro commenti e la trasformazione al manubrio che mostrano dopo aver frequentato un corso, i nostri allievi sono i migliori e più entusiasti *brand ambassadors* immaginabili. Strade aperte, si diceva: dopo tanti anni organizziamo appuntamenti ovunque, anche su richiesta di un motoclub, se la zona proposta possiede i giusti requisiti. La durata può variare da uno a tre giorni, sempre con itinerari studiati con cura, in base al tipo di corso. Da marzo fino a ottobre, gli appuntamenti del nostro calendario hanno diverse basi logistiche: le montagne del Mugello, la Val d'Orcia e l'Appennino reggiano con il passo del Cerreto, ma anche la Val Tiberina, il Chianti e le Colline metallifere della Valle dell'Inferno.

Raccontiamo per praticità il corso Gsss Classic nella formula originale, che ha costituito la nostra base di partenza in Mugello. Sulle strade dell'Appennino tosco-romagnolo, perché sono le «nostre». Le conosciamo palmo a palmo. Sono bellissime da percorrere e da vivere. Secondo alcuni, sono le più divertenti d'Italia. Hanno sempre la capacità di sorprenderti, per le peculiarità tecniche e gli scorci paesaggistici che riservano. Quando presentammo il progetto Gsss ai nostri primi partner, nello spiegare perché avevamo scelto l'area del Mugello facevamo spesso riferimento alla scuola velica di Caprera. Se vuoi imparare a portare una barca a vela, lì il vento non manca mai. Ecco, allo stesso modo le curve sull'Appennino tosco-romagnolo non mancano mai. Ce ne sono di tutti i tipi e offrono ogni possibilità. Anche la lunghezza degli itinerari fu studiata dal principio per ottenere risultati precisi, addirittura in un crescendo sia della tecnica di guida, sia dell'appagamento che ogni allievo avrebbe potuto provare grazie al metodo Gsss. In Mugello, i corsi si sono sempre tenuti evitando la domenica e se possibile anche il sabato pomeriggio, quando gli altri motociclisti possono rappresentare il pericolo maggiore.

I corsi Gsss sono riservati ai tesserati della Federazione motociclistica italiana. Possono essere di gruppo, aperti a tutti, o privati. Ci sono quelli riservati dalle aziende ai propri dipendenti (per il cosiddetto *team building*, per esempio), o quelli definiti Personal Trainer, gli «uno a uno» in cui l'allievo ha l'istruttore tutto per sé, per questioni che comprendono anche la didattica e la preparazione specifica. Dal 2005, come già detto, la nostra base è stata il Centro tecnico federale Bruno Comanducci di Polcanto, nel Comune di Borgo San Lorenzo, non lontano dal Mugello Circuit. È dedicato al tecnico e dirigente federale che ne volle la costruzione negli anni settanta, e dalla cui atmosfera non è si mai molto allontanato. Entrando nella foresteria, sembra di viaggiare indietro nel tempo. Ti aspetteresti che dalla sala colazione con le tendine arancio, o da una delle camerette arredate in modo spartano e tradizionale, spunti un pilota Jawa dell'Est Europa, passato a trascorrere un periodo di allenamento in Toscana. In effetti, ricordo benissimo che, quand'ero ragazzino, la nazionale cecoslovacca – all'epoca un punto di riferimento nel motocross – era stata accolta per uno stage a Polcanto. Oltre agli uffici, al ristorante e al bar, la struttura vanta una pista di motocross che ha ospitato numerosi corsi teorici e pratici dedicati ai giovani piloti; e i raduni collegiali dei piloti di diverse specialità. All'interno del Centro tecnico della Fmi, dal 2004 era stato istituito il Dipartimento tecnico scientifico documentale. Oltre a interessarsi, seguire, sviluppare e organizzare tutto ciò che è riconducibile all'area tecnica, a quella scientifica e a quella della raccolta e conservazione dei documenti storici e specialistici legati al motociclismo, questo Dipartimento ha l'obiettivo di promuovere le iniziative legate al valore sportivo, culturale e sociale. A Polcanto il progetto Gsss si è sentito a casa. È stata la sua sede naturale. Il leggero declivio sterrato che porta al piazzale del vecchio Centro tecnico federale era la passerella, il red carpet informale che gli allievi percorrevano prima di iscriversi e ricevere il kit di benvenuto. Una volta schierate le moto davanti alla foresteria, il mercoledì sera si iniziava con la presentazione del corso nel centro di formazione adiacente. Era un altro piccolo luogo dello spirito, con i poster fotografici in bianco e nero o a colori un po' stinti appesi alle pareti, i numerosi trofei esposti, i cimeli sportivi del passato. E con la sua atmosfera squisitamente démodé, la torretta della direzione di gara lasciata un po' andare, oggi è ancora più adorabile. Per quanto datato e bisognoso di una bella rinfrescata, mi è piaciuto insegnare a Polcanto. Per una ragione precisa: è sanguigno e verace, come la gran parte del motociclismo offroad. Si può dire che fu ispirato dallo stesso spirito che anima i nostri corsi, e che così tanto ha contribuito al loro successo. Scrivo queste note a futura memoria e come doveroso tributo a tutto ciò che il Centro tecnico federale ha rappresentato nella storia del motociclismo fuoristrada e, dal 2005, per i corsi Gsss. Grazie anche a tutte le persone che ci hanno lavorato, sempre con passione a tutta prova e assoluta autenticità, per rendere unica l'esperienza di ogni allievo durante i corsi. Alla scadenza del 2021, per decisione presa dall'attuale Consiglio federale dopo l'inaugurazione del nuovo Centro tecnico di Misano, quello storico di Polcanto è stato posto in vendita. Se tale decisione – si tratta di vendere non solo una proprietà ma un pezzo di storia del motociclismo italiano – sia giusta o sbagliata, lo potrà dire soltanto il tempo.

Ovunque sia tenuto, in Mugello come in tutte le altre sedi, la formula di un corso Gsss resta invariata. Gli istruttori si presentano con la rituale consegna del pass, che su strada ogni allievo porta appeso al collo: indica che sta partecipando a un corso federale di guida sicura. Sono ammessi non più di ventuno allievi, e basta il primo tratto di circa dieci chilometri per suddividerli in tre gruppi di sette. Ogni gruppetto è abbastanza omogeneo perché tutti si sentano rilassati e nella condizione ottimale per imparare. Per selezionarli, gli istruttori si fanno un'idea dalle rispettive schede d'iscrizione, nelle quali sono indicati gli anni di esperienza in moto e il proprio grado di perizia alla guida. Sono indicazioni, appunto, di cui non è mai stato bene fidarsi fino in fondo: sarà la strada a raccontare la pura verità. Un'altra idea, gli istruttori se la formano nell'osservare la tipologia di moto sulle quali gli allievi si presentano. Sono pur sempre il loro biglietto da visita. Se un allievo si palesa dietro il cupolino di una Ducati Panigale, tanto per fare un esempio, suggerisce di essere abituato alla velocità e a un certo tipo di guida. È anche vero che non tutti si presentano in sella al modello, o alla tipologia di motocicletta, più adatto alle proprie capacità e al modo di vivere la strada. C'è chi esagera, chi si sottostima. Chi pensa che l'elettronica e la tecnologia di bordo possano risolvere qualsiasi problema e ovviare alla scarsa capacità ed esperienza di guida. Curiosamente, è stato proprio questo aspetto ad aver contribuito alla nascita del Gsss. Accadde al WDW del 2002, quando Ducati ci chiese, in qualità di autori delle guide tascabili *Curve&Tornanti*, di pensare gli itinerari stradali in partenza dal Misano World Circuit, più tardi intitolato a Marco Simoncelli. Dopo avere organizzato i percorsi, formammo i gruppi fra i ducatisti iscritti da tutto il mondo. Partimmo con una settantina di motociclisti alla scoperta delle strade e dei luoghi più belli dell'Appennino tosco-romagnolo. Dopo mezz'ora, con Gianni Giorgi, il mio maestro di curve Luciano Pacchetti e gli altri amici apripista che avevamo coinvolto ci fermammo per fare il punto della situazione: «Se di questi settanta ne riportiamo una ventina interi a Misano, ci va di lusso». Ricordo un gruppo di scozzesi giunti al WDW sulle loro 996, fasciati dalle tute in pelle abrase da ripetute cadute in pista. Pensai: è gente che si è sobbarcata duemila chilometri, le sapranno portare le loro moto. Una tragedia! Appena vedevano un rettilineo aprivano a tutta manetta, ma poi non sapevano percorrere le curve. Ogni svolta, si giocavano un jolly – per fortuna ne avevano parecchi nel mazzo. Mai fidarsi dell'apparenza…

Durante la presentazione di un corso, gli istruttori spiegano agli allievi la *mission* etica del progetto Gsss e cosa abbiamo in serbo per loro nei due giorni successivi. Idealmente, e per sommi capi, il giovedì si lavora sulle persone per conoscere i partecipanti e rendere omogenei i gruppi. Il venerdì sulla moto: la parte teorica del corso contempla le nozioni tecniche fondamentali da comprendere. Poco sopra ho accennato al forte potere seduttivo delle strade appenniniche. Ci dovrebbe essere sempre una componente di seduzione nel rapporto fra istruttore e allievo. Si cerca cioè di conquistare la sua attenzione attraverso empatia e comunicazione, senza dimenticare la bellezza del territorio che rende sempre un corso Gsss una breve vacanza. Una volta rotto il ghiaccio, la prima ora e mezza di teoria del giovedì mattina è inaugurata dalla domanda fatidica: che cosa significa essere motociclisti? Intanto, per esserlo bisogna sembrarlo: quindi passiamo in rassegna l'abbigliamento tecnico e protettivo. Siccome s'impara ad andare in motocicletta in gruppo, diamo subito le indicazioni fondamentali, poche regole ben chiare che portano vantaggi a tutti. I ventuno allievi escono su strada con i tre istruttori: all'apripista segue l'istruttore responsabile, che negli appuntamenti di Polcanto si apposta lungo la prima discesa ripida e poi cambia la sua posizione per osservare tutti gli allievi. Il terzo istruttore chiude la colonna per non rischiare di perdere qualcuno e individuare i meno capaci. Dopo i primi dieci chilometri, ci fermiamo sul parcheggio affacciato sul lago di Bilancino. Qui raccomandiamo a tutti di non togliersi il casco e di restare sulla moto, altrimenti è il caos. Nella formazione dei tre gruppi, l'istruttore responsabile assegna le fasce colorate da mettere al braccio: giallo per il livello più elementare, blu medio, rosso per i più bravi. I gruppi si muovono per il resto della giornata sullo stesso itinerario. Il primo tratto dove inizia la vera lezione dinamica, concentrata sull'importanza della traiettoria più sicura, è il famoso tratto delle Centocurve, che da Barberino del Mugello porta a Montecarelli. Se si chiama così, è facile capire il perché: non per nulla appartiene al circuito stradale del Piccolo Mugello fin dagli anni trenta. Poi si sale per la strada statale 65 sulla Futa fino alla Casetta, per scendere dall'Ottovolante, anche questo parte del vecchio circuito del Mugello. È veramente un ottovolante, un continuo mangiaebevi di salite e discese, curve e controcurve, molto tecnico e ancora più divertente! I tre gruppi si ritrovano a pranzo: se necessario, è l'occasione buona per mischiare le carte attribuendo una fascia di colore diverso. Il pomeriggio è occupato da un gran bel giro che inizia con un trasferimento impegnativo e panoramico che percorre un pezzo della Valle del Santerno, poi da Coniale sale al passo della Faggiola. Sosta caffè a Palazzuolo sul Senio, poi si valica il passo della Sambuca per ridiscendere nella vallata, a Borgo San Lorenzo, e infine fare rientro alla base. In genere, a cena i tre istruttori hanno già un'idea precisa del gruppo, mentre i partecipanti al corso si compiacciono dei risultati tangibili che possono apprezzare dopo una sola giornata di corso.

La seconda giornata, dicevo prima, si basa molto sulla consapevolezza dell'essere motociclista; un «fattore alfa», identico per i gentlemen rider e per le signore motocicliste, che per noi è così importante da essere messo in dubbio. Come dire: se scopri di non averla, quella cosa lì, forse la posta in gioco è troppo alta per te. Per questo motivo la lezione teorica ha contenuti più specificamente tecnici. Spieghiamo agli allievi le nozioni fondamentali sulle caratteristiche di una moto. Interasse e avancorsa, per cominciare; e la differenza tra una moto con la ciclistica tradizionale e le BMW con il sistema di sospensioni Telelever (anteriore) e Paralever (posteriore). Non servono lunghi e articolati discorsi di ingegneria meccanica. Detto molto velocemente, riassumiamo il fatto che una motocicletta lunga è molto stabile e poco maneggevole, mentre una corta è molto maneggevole e meno stabile. Basta che la pressione delle gomme sia scorretta, o che un avvallamento provochi la compressione degli steli della forcella, e la misura dell'interasse varia. Una spiegazione semplice, basata sull'esperienza diretta, nozioni basilari fondamentali che tutti dovrebbero conoscere. Nella lezione tecnica, supportata dalla proiezione di immagini e infografiche, insegniamo le dinamiche più semplici della guida, un po' come quando si impara a sciare. Può sembrare banale, ma spieghiamo anche perché la moto gira in curva, tramite un semplice modellino con una ruotina collegata al fulcro tramite un semplice braccio rigido di due lunghezze diverse. Così dimostriamo come, a seconda dell'inclinazione, cioè della piega durante la curva, si ottiene una circonferenza diversa. Con una ruota di bicicletta che si può impugnare con entrambe le mani dal perno, ogni allievo può sentire e capire le reazioni dell'effetto giroscopico.

Poi viene il momento della traiettoria corretta, la *conditio sine qua non* per la massima sicurezza su strada. Non possiamo affermare di avere inventato nel 2004 come si guida una motocicletta: in teoria, i fondamentali della guida possono essere appresi in qualsiasi altro corso degno di tal nome. Al contrario, la definizione della traiettoria più sicura con il famoso paradigma dell'*auto fantasma* rappresenta una delle peculiarità del metodo Gsss. Chiunque altro proponga qualcosa di simile l'ha certamente appreso da noi. Non solo: posso affermare che la traiettoria più sicura è stata da sempre la pietra angolare del nostro insegnamento.

Nell'esposizione cerchiamo di mettere in relazione le nozioni tecniche alla realtà della dinamica motociclistica. Un po' per essere più comprensibili, un po' perché si vede che gli allievi muoiono dalla voglia di uscire dall'aula per accendere i motori. Devo dire che, di solito, questo approccio tecnico è molto ben accetto agli allievi che hanno già trascorso una prima giornata al manubrio e, dopo avere tradotto la teoria nella pratica, hanno già notato i primi risultati e guidano meglio. La seconda lezione teorica si chiude spiegando come si guida in coppia, con il passeggero. Nessuno dovrebbe portarne uno, se non sa guidare abbastanza bene. E nessuno, in genere, spiega al passeggero come dovrebbe comportarsi, come la sua posizione contribuisca attivamente alla dinamica della motocicletta.

È fondamentale che la teoria segua una precisa progressione didattica, la stessa che dovrà essere applicata una volta tornati sulla strada. Stavolta sono i tre gruppi a scambiarsi gli istruttori, in modo da avere ciascuno, nei tre giorni di corso Classic, tre istruttori diversi: una rotazione perfetta. Di solito, i corsisti immediatamente alle spalle dell'istruttore imparano di più grazie alla mimesi, nell'osservare cioè i movimenti e le traiettorie del capofila. Ecco perché l'ordine di marcia dei gruppetti da sette persone è regolarmente modificato. In alcuni tratti, è l'istruttore a mandare in testa l'allievo per un breve tratto, per osservarlo meglio. E se ce n'è uno particolarmente bravo, che ha già frequentato il corso in precedenza, gli si dà un po' di libertà mandandolo avanti a fare l'andatura come se fosse lui il maestro. Con questo sistema, alla fine del corso ogni istruttore ha conosciuto tutti gli allievi e viceversa. I concetti insegnati sono gli stessi, in realtà, ma ognuno li esprime a modo proprio: sicuramente ce n'è uno che farà capire una cosa meglio degli altri a un determinato allievo. La parola è importantissima: basta trovare quella giusta nella situazione giusta, per vedere accendersi le lampadine sotto il casco.

I tre chilometri finali di ascesa al mitico passo del Muraglione sono pura gioia di guidare, infatti li percorriamo più volte per osservare ogni allievo. Quindi si scende dalla parte opposta percorrendo la Val di Meda fino a Marradi, per risalire sul passo della Colla e fermarsi per un pranzo leggero. Niente pennichella, il pomeriggio lo riserviamo alla percorrenza di una curva in particolare, a raggio variabile. Segue il fianco irregolare della montagna, per questo l'abbiamo fatta nostra nel 2005. Su quella curva si tengono le riprese video di tutti gli allievi, in discesa verso sinistra, poi in salita verso destra: una situazione unica dalla quale imparare. Dopo il rientro alla base, guardiamo le riprese insieme e le commentiamo in gruppo. Oltre che divertente e conviviale, è un momento strepitoso dal punto di vista didattico e dell'interazione. Il sabato mattina niente teoria, ma un nuovo cambio di istruttori per i tre gruppi. Ci si diverte percorrendo un itinerario più breve, di un centinaio di chilometri, una sorta di riepilogo per verificare ciò che si è appreso e sperimentato nei due giorni precedenti. Li riportiamo sulla Centocurve, perché è una strada impegnativa che hanno già percorso il primo giorno. In questo modo gli stessi allievi possono rendersi conto della differenza. E difatti è lì che vedi aprirsi i sorrisi. Il corso Gsss si chiude con l'assegnazione dei diplomi con valutazione di merito, prevalentemente riferita alla gestione integrata delle tecniche di guida. I nostri attestati hanno da sempre una classificazione a punteggio: Centauro da zero a 70, Expert da 71 a 90, Master da 91 a 100. Al 110, il punteggio pieno, si arriva solo con l'attestato del corso Special, una vera e propria laurea di guida su strada destinata a quelle persone che riteniamo potenzialmente adatte a insegnare il metodo Gsss e che, una volta acquisito il brevetto federale necessario, ci piacerebbe ritrovare nel Gsss Team.

E quando piove? Il corso si tiene lo stesso. Pensate che c'è gente che con la pioggia non ha mai messo il naso insieme alla ruota anteriore fuori di casa. Al Gsss capiscono che, grazie alla tecnica che insegniamo, si può guidare anche sotto la pioggia. Dotati di una buona attrezzatura, che permette di non bagnarsi e infreddolirsi, anche in queste condizioni ci si può divertire. Con un margine differente, certo. L'asfalto viscido può portare all'irrigidimento da paura, ma al contrario sul bagnato si guida più morbido, perché si sa cosa fare quando c'è meno aderenza. A chi non lo sa, si spiega che quando arriva un temporale violento e improvviso è meglio fermarsi, perché al primo acquazzone l'asfalto diventa particolarmente scivoloso. Insegniamo anche a guardare più spesso negli specchi retrovisori, perché ogni allievo diventa responsabile di quello che lo segue. Se quest'ultimo arranca, dev'essere lui a rallentare l'andatura per primo mettendo sull'avviso l'istruttore in testa ai sette motociclisti. Non è niente di trascendentale: la stessa attenzione dovrebbe essere prestata ogni volta che si esce in moto con uno o più amici. Utilizziamo interfono e GoPro soltanto in occasioni particolari; se necessario, nei corsi Personal Trainer, specie OnOff.

E quando tutto questo non funziona? È raro, ma non ho problemi ad ammettere che può capitare. Il Gsss non è un corso base: per essere ammessi, la moto bisogna saperla guidare almeno un pochino. Se qualcuno si rivelava particolarmente inesperto, il primo campanello d'allarme un tempo squillava già all'accesso del Centro tecnico federale di Polcanto. Una stradina stretta e impervia, seguita da una cinquantina di metri di discesa, la famosa passerella sterrata cui accennavo prima. In tutti questi anni, sul red carpet qualche allievo ha appoggiato la moto a terra, ma di solito un istruttore si precipitava a dare una mano ancora prima di presentarsi. La paura, anche solo il timore di cadere che paralizza il corpo e la mente, è uno stato d'animo innato e naturale addirittura più forte del controllo. Noi istruttori lo capiamo perfettamente. In quel caso – e solo quando è davvero necessario – utilizziamo l'espediente della guida in due: l'istruttore fa accomodare l'allievo sul sellino del passeggero e gli chiede di direzionare la moto con il peso del suo corpo, per fargli capire meglio quanto la scioltezza influisca sulla dinamica di guida. È molto bello e accade frequentemente che alla fine del corso si formino gli immancabili gruppi di chat su WhatsApp, perché gli allievi le usano per ritrovarsi spontaneamente e girare insieme. In questo modo, oltre che saldare nuove amicizie, confrontano e mettono in pratica ciò che hanno imparato al Gsss. Perché, come si usa dire: «Il tuo Gsss inizia quando il corso finisce».

Il corso Classic 2 è l'ultimo arrivato. L'abbiamo studiato come passo intermedio fra Classic e Special ed è in programma dalle due alle quattro volte l'anno, con i tempi più ottimizzati rispetto al Classic. La parte teorica contempla la partecipazione di Max Damioli, un nostro ex allievo di professione *performance coach* che lavora da anni sulla respirazione. Anche se è un atto involontario, quante persone si chiedono se respirano bene o male? Sappiamo che, in conseguenza a un certo sforzo o a uno stato d'animo, il respiro si accorcia o si fa pesante. A volte si rischia di andare in apnea. Damioli interviene dimostrando agli allievi quanto la respirazione incida sulla guida dinamica della moto e come si impara a farla bene. Non c'è solo Pirsig in *Lo Zen e l'arte della manutenzione della motocicletta* a citare il Buddha. Damioli riporta il suo aforisma: «Chi padroneggia il respiro, è padrone della propria esistenza».[11] È particolarmente interessante il capitolo della respirazione corretta nel sonno, perché è quella che ricarica il corpo e la mente eliminando tossine. La respirazione è un capitolo che riserviamo al Classic 2, perché preferisco che gli allievi più preparati arrivino allo Special con le cose da fare già ben chiare in testa. A cominciare da come usare il corpo – quindi il respiro – durante l'azione e nella reazione a una caduta. Eh sì, perché la caduta può fare parte del gioco, anche se durante i corsi accade raramente. Spieghiamo bene agli allievi che, se cadi, devi riuscire a darti una spiegazione tecnica di cos'è successo. «Sono caduto perché c'era brecciolino per strada». No, sei caduto perché non l'hai visto, oppure ci sei passato sopra e non hai fatto nulla per evitare di cadere. Una volta analizzato sotto l'aspetto tecnico, quel tipo di caduta non lo rifai. Se invece si preferisce dare la colpa a qualcos'altro, per motivi d'orgoglio, come certe persone sono portate a fare, è più probabile che nella stessa condizione si tornerà a cadere nello stesso modo. Durante i corsi le cadute sono state pochissime: si contano sulle dita di una mano, a fronte di oltre cinquemila partecipazioni. Quando questa avviene, cerchiamo di elaborarla in modo che diventi un'esperienza collettiva che faccia superare l'imbarazzo del singolo, per fargli capire meglio qual è stato l'errore da non ripetere. È importante conoscere che tipo di motociclista sei anche quando cadi.

Nel corso Gsss Special, definito a ragione di livello avanzato, l'argomento principe è la ricerca dell'equilibrio complessivo. L'equilibrio è una parola regina, perché prima è interiore, poi dinamico. Bisogna saperlo assimilare, esprimere e amministrare. Un motociclista equilibrato è, prima di tutto, una persona veramente consapevole. Che, quando occorre, sa mettersi in discussione: da qui nasce la maggiore propensione ad accettare il rischio calcolato di andare in moto. Farsi domande, nutrire dubbi, è un fattore indispensabile per vivere in equilibrio sulla moto, lo strumento che rivela davvero chi sei e cosa fai. Scegliere di mettersi a cavalcioni su un aggeggio del genere ricorda ciò che fecero i nostri progenitori quando saltarono sul dorso di un cavallo. Anche se abbiamo detto che la differenza fra questo splendido animale e il suo corrispettivo inanimato è profonda, oggi come allora, una volta issati in sella, conquistata questa straordinaria opportunità, se non si vuol cadere e rischiare di rompersi la testa bisogna imparare a starci con dedizione e tanta umiltà. Per guidare bene è necessario riconoscere i propri limiti. Affidarsi all'esperienza di un corso qualificato è il modo migliore di farlo. Anche per evitare scelte, se non proprio sbagliate, poco in sintonia con le nostre aspettative. Provare le motociclette nei *demo rides*, capire le differenze tra i diversi modelli, serve spesso a evitare delusioni e, nel caso ci si ritrovi a guidare la moto sbagliata, persino il rischio di andare in crisi di autostima. Nel corso Special gli obiettivi sono quelli di aumentare la propria capacità tecnica di guidare, di pari passo con la ricerca della maggiore sicurezza, abbreviare i tempi nella conquista della propria esperienza personale, ragionare sugli errori, fare i conti con l'efficienza e le potenzialità del corpo umano. In tre parole: fermarsi, riflettere, capire. Quando nacque, nel 2009, non pochi pensavano che in un corso avanzato si imparasse a guidare più velocemente. Niente di più sbagliato: con l'istruttore si impara a guidare bene. A coniugare cioè i fattori che distinguono la guida plastica, elegante, da quella brusca, scoordinata, sgraziata. Il risultato è che abbiamo scoperto e formato allievi che, dopo avere fatto tesoro di ciò che hanno imparato, guidano meglio di quelli che erano riconosciuti comunemente come i più veloci. Lo stile di guida non è un aspetto decorativo. Portare una moto con stile ed eleganza esprime un preciso linguaggio del corpo (nel primo capitolo, sulla Leggerezza, l'avevo definita la *macchina della verità*, ricordate?).

Nel corso esploriamo anche l'aspetto emotivo, con interessanti implicazioni dal punto di vista umanistico e psicologico, senza mai dimenticare la vera ragione per cui siamo tutti qui: la sicurezza. Tante volte si parla di «carattere» della moto senza rendersi conto che il nostro carattere, al quale si aggiunge lo stato mentale, emotivo, fisico del momento, concorre a esprimerlo. Il fatto è che la moto in quanto *macchina della verità* evidenzia o penalizza il carattere del suo proprietario. Una persona insicura e fragile è senz'altro più incline all'errore, anche banale. Un soggetto più spontaneo ed esperto affronta la guida in modo più diretto, senza retropensieri che ne offuschino l'azione.

Anche lo Special si tiene in tre giorni. L'aspetto più interessante è che i gruppi sono più omogenei. Abbiamo detto che, al termine del corso base, il Gsss rilascia un attestato con la valutazione tecnica espressa anche con un voto numerico, come per gli esami universitari. Il raggiungimento di un certo voto è la soglia che permette di accedere allo Special. Dove approdano solo i più bravi. E qui arriva il bello. Se l'andare in moto è un'espressione del proprio linguaggio corporeo, di se stessi in genere, farlo in gruppo fa emergere il nostro grado di socialità, la disposizione all'interazione con gli altri, la capacità di relazionarsi con i nostri compagni di viaggio. Un'uscita in gruppo è sempre più bella quando i motociclisti che lo compongono guidano bene e sanno il fatto loro anche sotto l'aspetto della sicurezza. Basta il cosiddetto «fenomeno» di turno per rompere l'armonia e rischiare che la giornata sia rovinata da un incidente. Per questo motivo, il motociclista dovrebbe valorizzare maggiormente aspetti diversi dalla mera prestazione. In quest'ottica emerge l'importanza di una figura che in Italia è sempre stata poco affermata, se non nelle uscite istituzionali di un club. È quella del capogruppo o, per dirla all'americana, del tour leader. Nei club è una figura autonominata, o che emerge ed è naturalmente accettata dal gruppo perché gli si riconoscono determinate qualità sulla strada. È una persona generalmente di esperienza, dotata di grande equilibrio complessivo. Il fatto che possa dirsi anche esperto conoscitore della strada è forse secondario. Nei gruppi organizzati HOG (Harley Owners Group) e nei Motorcycle Club americani, più rigidamente impostati di quelli italiani, i tour leader sono figure nominate appositamente. A loro spetta aprire e chiudere la strada, controllare che nel gruppo tutti guidino alla velocità imposta e non facciano casino o manovre collettivamente pericolose, tipo giocare a superarsi inutilmente. Di solito indossano gilet ad alta visibilità: sono gli evidenziatori, i riferimenti visivi del gruppo che gestiscono. Non sempre è necessario istituire una gerarchia per godersi una girata. Muoversi in un piccolo gruppo affiatato con un buon alternarsi del capogruppo è senza dubbio più gratificante, mentre sono da evitare tassativamente i grupponi male assortiti. Dovesse capitarvi di finire in uno di questi, meglio prestare molta attenzione e tenere le dovute distanze.

Riprendendo e applicando il concetto basilare «cosa significa essere motociclisti», «perché mi piace andare in motocicletta», in un corso di livello avanzato si arriva a chiedersi e magari a definire «che motociclista sono». Magari salta fuori che il motociclista che ha imparato a guidare con noi e ci segue da anni si è comprato una moto da enduro, o ha deciso di portarsi a casa una moto supersportiva da utilizzare solo in pista. È tutta questione di scoprire a quali emozioni restiamo impigliati più intimamente. Il pilota da pista è ammaliato dalla velocità pura, ma su strada a volte fa ridere; un concetto chiarissimo per certi ex «smanettoni» che hanno potuto apprezzare uno dei nostri corsi e adesso si divertono di più rischiando molto meno. Su una strada di montagna non si tratta della velocità che effettivamente potresti provare in circuito su una supersportiva moderna, ma troppo spesso di velocità eccessiva in un contesto inappropriato. Dove un piccolo errore o un imprevisto possono rivelarsi fatali. Come si fa a godere in pieno della potenzialità di una superbike come la Ducati Panigale o l'Aprilia V4 su una via aperta al traffico? Volendo, grazie all'elettronica, le potete anche portare a passeggio, ma volete un buon consiglio? Per apprezzarle davvero fatevi un bel corso in pista.

In altri casi, le lezioni di fuoristrada possono essere utili per far passare l'imbarazzo, la paura del brecciolino, dello sporco che fa slittare la gomma. Non c'è niente di meglio di uno sterrato, di una sede irregolare per aumentare la propria sensibilità di guida superando la paura dell'instabilità e della condizione di aderenza non costante. È una vera e propria svolta. In fuoristrada, la partecipazione del corpo e la gestione del peso sono ancora più decisive nella guida. A proposito dello stato del corpo e della mente, nello Special si parla molto della differenza fra stanchezza fisica e stanchezza mentale. Un allievo abbastanza avanti con gli anni, ma che aveva fatto parecchia pista, un giorno mi disse: «Carlo, oggi ci dobbiamo accontentare di fare il tempo di ieri, non di batterlo»; essere consapevoli del nostro cambiamento in base all'età, anche facendo tutto il possibile per mantenersi in forma, è indispensabile. A proposito dell'essere motociclisti, nel corso Special si affronta una questione che va oltre: chiedo agli allievi quanto si sentono centauri anche lontano dalla moto, nella vita di tutti i giorni (argomento trattato nel secondo capitolo sulla Rapidità). Molto dipende da quale *superprotesi* si è scelta. Quanto la moto sia adatta al proprio corpo e alla propria personalità. Nel corso, invitiamo alla percezione profonda del nostro movimento in moto, delle reazioni del veicolo, della velocità e del contesto della nostra azione. Poi, alla presa di coscienza dei propri limiti, della condizione emotiva e psicofisica del momento. Un ulteriore aspetto è più intimista e rispecchia le sensazioni che la guida ci trasmette: equilibrio, ritmo, armonia. È importante esplorare i meccanismi neurologici impegnati nella guida in moto: attenzione, stanchezza mentale, attivazione, percezione del ritmo, equilibrio, coordinazione. Credo che sull'attenzione si rifletta ancora troppo poco, condizionata com'è da una quantità di fattori infinitamente variabili. Forse l'unica soluzione è che ogni motociclista ne impari ad alzare il livello guidando con... maggiore attenzione. Invece la stanchezza mentale, insieme a quella fisica, è stata più facilmente individuata come nemico pubblico perché coinvolge anche gli automobilisti. Spesso il motociclista la avverte con meno tempestività perché è mascherata dal piacere e dalla gratificazione del guidare la moto. La verità è che il piacere della guida è legato in modo inversamente proporzionale alla stanchezza mentale. Il primo cala quando aumenta la seconda. A differenza di quella fisica, però, la stanchezza mentale fa suonare meno campanelli di allarme: ecco perché il corso Gsss insegna a tenerne conto. Il nostro cervello è la vera centralina, il ponte di comando superiore del complesso uomo-moto. L'attivazione è il meccanismo mediante il quale «carbura» in modo efficiente in vista di un impegno, nel nostro caso una gita o un allenamento. La pratica del motociclismo per alcuni costituisce un'attività di vecchia data, quindi l'attivazione scatta automaticamente. Per gli altri, quelli che «la mattina la sveglia non suona», ci vuole un po' di training mentale. Anche perché, una volta in sella, l'equilibrio non è assolutamente un fattore scontato. A partire dalle situazioni di manovra, l'equilibrio dinamico è l'obiettivo di ogni livello, in ogni momento della guida. Decenni in sella e poi *tac!* Basta la distrazione di un attimo, non poter gestire una situazione anche statica, e si è per terra, cosa che avviene sempre quando meno te lo aspetti. Spesso i motociclisti di lungo corso sottovalutano le manovre a bassa velocità. Nella pratica sono veri e propri esercizi definiti con il termine *handling*. Sarebbe utile capire se l'equilibrio è uno stato che riusciamo a raggiungere e gestire in tutte le situazioni. La volete sapere una cosa? Le cadute più pericolose spesso sono quelle da fermi. Se siamo stanchi ma non ne siamo consapevoli si va giù come sacchi di patate, senza neppure poter opporre una minima coordinazione per salvare il salvabile. E le conseguenze possono essere inimmaginabili. Va bene la guida veloce, ma l'*handling* ha sempre il suo maledetto perché, non solo per chi si esercita fra i birilli per conseguire la patente A. Per questo motivo, nel corso Gsss Special poniamo sempre l'accento sulla coordinazione, ovvero l'esecuzione sinergica e armonica di due o più azioni. Per guidare una moto ne serve parecchia perché è una pratica che include molte azioni in contemporanea, variamente combinate in intensità e in ampiezza. Quando opportunamente calibrata, questa eccezionale sinergia produce uno stile di guida fluido ed elegante, ma soprattutto un livello di sicurezza elevato. Quando la testa è tranquilla, il corpo si muove di conseguenza e riesce a gestire meglio un maggior numero d'imprevisti. Dopo tutti questi anni, possiamo affermarlo con certezza.

Per tutte le informazioni sui corsi visitate il sito: www.gsss.it

Note

[1] Giorgi Gianni e Cianferoni Carlo, *Curve&Tornanti n. 1 – Appennino ToscoRomagnolo*, Garage 960, Firenze 2000.

[2] Giorgi Gianni e Cianferoni Carlo, *Curve&Tornanti n. 2 – Appennino ToscoEmiliano*, Garage 960, Firenze 2001.

[3] Aa.Vv., *L'Italia in moto sulle strade più belle*, Touring Club, Milano 2003.

[4] Aa.Vv., *Europa in moto – Dalla Scandinavia alla Spagna alla Grecia: 40 grandi viaggi per chi ama le due ruote*, Touring Club, Milano 2005.

[5] Aa.Vv., *Europa en Moto*, Anaya Touring Club, Madrid 2009.

[6] Giorgi Gianni e Cianferoni Carlo, *Curve&Tornanti n. 3 – Dolomiti*, Garage 960, Firenze 2003.

[7] Giorgi Gianni e Cianferoni Carlo, *Curve&Tornanti – Best of nn. 1-2-3-new hits n. 4*, Editoriale Domus, Rozzano 2005.

[8] Giorgi Gianni, Cianferoni Carlo e Pini Tommaso, *Curve&Tornanti n. 4 – Dal Brennero al Sempione*, Giorgio Nada, Milano 2010.

[9] Giorgi Gianni, Cianferoni Carlo e Pini Tommaso, *Curve&Tornanti n. 5 – Alpi Occidentali e Appennino Ligure*, Giorgio Nada, Milano 2011.

[10] Giorgi Gianni, Cianferoni Carlo e Pini Tommaso, *Curve&Tornanti n. 6 – Colline Toscane e Isola d'Elba*, Giorgio Nada, Milano 2011.

[11] Robert Pirsig M., *op. cit.*

Nel profondo del GarageDiabolico: il sesso e le motociclette

Così, d'un balzo, Andrea Sperelli si rituffò nel piacere.
GABRIELE D'ANNUNZIO, *Il piacere*[1]

Giunto a questo punto, avrai probabilmente capito che, se questo libro si chiama *La curva perfetta*, è anche per le implicazioni erotiche, per la pulsione sessuale nascosta fra le pieghe dell'andare in moto. Le considerazioni sul non detto fra il motociclista, la motocicletta e il sesso sono un tabù che di solito resta fuori dalle sette chiese dell'editoria specializzata. Persino in tempi di fluidità di genere, o forse a maggior ragione, per evitare imbarazzo e rossore. È un tema troppo delicato e personale, per alcuni invariabilmente disturbante, ma che ogni uomo o donna di moto ha considerato almeno una volta e si porta nel privato. Escludendo l'aspetto meretricio, che prevede regolare fattura per l'esclusiva prestazione del mezzo meccanico, la narrazione del nostro rapporto con la moto è molto simile a quella con il partner: desiderio, corteggiamento, conquista, possesso e, nel migliore dei lieto fine, una lunga e appagante cavalcata. Che può trasformarsi in un rapporto duraturo quando la moto resta con noi per l'esistenza, nella buona e nella cattiva sorte. Quando perfino i difetti diventano caratteristiche apprezzate, si pensa addirittura all'amore, e certe motociclette, proprio per questo, non dovrebbero essere mai lasciate. Non di rado ho sentito qualcuno che ne ha fatte di tutti i colori per ritrovare un amore di gioventù. Proprio lei, quella che aveva lasciato il segno. Per esempio, l'amico pittore Manfredi, del quale ho già scritto, un giorno cominciò a raccontare della sua Aermacchi 350 TV. Mentre ne parlava, sembrava assorto in qualcosa che neppure lui avrebbe saputo spiegare. Ricordo che aveva già passato la soglia dei settant'anni, tuttavia non ebbe pace fino a quando, solo qualche mese dopo, riuscì a ritrovarla. Con gli occhi lucidi per l'emozione, mi portò subito a vederla in garage descrivendone ogni più intimo dettaglio. Se non è stato amore questo...

Il piacere che si trae dalla moto è insieme fisico e intellettuale. Quando la moto fa parte di te, diventa addirittura un piacere necessario, fisiologico, non si riesce proprio a starne senza, dopo qualche giorno bisogna salire in sella e guidare.

Molti motociclisti lo avvertono sottotraccia, a livello istintivo; e ne godono senza farsi troppe domande. Basta ascoltare le frasi che si colgono in cima al passo: sovente sono colme di significati e analogie che lasciano ben poco spazio all'immaginazione, caricate dall'adrenalina e dalle emozioni forti della guida veloce, troppo veloce. Alcuni arrivano a dire «sono ancora vivo», e in questo colgo un'inconsapevole richiamo alla poetica definizione che Oltralpe hanno dato all'orgasmo: *petite mort*, piccola morte. Il gusto del pericolo scampato è un piacere immediato e piuttosto *grossier*, tanto per restare al francese. Certi motociclisti non sono neppure lontanamente interessati ad approfondire un legame profondo che, nella sua evoluzione, diventa assai complesso ed elaborato. Se ne parla poco, al di fuori delle situazioni conviviali che comportano un certo senso di cameratismo e relative, immancabili battute da caserma. Intimo quanto si vuole, il risvolto erotico dell'accompagnarsi a una moto migliora la comprensione del nostro rapporto con essa. E sì, migliora anche il modo di guidarla, se si è disposti ad affidarsi a riferimenti più complessi dell'istinto e della sorte.

La libido del motociclista è alimentata da diversi tipi di curve. Ci sono quelle disegnate dalle traiettorie, che accarezzano e sottoscrivono quelle dell'ambiente che si sta attraversando. Come ha osservato John Berger:

> Le strade sono una strana combinazione di artificiale e naturale [...] spesso fratelli o sorelle dei fiumi; corrono fianco a fianco [...] ci sono strade che sono figlie dei passi di montagna [...] la strada offre dei segni che esprimono la sua personalità e le sue intenzioni. Entrate in una curva cieca e sapete già quanto sarà lunga o corta, stretta o agevole. La sentite nervosa quando inizia una salita ripida, sul rettilineo la sentite sgranchirsi [...]. A questo punto guidare è diventato un *pas de deux*. Guidatore e strada sono compagni di ballo. Può perfino capitare che v'innamoriate. C'è in gioco una promessa che nessuna terza persona può spiegare.[2]

Quando la promessa è mantenuta, certe curve si pregustano ammirando il paesaggio e, una volta conosciute bene, si frequentano mille volte. Altre sono più da mordi e fuggi, si consumano nell'atto stesso di percorrerle. Le curve possono essere fugaci compagne di un incontro imprevisto, di un'avventura, o della vita. A ognuna offriamo noi stessi, il nostro corpo, con la sola mediazione della motocicletta. Il corpo è il protagonista assoluto di questa congiunzione biomeccanica: sempre partecipe, rappresentante e rappresentato, come quando, passando davanti a una vetrina, ci specchiamo compiaciuti nel suo riflesso. Allo stesso tempo, ogni curva chiama ed esige desiderio, seduzione, azione, climax. Se non è sesso questo...

La prima intenzione di mettere a nudo il legame carnale fra l'uomo e la motocicletta l'ho espressa attraverso brevi storie a fumetti. Un media naturale per un giovane art director che mixava l'estetica con la personale visione, a volte idealizzante, dell'amore e delle motociclette. Che queste fossero possedute, reali, o soltanto desiderate, faceva poca differenza, in una dimensione nella quale il reale si confondeva con il surreale, la nitidezza del bianco e nero al tutto nero della notte. La prima storia col marchio GarageDiabolico[3] contempla proprio il curvilineo e il sensuale. È una tavola che disegnai nel 2001, pochi giorni dopo quella di debutto, *Lampi nel buio*, che resta anche la mia preferita. Il titolo è un manifesto: *Sex Machine*. L'idea di una motocicletta che fosse insieme macchina del tempo, del desiderio e del sesso, puntualmente dichiarata accanto al titolo, mi era venuta diversi anni prima guardando insieme a mia sorella Marina un cortometraggio all'epoca assolutamente sconosciuto, nel quale – da insaziabili amanti del cinema d'essai – ci eravamo imbattuti per caso nel nostro cineclub preferito (qualcuno di voi se li ricorda, i cineclub?) durante una rassegna sul cinema d'avanguardia degli anni venti del Novecento. Il cortometraggio, datato 1928, s'intitola *Impatience*. Una sola attrice, Yvonne Selma, il cui personaggio, per il contatto fisico e le notevoli vibrazioni, ma in gran parte per la sua immaginazione superdotata, raggiunge il piacere in sella alla sua motocicletta in un crescendo di dettagli evocativi alla soglia del subliminale, fra pezzi meccanici e blocchi astratti in movimento. Il regista è un giovane belga di nome Charles Dekeukeleire: un nome che sembra uno scioglilingua, ma che non ho scordato, poiché Marina su questo film ha poi lavorato molto. Per saperne di più, e scrivere la sua tesi di laurea, è andata a documentarsi fino alla Cinematek-Cinémathèque Royale de Belgique a Bruxelles. Da questo iniziale e non proprio casuale impulso, ha sentito il desiderio di realizzare il suo primo libro dedicato alla presenza della motocicletta nella storia del cinema (*Due ruote e una manovella*[4]). E qui torno al GarageDiabolico, perché una parte del testo del mio visionario, ma ancora acerbo, *Sex Machine* era stato rielaborato dagli appunti di Marina, che proprio in quegli anni cominciava a vivere le sue più belle avventure – reali e immaginate – in sella alla BMW R75/7 che proprio io l'avevo spinta a comprare.

Le occasioni non sono mancate per raccontare a fumetti la malia delle curve, della strada e del paesaggio, associate a quelle del corpo di una donna. In particolare, e ancora per caso, ero rimasto fortemente colpito da una frase di Oscar Niemeyer, il celebre architetto brasiliano che portò il Modernismo alle sue vette di bellezza ed eleganza: «Ciò che mi attrae è la curva libera e sensuale. La curva che incontro nelle montagne del mio Paese. Nel corso sinuoso dei suoi fiumi, nelle onde del mare, nella donna preferita. Di curve è fatto tutto l'universo, l'universo curvo di Einstein». Alcuni anni dopo, questo passaggio di Niemeyer sarebbe stato utilizzato nel frontespizio del pieghevole di Garage960, la società creata insieme a Gianni Giorgi che avviò tutte le nostre attività motociclistiche, prima con il marchio Curve&Tornanti, poi con Gsss. Ancora oggi amo rievocarlo nei corsi Gsss Special come esempio perfetto del piacere provocato – ovviamente – dall'accarezzare una bella curva con gli pneumatici. Per cercare di evitare i luoghi comuni, nelle prime tavole avevo aggiunto al marchio GarageDiabolico la provocatoria dicitura *hardcore-bikestory*. Alla fine, di veramente hard non sono riuscito a disegnare nulla di pubblicabile tra le circa cinquanta tavole a fumetti che ho realizzato per la rivista *Cafe Racer* dal 2002 al 2006. Il desiderio è rimasto, però: e finalmente, in alcune delle illustrazioni più recenti, qualcosa di più esplicito dai pennarelli è finalmente uscito.

Una corsa folle nella notte con lei aggrappata dietro è sempre stata, per me, un milione di volte più bella di quando lei era seduta accanto in automobile, anche se la macchina non era precisamente un'utilitaria qualsiasi. Una corsa folle nella notte abbracciati e desiderosi, sulla stessa sella, contiene già tutto quello che ci potrà essere dopo. Entrambi sentiamo che ci si «affretta lentamente». Non solo una motocicletta amplifica lo stesso desiderio, lo estende a comparti della mente e del corpo assolutamente sconosciuti ai non motociclisti. Mi dispiace molto per loro.

Se l'argomento ti rende preda dell'imbarazzo, arrenditi all'evidenza: la moto si monta. Si guida anima e corpo. Tutto il corpo. Ha i suoi punti erogeni che, se ben sollecitati, reagiscono a comando. Quando sale a uno stadio di beatitudine superiore, la bella guida diventa arte, la tecnica nella sensazione. La percezione del ritmo, il susseguirsi delle curve nella giusta cadenza, diventa essenziale. È il famoso momento in cui il pilota fa volteggiare la moto nel più appassionato e simbiotico dei balli di coppia. È sesso figurato nel quale la velocità diventa un elemento secondario. Nella forma della motocicletta si ama individuare tratti antropomorfi, comportamenti e analogie come se fosse un essere di carne e sangue. Quando non è vestita di una carena è definita *naked*, nuda. E quando è vestita, per ragioni aerodinamiche il designer cerca sempre di esaltarne, o scolpirne, le forme strutturali. Siamo molto lontani dalle carenature a campana degli anni cinquanta, ampie come le maxigonne svasate di allora. Di più: gli anglosassoni utilizzano i termini *sexy* e *motorcycle porn* per misurare il grado di piacere e turbamento che instilla una moto. Sono modi di dire ormai entrati anche nel quotidiano dei motociclisti italiani, che attingono spesso e volentieri al linguaggio del porno e dei suoi sottogeneri. Chiunque sa di andare a bersaglio nel definire «milfona» un modello di quaranta o cinquant'anni fa ancora avvenente e capace di prestazioni notevoli – e preferisco fermarmi qui. Le moto come pornostar? Perché no. Che si tratti di servizi fotografici o video, molto spesso l'editoria ha un approccio quasi pornografico nell'osservarle, scandagliarle, esibirle nei dettagli più intimi. Disegnatori e fotografi sanno trasmetterne le qualità più arrapanti (visto?), così come i customizzatori più abili riescono a esaltarle, liberi dai freni inibitori posti dal vincolo omologativo e dalla fredda razionalità della costruzione in serie – famola strana! Grazie, o a causa, del web, l'accessibilità iconografica estrema e immediata accomuna la moto al corpo femminile e maschile. Giusto, sbagliato, eccessivo: a ognuno il suo punto di vista. Intanto è divertente notare come non pochi motociclisti maschi accostino la visione romantica delle attrici più sensuali degli anni settanta e ottanta alle maximoto e alle sportive dell'epoca. Non ne sono immune: per un'intera stagione ho chiamato Florinda, come la Bolkan, la Kawasaki 900 RS candy brown/orange che usavo nei corsi. Si tratta di classici in ogni caso, no? Peccato che ci si fermi perlopiù all'apparenza e al gusto della battuta, mentre sarebbe interessante confrontarsi con il concetto estetico «il desiderio è vita, l'appagamento è morte». Mi assilla da tanto tempo ed è estremo solo all'apparenza. Per esempio, chi ha scelto una «porno-moto» è proprio sicuro di saperla soddisfare con le sue performance di guida? Me lo sono chiesto spesso, nelle ordinarie domeniche trascorse sui passi di montagna, nell'osservare una conturbante supersportiva V4 di ultima generazione montata da un cavaliere palesemente inadeguato. Contento lui, direte. In fondo, se l'è pagata. E se potesse parlare lei, la moto? *Ma gli androidi sognano pecore elettriche?* titola il romanzo di Philip K. Dick.[5] Allo stesso modo, nel buio solitario del garage, una supersportiva potrebbe sognare un amplesso strepitoso stretta al suo pilota, nel suo talamo di asfalto?

La prima volta che mi sono imbattuto nella storia di una motocicletta desiderata, amata e posseduta, ma sempre con misura, eleganza e assoluto buon gusto, com'è dovuto a una signora, stavo leggendo un libro che mi è piaciuto molto: *Ti porterò a Bray Hill* di Roberto Patrignani.[6] Su consiglio di un comune conoscente, proprio al grande giornalista, motociclista e viaggiatore scrissi una lettera appassionata nella quale espressi la consapevolezza che, alla soglia dei quarant'anni di età e dopo quasi venti trascorsi lavorando da art director, non avrei potuto continuare la mia professione allo stesso modo. Desideravo ardentemente iniziare a esprimermi, a mettere alla prova la mia creatività proprio con le motociclette. Patrignani mi rispose molto signorilmente e sempre rivolgendosi a me con il solo cognome, come usava la vecchia scuola. Auspicando un incontro di persona, mi augurava di riuscire nell'intento. Punto. Solo adesso mi rendo conto del fatto che, appena pochi anni dopo quella preziosa lettera (che ancora conservo), fu pubblicato il primo numero di *Curve&Tornanti*, di cui non mi sono neppure ricordato di inviare una copia omaggio a Patrignani. In ogni caso, se la moto può essere considerata una donna attraente, è per le sue forme. Quanto sia erotizzante è dovuto alle possibilità di contatto fisico che offre al suo pilota e al passeggero. Le eroticissime posizioni di guida sostenute dalla forza centrifuga nella danza in curva provocano un turbinare di sensazioni che possono essere notevoli e consistenti per durata e intensità. Il sublime piacere della Leggerezza, quell'incommensurabile opportunità offerta dalla seduzione in movimento, si prova facilmente anche in coppia. Alzi la mano chi, dopo essere riuscito a ottenere un appuntamento galante con il pretesto del giretto in collina o al mare, non ha pensato che a quel punto era fatta e che al ritorno, dopo avere danzato in coppia per un intero pomeriggio d'estate tra le curve, la passeggera avrebbe irrimediabilmente capitolato? Mi viene da sorridere pensando non solo alle avventure moto-erotiche mie, dei miei amici e amiche motociclisti, ma anche a quante volte in vent'anni di corsi abbiamo ricevuto una quantità di e-mail e messaggi di ringraziamento da mogli, amiche e compagne diventate all'improvviso – e finalmente – entusiaste passeggere: «Adesso sì che con lui mi sento sicura e mi diverto». Oppure: «Grazie-grazie-grazie! Dopo il vostro corso, quando guida la moto mio marito non è più lo stesso!».

Al di là dell'aspetto sensuale del condividere l'intimità dei pochi centimetri quadrati di vilpelle della sella con un'altra persona, resta intatto il ricordo delle passeggere più importanti della mia vita. Da giovane non avrei potuto immaginare quanto straordinaria potesse essere la sensazione di portare in moto le mie due figlie, fin da quando erano piccole. E naturalmente mia moglie, prima e dopo di loro. Come non avrei mai pensato che Marilù, non vedente dalla nascita, potesse desiderare di sentire la differenza tra il mio modo di guidare e quello di suo marito, che in quell'occasione era stato mio ottimo allievo. Il piacere di stare in sella smuove l'anima e la fantasia. Quanto in là ci si vuole spingere, magari fino all'origine del piacere, sono solo le emozioni a deciderlo.

Note

[1] D'Annunzio Gabriele, *Il piacere*, Mondadori, Milano 1990, p. 241.

[2] Berger John, *op. cit.*, p. 118.

[3] Cianferoni Carlo, *GarageDiabolico,* Sometti, Mantova 2014.
[4] Cianferoni Marina, *Due ruote e una manovella*, Pieraldo, Roma 2007.
[5] Dick Philip K., *Ma gli androidi sognano pecore elettriche?*, Fanucci, Roma 2000.
[6] Patrignani Roberto, *Ti porterò a Bray Hill*, Giorgio Nada, Milano 2007.

Interventi

di Giovanni Cabassi,
Paolo Sormani,
Giovanni Bussei
e Klaus Nennewitz

Sulla cultura motociclistica

di Giovanni Cabassi
Fotografo, ideatore e organizzatore della rassegna Mad-Moto arte design

Sono un appassionato motociclista che ha avuto l'immensa fortuna di essere stato custode, per periodi importanti della vita, di creature dell'ingegno umano che fanno muovere il cuore e gli occhi. Dei molti progetti che avevo nel cassetto (e nel garage) fin dall'adolescenza, qualcuno si è realizzato, altri mi hanno portato insegnamenti, alcuni si sono rivelati amari come una scivolata sull'asfalto. Due o tre dormono ancora, e chissà se si risveglieranno mai. Il Mad-Moto arte design è la creatura che più mi somiglia, la sintesi di un viaggio di ricerca personale dedicata al pubblico godimento. Qui c'è tutto quello che cerchiamo da motociclisti, da cultori del fantastico irraggiungibile poderoso velocissimo assatanato pionieristico azzardato mondo a due ruote. Qui stanno tutta la mia esistenza, le mie ricerche appassionate, i miei piccoli successi e i miei grossolani errori.

Come ci sono arrivato? Ripassando il mio diario scolastico di sedicenne, farcito di collage con immagini di moto, ho avuto la netta sensazione che già da allora ci fosse gran parte della rotta segnata, o quantomeno una traccia ben precisa per iniziare un percorso che ancora non sapevo dove mi avrebbe portato. Nel corso degli anni successivi, quando da ragazzi si diventa adulti e spesso si raffreddano bollori e frenesie, lo smodato e a volte insano bisogno di coltivare la passione per la motocicletta, invece di scemare, è aumentato a dismisura.

L'aver condiviso un bel pezzo della strada, proprio quella dai venti ai trent'anni, che è formativamente importante, con Carlo Talamo a fianco credo sia stato di stimolo ulteriore. Se è vero che nella condivisione di attimi di vita ci si sente più uniti, mi fa piacere pensare che il nostro incontro abbia provocato qualcosa di assolutamente speciale. Non mi riferisco solo – e forse basterebbe – allo sviluppo e al rilancio di un marchio di motociclette storico come Triumph, che languiva semiabbandonato e pressoché sconosciuto ai più. Penso invece a quanto la visione di Carlo abbia avuto, e ancora oggi ha, un'influenza importante nell'approccio delle piccole e grandi cose della mia vita.

Punti di vista. Di questo sto parlando. E di visioni poetiche che prendono alimento dal nostro profondo per diventare azioni pratiche. E del coraggio nell'essere se stessi fregandosene delle critiche, delle invidie, delle mode. E dell'approccio ai problemi e alle sfide con occhi da bambino, privi di pregiudizi. E del far divenire un punto di forza la sensibilità, così spesso confusa con la debolezza.

Il fatto che Carlo ci manchi così tanto, vent'anni dopo la sua scomparsa, credo sia significativo. Quelli che hanno avuto il privilegio di viverlo possono capirlo bene: in mezzo alle contraddizioni costanti, ai cambiamenti repentini di umore, agli urli improvvisi e inaspettati, si celava una capacità di relazione straordinaria, una forza vitale passionale, a volte bruta e spesso dolcissima. Chi l'ha solo sfiorato davanti alle vetrine milanesi della Numero Uno comunque trattiene gelosamente quell'attimo, le poche parole scambiate, i gesti compiuti nel muovere una moto, com'era vestito e se avesse o no le calze dentro le immancabili Superga bianche. Ma quando l'ho conosciuto la Numero Uno era ancora da venire, e noi eravamo solo due ragazzi poco più che ventenni alla ricerca di risposte. Ci andavano a genio le stesse cose, le mani unte di grasso, le spiagge d'inverno, le corse in moto di notte avanti e indietro in tangenziale, la bresaola tagliata fine, l'Husqvarna e Steve McQueen, Marty Feldman e Arlo Guthrie. Mi ha insegnato la Triumph, io gli ho fatto capire la BMW.

Ci piacevano le motociclette tedesche e quelle inglesi per il loro carattere. Le HRD-Vincent, le Brough Superior e le Velocette erano il sogno proibito, le Harley-Davidson una sfida da pionieri. Le giapponesi, che erano tecnicamente avanti un secolo, affidabili e insostituibili, proponevano aspetti innovativi e andavano forte, tanto tanto forte. Ci piacevano tutte le motociclette del mondo e in ciascuna ci sforzavamo di trovare quel perché che ci facesse capire il senso del loro stare in una vetrina e, poi, in strada.

Ho cominciato così, col naso spiaccicato sui vetri e le bigiate da scuola volte a una giusta causa: il Salone del ciclo e motociclo di Milano. L'evento degli eventi. Eh già, eccoci qua, nel gran marasma di luci e pubblico sudato, accalcati attorno a modelle ammiccanti seminude e rimbambiti da suoni volgari. Tutto il contorno svia in modo banale dal vero scopo: l'osservazione della motocicletta. Volevo un qualcosa di diverso. Ho concepito e realizzato qualcosa di diverso. E qui torniamo al Mad, a molti anni e molti chilometri dopo, a quando tutti gli ingranaggi della mia distribuzione a cascata hanno trovato la giusta collocazione; e a quanto scrissi a riguardo nel 2007 nell'introduzione del catalogo della prima mostra, ospitata dal Palazzo del Ghiaccio di via Piranesi a Milano. Quella che avvolgeva di luce diffusa e morbida settantacinque straordinarie modelle dalle gomme lustre. Quella dove certi appassionati, affermati giornalisti compresi, si presentavano ogni mattina prima di andare in ufficio; e la sera, prima di tornare a casa. Quella che lasciava lo spazio alla contemplazione, quella che mi affondava i denti nello stomaco e mi faceva scoprire nuove prospettive e pennellate di genio. Tutti i giorni.

Mad è una mostra di Forme Veloci

Le 75 motociclette che vedete rappresentano il tocco del genio, la sfida architettonica applicata a ciò che penetra il vento, viene accarezzata dall'aria rovente di un circuito, fora la notte con un lampo di nero e cromo.

Due ruote, un motore, a volte un vestito di gala, certe altre nulla più del minimo indispensabile per poter correre forte attraverso i decenni.

Ho la convinzione che il tratto ardito del Designer non sia così mutato: l'impressione è che un comune denominatore leghi matite e pensieri e vecchi tecnigrafi e programmi tridimensionali multicolori.

Il metallo gioca e fa giocare.

Un mezzo di locomozione diventa sogno di fantascienza.

Il Pubblico stenta a capire.

Viene addirittura prodotto.

C'è chi ride.

A volte venduto.

La gente nicchia.

Spesso è compreso solo molti anni più tardi quando anche noi ci ritroviamo ad aver bisogno di un poco di follia visiva e di complicazioni di forme.

O di semplicità assoluta.

Da qui la necessità di osservare un Grande insieme. Insieme.

Condividere e Contemplare.

Il più importante colpo d'occhio sotto il profilo affilato delle carene ci porta a ritmare partiture metalliche e scherzi di riflessi argentei.

Molto colore rosso intenso. Il nero e l'oro. L'acciaio.

I punti focali rimbalzano così tanto che vorrei dotare tutti i partecipanti a questa mostra di una tuta bianca completa.

Per osservare e non distrarsi, suggere le linee e farsi risucchiare da quella marmitta così oltraggiosamente prepotente che urla diecimila giri anche nel silenzio ovattato.

Lì sulla sua pedana.

Allora facciamoci portare, una per volta, sulla sella della fantasia motociclistica; annusiamo i colori delle plastiche e sentiamoci Agostini, Picasso e Renzo Piano.

Immaginare costa pochissimo.

E rende grandi.

Dall'ottobre del 2007 sono passati quattordici anni esatti e mi accorgo che il mio pensiero non è cambiato. Avrei voluto che quella manifestazione di Orgia Motociclistica potesse ripetersi all'infinito proponendo visioni differenti a ogni edizione.

Il Mad 2009-2010 allestito a Milanofiori aveva per tema «Il futuro era già qui», un chiaro esempio di quanto sopra. Trenta fra le più controverse e avveniristiche motociclette caratterizzate da «scelte stilistiche alquanto azzardate e soluzioni tecniche davvero alternative» svelavano gli approcci e le diverse soluzioni dei loro artefici.

Molti non avevano mai sentito parlare della Paton, creatura da corsa artigianale e milanese realizzata da Giuseppe Pattoni, Davide fra i Golia, ininterrottamente in classe regina dal 1968 al 2001. Un record per qualsiasi Costruttore privato. Ecco a voi tutti i verdi bolidi prodotti da quel genio del Pep, durante la sua esistenza perennemente vestita della tuta azzurra da meccanico.

Non avete idea di cosa sia una HRD Vincent? Eccone una sala piena per permettere, a chi lo desideri, di spogliarsi idealmente e rimanere in costume da bagno, proprio come Rollie Free nel 1948 in una foto che ha fatto storia, icona dell'audacia sconfinata del record di velocità, aggrappato al manubrio del suo amato Black Lightning.

Quindi, caro lettore, eccoci qui a considerare il significato stesso della cultura. Prescindendo dal fatto che sia, o meno, affiancata al nostro mondo fatto di strade e di motori sfrigolanti fra le gambe. Banalizzando e parlando per me, non mi riesce neppure per un istante dividere il Grande Tutto con la Honda Wallaroo anni novanta, recente acquisto di mio figlio Enrico.

Banalizzando, ripeto.

Il creato è una meraviglia di costante ispirazione e le motociclette ne fanno parte (e che parte!); comprenderne a fondo ogni aspetto richiede una quantità di esistenze e una capacità intellettiva che non mi è data avere. Detto ciò, posso però affinare i miei gusti attraverso lo studio e l'esperienza. Se devo dedicarmi a una specifica motocicletta, voglio sapere tutto di lei, la sua storia, chi l'ha pensata, se ha corso o no, quello che di lei hanno scritto, com'è fatta dentro, come mi parla portandomi attraverso le risaie della Lomellina.

Di più. Ho sentito forte il bisogno di vivere sulla mia pelle quello che altri hanno sperimentato. A modo mio. Come non sono uno scrittore, non ho neppure ricevuto in dono il polso snodato di Mike Hailwood. Dovevo trovare la mia strada che mi portasse alla conoscenza, che mi facesse crescere e comprendere.

Valuto le differenti opzioni del mio navigatore cerebrale: vado a destra e la strada mi porta in South Dakota, in quella cittadina di Sturgis dove a fine anni ottanta la moltitudine di bicilindrici americani si moltiplica a dismisura. Se vado a sinistra, invece, un traghetto mi scarica sul molo di Douglas e l'incantata Isola di Man m'inghiotte, m'incatena e non mi lascia più andar via. Decido di andare diritto, così diritto che la striscia blu dipinta sul sale di Bonneville sembra essere l'unico sbocco naturale alla voglia spasmodica di velocità pura.

Esploro un dedalo di stradine laterali per arricchire un percorso che sia il più completo possibile, ernie e malanni permettendo.

Ora capisco di più, ora valuto meglio.

Chi parla per sentito dire si perde qualcosa di estremamente privato e profondo, una fetta di sapere abbandonato è come non possedere il manuale d'uso e manutenzione all'interno della fiancatina sinistra della Norton. Così come se lo perde chi non contempla a dovere.

Da ritrattista di umani e di motociclette, ho imparato a osservare cercando di assorbire il più possibile da quello che *sento* e da quello che i volti mi raccontano. E le linee del serbatoio. L'inclinazione delle sopracciglia e quella dei tubi di scarico della Triumph Trident.

Scruto, seduto nel buio della sala, quel riflesso di cromo, quella linea della carena che il designer Pierre Terblanche ha voluto così: morbida, raccordata alla cornice del fanale; cerco di capire il perché e a volte chiacchiero direttamente con la motocicletta, chiedendo a lei e aspettando una risposta. Che capita arrivi.

Stiamo parlando di mezzi di locomozione e ogni tanto mi pare di esagerare cucendo addosso alla mia BMW significati che lei (forse) non è in grado di capire. Davvero sa che sua sorella ha vinto diverse Paris-Dakar? E sua cugina una gara al Tourist Trophy del 1976? Attraverso di lei imparo però quella fetta di storia; e da lei al suo pilota Helmut Dähne il passo è breve e Wikipedia è velocissima per gettare una nuvola d'infarinatura che poi trasformerò, se vorrò, in una crosta ben più dura con letture e conversazioni e ricerche.

Non è con la cultura motociclistica che valico il passo Giau, no di certo. Così come non guadagno la pole position al Mugello recitando la tabellina Flathead, Knucklehead, Panhead, Shovelhead, Blockhead dei vecchi bicilindrici a V Harley-Davidson. Quel che conta molto per alcuni non vale nulla per altri, lo sappiamo bene; retorico dire che è bello perché vario, ma è esattamente così che funziona.

Ti faccio, se credi, un paio di esempi. Il primo: erano gli inizi dell'esplosione Harley in Italia e il pubblico era un po' frastornato, in qualche modo impreparato a quello che, nel giro di pochi anni, sarebbe diventato forse il più importante fenomeno di penetrazione motociclistica di sempre (un altro caso, la Vespa negli anni cinquanta, ma questa è tutta un'altra storia); un amico del nostro gruppo si comprò una Honda VF 750 Custom e alla nostra lecita domanda del perché avesse optato per quel determinato modello rispose sereno e anche molto tranchant: «È come la Dévison, ma ha anche quattro scarichi!». Punto. Inutile discutere, andava bene così.

Esempio numero due: nel 2015 organizzai il Vincent Owners Club International Rally in Italia.

Per quindici giorni, circa duecento «ragazzi» di età media ben oltre i sessantasei anni, arrivati da ogni parte del mondo con le loro moto al seguito, scorrazzavano lungo i percorsi scenici (a volte anche impegnativi) che avevo preparato per loro nei mesi precedenti. Alla sera, prima e dopo cena, si socializzava. Una discreta quantità di birra e le lingue si sciolsero. Alcuni fecero questo gioco: con lo *spare part list* della Vincent nelle mani di un giudice improvvisato che controllava, uno faceva una domanda del tipo «ET150?» e l'altro rispondeva «Canna del cilindro»; «FT96/3?»... «Manopola frenasterzo della serie D».

Andarono avanti così per ore scommettendosi la bevuta. Raramente sbagliavano (tranne quando l'alcol aveva preso il sopravvento), tale è la conoscenza di ogni singola rondella della loro motocicletta.

Estremi di una circonferenza che, guarda caso, si sfiorano proprio in mezzo a un incrocio di campagna e si salutano staccando la mano sinistra dal manubrio.

Poi, con un soffio di gas, ognuno continua per la propria strada.

La moto è (anche) una questione di stile

di Paolo Sormani

L'abito fa il motociclista? Non sempre, spesso mente, ma può raccontare molto di qualcuno, negli istanti in cui sfreccia nel campo visivo o si mostra davanti al bar. La moto stessa è un'idea che si definisce con la conquista dello stile personale e il tempo che le dedico è sempre una circostanza speciale. Quant'è vero che una motocicletta racconta il carattere, l'estetica, la cultura e le aspirazioni del suo proprietario, altrettanto si può dire di come ci si addobba per guidarla. Naturalmente ognuno è libero di indossare ciò che crede per proteggersi, per apparire, o per entrambi i motivi: quella del motociclista è una divisa dai mille appunti, in costante evoluzione, divertente da contaminare con codici esotici. A parte il casco omologato secondo la normativa europea ECE, il Codice della strada italiano non prevede altri dispositivi di sicurezza, né capi di abbigliamento obbligatori. All'estero è diverso: dal 2016 in Francia sono imposti i guanti da moto omologati, anche per fare la spesa in motorino. In diversi stati americani sono richiesti gli occhiali da sole, non il casco.

Al di là del fattore protezione e delle disquisizioni stilistiche, ti sei mai chiesto come i motociclisti sono arrivati a vestirsi da motociclisti? Quando il rombo delle mono e bicilindriche irruppe sulle strade sterrate dei primi anni del secolo scorso, seminando il terrore fra i cavalli e la riprovazione dei passanti, quasi immediatamente ci si pose la questione di come ripararsi dall'aria e dagli eventi atmosferici. Se per una serata di gala era obbligatorio l'abito scuro con la cravatta a farfalla, com'era possibile arrivarci su due ruote senza presentarsi ricoperti di polvere o inzaccherati di fango? In fondo la motocicletta altro non era che una robusta bicicletta dotata di motore. Il suo sviluppo tecnologico era perlopiù *trial and error*, empirico, fatto di intuizioni, sbagli e perfezionamenti. Bene, lo stesso fu per l'abbigliamento moto. All'inizio si provvide prendendo a prestito il guardaroba dalle altre attività ricreative all'aria aperta, parenti della moto nella velocità, nell'atto di cavalcare e nel fendere l'attrito dell'aria. Dalla bicicletta arrivarono le maglie e i maglioni di lana, più o meno robusti e pesanti a seconda della stagione. L'equitazione fornì i classici pantaloni alla cavallerizza a vita altissima: larghi sulle anche e sulle cosce per permettere il movimento, abbottonati stretti sui polpacci per essere indossati sotto gli stivali e i gambali. Fu la neonata ma già lanciatissima aviazione a fornire i capi più adatti a sfidare i rigori della pioggia, del freddo, della melma, e qualsiasi altra cortesia di cui la strada facesse gentile omaggio ai motociclisti. Molti aviatori reduci dalla Prima guerra mondiale ricercarono l'adrenalina del volo e del combattimento sulle moto. Di conseguenza, dai biplani planarono in sella i pastrani lunghi in pelle, le giacche in montone scamosciato, i guanti imbottiti e i tipici occhialoni a goccia, squadrati, o tondi tipo saldatore. La cuffia di pelle affiancò il classico berretto a visiera per offrire un minimo di protezione alla testa; negli Stati Uniti un'alternativa fu rappresentata dai primi, rudimentali caschetti da football americano e da wrestling in robusto cuoio di cavallino, più resistenti agli urti. Nel frattempo, già a partire dal 1914, Harley-Davidson era diventata pioniera nell'offrire ai propri clienti gli *useful accessories,* capi di abbigliamento specifici per la moto marchiati dal famoso Bar & Shield, all'interno del proprio catalogo ricambi e accessori Genuine H-D. Oltre alle polo abbottonate e i dolcevita in lana a collo alto per la bella stagione, la Motor Factory offriva ai suoi clienti cardigan, blazer sportivi, persino cappotti lunghi ed eleganti completi in tweed verde oliva, a quei tempi il colore più diffuso sulle moto di Milwaukee. I giubbotti di pelle iniziarono a guadagnarsi popolarità fra i motociclisti a partire dagli anni venti, quando il produttore di impermeabili newyorkese Irving Schott disegnò la sua prima giacca per un amico. Sull'altra costa dell'Atlantico, a Londra, Dunhill e Harrods cominciarono a vendere i primi giacconi in pelle destinati ai fanatici d'alto bordo dei motori.

Sempre all'aviazione – e purtroppo a un'altra guerra mondiale – si deve la diffusione dei classici bomber, le giacche di pelle strette in vita e dotate di tasconi, anche nella variante in montone rovesciato. D'altra parte, sugli aerei da combattimento il riscaldamento non era previsto. A partire dal 1935, e per un decennio, si calcola che negli Stati Uniti furono prodotti oltre duecentomila bomber. Gli alleati non furono da meno: la Royal Air Force britannica fu la prima a dotare i suoi piloti di indumenti adatti alla sopravvivenza in condizioni estreme. In particolare, gli scienziati inglesi avevano studiato e messo a punto un tessuto in fibre di cotone extralunghe in fiocco. La tessitura a trama strettissima permetteva agli aviatori di vestire comodamente. Allo stesso tempo, l'elevata resistenza all'acqua salvò la vita a molti piloti e navigatori precipitati nelle fredde acque dell'Atlantico e del Mare del Nord. La guerra portò anche alla grande diffusione dei capi in tela di cotone. Le uniformi per l'esercito erano robuste, studiate per resistere alle abrasioni e favorire il movimento del corpo dei soldati. Gli scarponi alti che oggi chiamiamo anfibi, con spesse suole in cuoio e doppia allacciatura a stringhe e cinghietti, diventarono così popolari da costituire la prima scelta nelle calzature da moto fino a tutti gli anni settanta. Il Dopoguerra cominciò a definire lo stile del motociclista con la comparsa del chiodo, la classica giacca di pelle nera dotata di cerniere lampo e cintura in vita. Marlon *Johnny* Brando la rese un'icona nel film *Il selvaggio* del 1953. Il giubbotto indossato nel film era il modello One Star acquistato nel negozio della Schott Bros. di Los Angeles. Da allora quel giubbotto, evoluto nella versione Perfecto, fu realizzato in innumerevoli versioni negli States da Langlitz e Vanson; e in Gran Bretagna da Aviakit, Lewis Leathers, Highwayman e numerosi altri laboratori artigianali.

Le competizioni sono state il secondo importante fattore che ha portato all'abbigliamento tecnico così come lo conosciamo oggi. L'evoluzione del casco compì passi da gigante grazie all'azienda americana Bell, fondata da Roy Richter. Nel 1954 introdusse il modello 500 (dal nome della Indy 500), il primo casco «jet» aperto come lo conosciamo oggi. Studiato sull'esempio di quelli adottati dall'aviazione militare e più protettivo e aerodinamico, il jet in vetroresina eclissò la classica scodella Cromwell nel giro di poco tempo. Tre anni dopo Bell alzò l'asticella con il 500 TX, il primo casco con imbottitura in poliuretano espanso, che assorbe meglio gli urti ed è adottata ancora oggi. L'altra grande rivoluzione fu sempre dovuta alla Bell e alla tecnologia aerospaziale: non per nulla il primo integrale della storia fu battezzato Star. Dopo cinque anni di studi e collaudi, il casco «chiuso» fu lanciato sul mercato americano nel 1967. I primi a sceglierlo furono (di nuovo) i piloti della Indy 500, ma dopo qualche resistenza dovuta alla visibilità ridotta, fu adottato anche dai centauri del Continental Circus e dai motociclisti sportivi. Specie dopo l'arrivo della versione con la visiera di plastica sollevabile. La Bell chiuse il cerchio nel 1975 introducendo il Motostar, il primo integrale destinato al fuoristrada dotato di mentoniera protettiva, perfezionato quattro anni più tardi nel Moto 3. Ecco: questi quattro modelli hanno posto le basi del casco moderno. Sempre nelle competizioni va individuato il secondo fattore determinante che ha creato ed evoluto l'abbigliamento tecnico per motociclisti. Le tute di pelle, integrali o spezzate, sottili come pigiamini (per risparmiare il peso) e tradizionalmente nere, cominciarono a diffondersi in technicolor negli Stati Uniti alla fine degli anni sessanta grazie a Bates Leathers. È a questo punto che entrarono in gioco il gusto, il saper fare e la creatività degli italiani. I successi dei piloti e delle Case tricolori nei campionati del mondo, aggiunti alla diffusione delle due ruote come veicolo ricreativo ed espressione dell'individuo, favorirono la nascita di marchi specializzati nell'incontrare la richiesta di capi dedicati da parte di centinaia di migliaia di motociclisti. All'inizio degli anni settanta, Lino Dainese aveva scoperto che l'abbigliamento moto era perlopiù importato o di dubbia qualità. Per gli amici e i conoscenti aveva iniziato a tagliare pantaloni di pelle su misura per il fuoristrada. Vivendo fra il distretto vicentino della concia (Arzignano) e delle confezioni (Marostica), Dainese fondò la sua azienda nel 1972 a Molvena. La qualità, il taglio e l'uso del colore portarono campioni come Giacomo Agostini ad adottare le sue tute in pelle resistenti alle abrasioni già alla metà del decennio. Quando Barry Sheene gli espresse l'esigenza di proteggere la schiena, Dainese inventò il primo paraschiena, battezzato Aragosta per l'ispirazione zoomorfa, con la collaborazione del designer francese Marc Sadler. Parallelamente, sempre nel 1972, il piccolo imprenditore trevigiano Sante Mazzarolo aveva presentato il suo innovativo stivale da motocross al concorso di stile Oscar della moda a Torino. Rinforzato da una piastra metallica e chiuso da sette fibbiette, diventò il capostipite della collezione Oscar, che avrebbe portato il suo marchio Alpinestars alla fama internazionale nel mondo delle corse e fra i motociclisti. Il nuovo distretto veneto dell'abbigliamento moto sarebbe proliferato con le marche che hanno diffuso e affermato la qualità e l'innovazione del made in Italy sul mercato globale: Axo, Clover, Gaerne, Sidi, Spidi, Stylmartin TCX, tanto per citare alcuni dei nomi più conosciuti.

Nel frattempo, a Valenza, un altro pioniere del made in Italy, Gino Amisano, aveva iniziato a proporre i caschi a mezza noce in fibra di vetro già nel 1954. L'anno dopo sarebbe arrivato il primo modello jet e, nel 1967, il primo integrale con il tricolore e il marchio AGV. Il resto, come si dice, è storia contemporanea: l'abbigliamento moto ha continuato ad attingere alla tecnologia e ai materiali sempre più sofisticati studiati e brevettati per applicazioni belliche, aerospaziali e antinfortunistiche di vario tipo. I reparti di ricerca e sviluppo delle aziende hanno continuato ad alzare l'asticella del grado di protezione e di vestibilità dei capi, fino alla recente tecnologia dell'airbag elettronico apparso nei primi anni del terzo millennio. In sostanza, il motociclista moderno e tecnologicamente aggiornato tende sempre di più a somigliare alla moto che guida. A mimetizzarsi in sella, accentuando l'aspetto simbiotico, la complementarità – forse l'inestricabilità – tra l'elemento umano e quello meccanico.

Questo excursus storico può aiutare a capire come si è arrivati alla divisa del moderno motociclista. Oddio, più che una divisa, definiamolo un dress code: varia sempre – anche in modo infinitesimale – ogni volta che usciamo, a seconda della strada e della destinazione. Più spesso lo determina la tipologia di moto che guidiamo. Anche in tempi di postmodernismo, che accavalla tendenze e controtendenze a cicli regolari, di solito il design della motocicletta e dell'abbigliamento del suo pilota girano in coppia. A volte incrociano le loro strade producendo risultati interessanti. È un fatto che mezzi sempre più potenti e aggressivi richiedano di conseguenza giacche, tute, stivali e guanti più leggeri e protettivi (performanti, nel linguaggio del marketing), che invariabilmente fanno apparire il motociclista molto simile al missile terra-terra che dirige. Al contrario, il proprietario di una moto classica volge il suo sguardo romantico al retrovisore e indugia sul passato infilandosi una classica giacca di pelle abbinata a un paio di jeans (da anni disponibili anche in tessuto denim antiabrasione e imbottiti) e stivali vecchia scuola. E se mai vi siete chiesti dove siano finite tutte quelle maglie e gli stivali a fibbiette vintage in vendita su eBay o Subito.it fino a poco tempo prima, provate a dare un'occhiata a una rievocazione o a un rally in offroad d'epoca...

Fabrizio Ricupito, designer e fondatore del marchio-cult Ricoò Style, oltre che autore della linea di fuoristrada TUR, riepiloga in prima persona come ha visto evolversi l'abbigliamento nel fuoristrada a partire dal giro di boa fra gli anni settanta e ottanta:

> Ho cominciato a fare cross ai tempi dei pantaloni di pelle colorata Nord West. L'abbigliamento specifico era di là da venire, al massimo mi mettevo il casco DW'S, poi si girava con le maglie di poliestere o cotone, i pantaloni di tela infilati negli scarponcini stringati. Ecco, il pantalone è l'unico, vero capo tecnico offroad. Quello in pelle di vitello pieno fiore era robusto, ma pesantissimo e troppo caldo. Il mio primo outfit tecnico era tutto M.Robert: pantaloni in cordura con dettagli in pelle, maglia traforata, stivali

di plastica monoblocco Robot, tipo scarponi da sci. Il marchio di Trissino, Vicenza, era il più conosciuto in Italia e in Europa nel cross e nella regolarità di quei tempi.

In quest'ultima disciplina, le icone erano state le giacche quattro tasche nere Barbour e Belstaff in cotone egiziano cerato. Il massimo dell'estro era rappresentato dal tascone inclinato. Il momento liberatorio arrivò con le fibre sintetiche e i brand specializzati anglofoni, ma italianissimi come il già citato M.Robert, Stilmotor, Speed Mode, Brema, oltre a un nome americano importantissimo come JT Racing. Ancora il creatore di Ricoò Style:

> Il boom esplose nella prima metà degli anni ottanta, quando la tecnica superò l'improvvisazione. Ricordo che per la Clover disegnai un pantalone che aprì a uno step successivo, con la banda elastica a spessori differenziati, con taglio sagomato, per assecondare il movimento della gamba. Gli ottanta furono anche il decennio del colore sparato e mischiato, il giallo con il verde e il viola... I cultori di quegli anni sono dei veri fanatici. Posso dire che Axo fu l'equivalente di Aprilia, per come utilizzò le tinte in modo molto moderno, con grafiche concettuali e certi colori che nessuno aveva mai osato proporre.

Però lo stile del fuoristrada – ricorda Ricupito – dall'evoluzione imboccò presto la via di un'involuzione che si è protratta fino al primo decennio del nuovo millennio:

> Fino al 2010, solo la grafica pura ha portato le novità più visibili nell'abbigliamento offroad. D'altra parte, al cancelletto mischiato ad altri quaranta piloti, ognuno punta alla massima visibilità. Il punto più basso fu raggiunto con il sovraccarico di grafiche, colori fluo, motivi da tattoo e teschi un tanto al chilo. Nel fondare Ricoò Style ho voluto procedere nella direzione esattamente opposta e

anche gli altri marchi hanno riportato ordine e sobrietà, ripescando anche dal passato. Negli anni dieci c'è stata una pulizia totale, che è anche un'operazione più complessa, perché il minimalismo si basa sul monocolore e la ricerca della tinta giusta, con un minimo intervento grafico. Anche il materiale ha avuto un'evoluzione tecnica fortissima, nell'attingere al mondo dell'outdoor. Secondo me, nel fuoristrada c'è ancora molto da lavorare sotto l'aspetto dello stile.

Dal *bikerider* californiano anni cinquanta al cyborg biomeccanico, ogni motociclista ha la possibilità di esprimere il proprio stile come ritiene giusto, bello e adeguato, secondo codici estetici che travalicano la tecnologia e il tempo. Se si conoscono le regole del gioco, è facile e divertente mischiare le carte fra passato e futuro, strada e fuoristrada, classico e supersportivo. Possibilmente rimanendo coerenti ed eleganti, cosa tutt'altro che scontata. L'espressione dello stile moto può travalicare la funzionalità stessa e la tendenza del momento. In scia – con un certo ritardo – al mondo del fashion, oggi quasi tutti i grandi Costruttori ragionano in termini di collezioni annuali nel vestire i loro clienti. I più ispirati le affidano addirittura a stilisti estranei al settore moto. Se il casual è spesso il vituperio dell'eleganza, nel nostro ambiente ha portato una boccata d'aria fresca e originalità.

Guidare una motocicletta è uno stile di vita che parla il linguaggio della libertà, della velocità, dell'evasione e dell'individualità. Una moto non si acquista come un'auto. Non è necessaria: è sempre una scelta consapevole. E ogni motociclista è orgoglioso, anzi innamorato, della sua *macchina di emozioni*. È stato inevitabile che la moda, sia maschile sia femminile, la facesse propria non solo in termini di streetwear, ma anche nel segmento luxury. Non occorre elencare tutte le maison e i brand del fashion che hanno attinto – a volte saccheggiato – all'immaginario e all'estetica della motocicletta. Invece è interessante notare come i due produttori di soprabiti Barbour e Belstaff, storicamente adottati anche dai motociclisti italiani per la loro robustezza e resistenza alle intemperie, negli ultimi anni abbiano compiuto un salto di qualità posizionandosi nel segmento del lusso. Ne è passato di tempo da quando si catramava la giacca per impermeabilizzarla; e la povera moglie, o fidanzata, scendeva di sella con il petto regolarmente annerito...

Una divertente collisione fra stile e moto classica è stato il Distinguished Gentleman's Ride, un'uscita in moto per beneficenza che, grazie ai social, nel giro di tre anni si è trasformata in un caso di studio di successo globale. Tutto cominciò nel 2012, quando l'australiano di origine iraniana Mark Hawwa notò un'immagine dell'attore Jon Hamm, il Don Draper protagonista della serie televisiva americana *Mad Men*, in sella a una Matchless. Indossava con naturalezza un azzimato completo marrone dei primi anni sessanta. Una cartolina strepitosa, senonché nel mondo anglosassone nessun gentiluomo, per quanto fuori dagli schemi, si sarebbe sognato di affrontare una sputa-olio inglese o americana senza la giacca di pelle o di cotone cerato, i jeans e gli stivaloni. In ogni caso, l'equivoco ha funzionato benissimo: grazie ai social, già al primo appuntamento (tradizionalmente cade l'ultima domenica di settembre) il Distinguished Gentleman's Ride è stato un evento internazionale che ha generato parate di elegantoni, graziosamente inappropriati in sella alle loro moto classiche, o special. Anzi, nei primi tempi, la regola non scritta era che più estrema fosse la moto, più elegante e formale avrebbe dovuto vestire il pilota. I 2500 partecipanti del primo anno erano diventati 116000 nel 2019, in 678 città di 104 paesi sparsi nei cinque continenti. La beneficenza è stata più di un bell'accessorio: nei suo primi dieci anni, il DGR ha raccolto circa venticinque milioni di dollari destinati alla Movember Foundation, che si occupa della ricerca oncologica. Spiega Hawwa:

> Quando ho fondato il Distinguished Gentleman's Ride, gestivo una caffetteria e avevo creato il gruppo Sydney Cafe Racers. Sono sempre stato bravo a far interagire le persone. Fin dall'inizio volevo legare l'iniziativa a una buona causa. Mi sono guardato rapidamente intorno e mi sono accorto che la gran parte dei motociclisti è costituita da uomini dai trenta ai settanta anni. Diversi hanno

sofferto di tumore alla prostata, altri dovranno farci i conti prima o poi. Perché non sensibilizzarli alla ricerca che contribuirebbe a risolvere questo grande problema?

Anche in questo caso, il gioco è bello quando dura poco. Nel trasformarsi in un evento globale, il DGR ha aumentato progressivamente la raccolta dei fondi, perdendo, di contro, lo smalto, la coerenza e soprattutto l'eleganza originale. Gli sponsor di settore e della moda hanno presto sfruttato l'iniziativa per schierare le loro squadre di *influencers*, *brand ambassadors*, *social media partners* e via smarchettando. Lo stile *dapper* lascia spesso a desiderare e al raduno ormai si vede di tutto. Persino – orrore! – i jeans e certe improbabili mise da cercatori di funghi tirolesi. È intrigante notare come per molti motociclisti italiani e francesi, in realtà, il Distinguished Gentleman's Ride sia un vero e proprio *misunderstanding*, un errore di traduzione. Nei paesi anglosassoni è raro che la moto e il relativo abbigliamento si sovrappongano alle esigenze professionali. Nessun uomo d'affari, professionista o impiegato si sognerebbe di presentarsi in ufficio in tenuta da biker, necessaria a ripararsi dall'inclemenza del clima. Al contrario, dalle nostre parti è abbastanza comune raggiungere il luogo di lavoro in moto indossando il completo formale, la cravatta e le scarpe stringate. Gli inglesi lo definiscono *parisian style*, lo stile parigino. Se si lascia lo sguardo libero di vagare nei centri storici italiani, però, si vede subito come sia largamente condiviso anche su questo versante delle Alpi. È la nota di eleganza che contraddistingue il motociclista italiano.

Il problema, perché ce n'è sempre uno, è che quasi mai l'eleganza va di pari passo con la sicurezza. Il compromesso è d'obbligo. Per esempio, i produttori stanno trovando il modo di mimetizzare l'airbag moto nei gilet indossabili anche nei trasferimenti casa-lavoro o direttamente nelle giacche in pelle. Resta il problema della Visibilità. Non nel senso di farsi ammirare: mi riferisco proprio alla questione di essere visti su strada, in movimento. Uno studio di qualche anno fa aveva dimostrato che un casco interamente bianco è più visibile nel traffico. Oggi è stato aggiunto il carico del bianco rifrangente, del giallo e dell'arancione fluo, le cosiddette colorazioni *high visibility*, anche su giacche e gilet. Nella quotidiana lotta per la sopravvivenza del motociclista, ogni accorgimento in fatto di protezione passiva può essere utile. Però, scusate, io proprio non lo sopporto il giallo fluo addosso. Non mi appartiene. Mi fa sentire un evidenziatore a ruote, più che uno scrittore di traiettorie. Prima ho fatto riferimento *en passant* alla Francia e ai guanti. Qualche anno fa, Oltralpe si misero in testa di far indossare obbligatoriamente il tipico gilet smanicato giallo antinfortunistico, con lo scopo di rendere più visibile il motociclista. La Francia, nota bene, è quel paese che nel 1985 e fino al 2015 ha reso illegale per decreto-legge la vendita di qualsiasi moto eccedesse la potenza di 100 cv. Tornando alla proposta del *gilet jaune* da stradino, che poi sarebbe diventato più famoso vestendo l'omonimo movimento di protesta, la rivista *Cafe Racer* mostrò in un editoriale quanto il renderlo obbligatorio fosse punitivo, antiestetico e irrispettoso della storia e dell'estetica del motociclismo. Ci riuscì in un modo semplicissimo ed estremamente efficace: photoshoppando il gilet giallo fluo sui giubbotti di pelle di Marlon Brando nel *Selvaggio*, di Steve McQueen nella *Grande fuga* e di Peter Fonda in *Easy Rider*. Più chiaro e visibile di così...

È interessante notare come, soprattutto a partire dagli anni dieci di questo secolo, la moda abbia pescato parecchie idee e ispirazioni dal mondo moto. A proposito di questa strana coppia, è stimolante la testimonianza prospettica di Stefania Molteni, la prima photo editor del mensile *Riders*. Quella del photo editor è una figura relativamente nuova e del tutto particolare. Riunisce le qualità della direzione creativa, del giornalista (che però non scrive) e l'occhio del fotografo che, anziché scattarle, sceglie le fotografie per la pubblicazione. Un ruolo cruciale, per chi doveva formulare un linguaggio iconografico nuovo per una rivista inedita. Racconta Stefania Molteni:

Quando Roberto Ungaro mi catapultò in redazione era il 2007 e di moto non sapevo nulla, giusto i nomi di Valentino Rossi e Giacomo Agostini. Il mio ruolo prevedeva di raccontarla visivamente attraverso una chiave stilistica che si richiamasse più al mondo del fashion. Se non altro, la curiosità, la capacità di approfondimento e di analisi non mi mancavano. Per capire questo mondo sconosciuto, e soprattutto con quale linguaggio visivo rappresentarlo, iniziai a frugare nei blog: allora si leggevano quelli, Facebook era nato due anni prima e Instagram non esisteva ancora. Dal punto di vista di un'appassionata di equitazione, un mondo in cui lo stile può spesso oltrepassare la capacità sportiva, capii che la maggior parte dei motociclisti puri e duri si vestiva in modo improbabile. Trovai i loro capi di abbigliamento tanto brutti quanto molti modelli di caschi e di moto. Aiutarsi con le categorizzazioni non fu di conforto. Avvocati, notai e liberi professionisti vari sfilavano sulle loro blasonate BMW vestiti come il commenda Zampetti degli anni ottanta, il personaggio interpretato da Guido *Dogui* Nicheli. Poi c'erano gli smanettoni che indossavano tute da pista in pelle, dai colori in netto contrasto con la loro moto. Guardavo i romantici sulle loro moto anni settanta, ma vestiti con jeans di tre misure più grandi, malamente consunti. Decisi di sfruttare il web per scandagliare gli angoli remoti del pianeta e cercare la gente che lo stile l'aveva eccome.

Secondo Molteni, prima di *Riders* non esisteva uno stile moto universale e trasversale, che uscisse dai canoni dell'abbigliamento tecnico e delle subculture rocker, biker, mod. Se c'era, arrivava dalla strada, l'elemento primario al quale la moda ha sempre attinto idee e ispirazione. Ed era rarissimo che una rivista moto proponesse un servizio di moda sulle sue pagine, persino in Italia. Quello che mancava era un modo di vestire che potesse essere portabile, confortevole e credibile anche lontano dalla moto, per esempio in ufficio o a cena. E, allo stesso tempo, che potesse essere apprezzato anche dai non motociclisti che dal nostro mondo si lasciano affascinare. Ancora Stefania Molteni:

> Quando vidi Deus Ex Machina a Sydney, cinque anni prima che arrivasse a Milano, pensai: ecco i motociclisti che mi piacerebbe vedere circolare da noi, con quelle moto piccole e snelle, con motori raffreddati ad aria. Magari vecchie, da pochi soldi, ma accrocchiate secondo un'estetica insieme noncurante e consapevole. Nel corso degli anni, il classico chiodo di pelle nera è stato reinterpretato, destrutturato, strapazzato. Andy Warhol l'ha elevato a opera d'arte, Karl Lagerfeld a simbolo di tendenza ed esclusività come direttore creativo di Chanel.

La ricerca compiuta dal mensile italiano, velocemente preso a riferimento a livello internazionale, ha rivoluzionato il modo di guardare alla moto e ai motociclisti. Se ne accorsero presto i grandi marchi della moda, come ricorda la photo editor:

> Pensiamo anche alla collaborazione tra Sir Paul Smith e Triumph Motorcycles, che ha chiamato lo stilista inglese per disegnare una nuova linea di abbigliamento. In seguito, nel 2005, Smith è passato a vestire direttamente le moto curando la grafica di nove special Bonneville T100. Altre contaminazioni sono state quelle fra C'N'C' Costume National, sotto la direzione di Ennio Capasa, con Ducati Corse per la creazione di capi che potessero essere indossati in pista come in città nella collezione Fall-Winter 2006/07. In seguito, C'N'C' è diventato sponsor ufficiale del team Ducati MotoGP.

Anche Renzo e Stefano Rosso hanno portato il marchio Diesel a farsi un giro sulle Ducati in serie limitata, oltre a produrre una *capsule collection* con Alpinestars ispirata al racing.

Esaminate una per una, le collisioni fra questi due mondi potrebbero rendere questo libro più spesso di diverse pagine. Prosegue Molteni: «Lo stile degli anni dieci è diventato uno standard nel riportare alla ribalta il recupero del workwear, della tela denim giapponese da 14 once, gli scarponcini Red Wing e Blundstone, i caschi aperti dalla linea asciutta, che non facessero somigliare i motociclisti a degli astronauti in libera uscita terrestre». Proprio il casco era un altro elemento in cerca di autore. Al di fuori della prestazione velocistica che richiedeva un integrale più protettivo, aerodinamico e leggero possibile, la voglia di passato e di leggerezza ha portato a rispolverare i classici jet anni sessanta come i Buco o i Davida e DMD omologati, perlopiù legati alla cultura chopper e cafe racer, dalle grafiche pulite ed essenziali. Conclude Stefania Molteni:

> Non si potevano più vedere in circolazione solo caschi fluo o dominati da un terribile disastro visuale. Spesso mi chiedevo, e ancora mi chiedo, perché in fase d'acquisto non sia privilegiata la semplicità, anziché scadere nel totale cattivo gusto. In ogni modo, lo stile moto che ho proposto attraverso le pagine di *Riders* passava per i mercatini vintage, la tradizione e la sobrietà. Non sapete cosa mettervi? Piuttosto di rischiare l'effetto arcobaleno, consiglio sempre un total black. Dalla giacca borchiata in pelle ai pantaloni *skinny* in pelle, che agli appassionati non possono che ricordare quelli delle prime tute da gara, il nero ha vestito i *freestyler* del motocross che hanno fatto volare la splendida sfilata Cosmic Cruiser di Celine Homme, per la Spring-Summer 2022. Paul Smith ha raccontato che da ragazzo seguiva le gare e voleva fare il pilota. Nei sogni e nel desiderio risiede l'amore e la passione che molti creativi del fashion hanno per la moto e il suo mondo. Sarà molto interessante osservare come si evolverà il suo stile in futuro. Seguirà la ciclicità tipica della moda o prenderà una direzione autonoma?

Vestirsi da motociclisti per essere motociclisti

Per sentirsi motociclisti è necessario vestirsi da motociclisti. Non si scappa, signore e signori: va bene l'aperitivo in centro, d'accordo lo stile personale e l'estetica, ma quando si tratta di un giro serio o di scendere in pista, l'abito fa il monaco. Non si richiede al motociclista di vestirsi come un astronauta o di corazzarsi, ma di coniugare etica ed estetica, testa e cuore, estro e razionalità. Anche quando fa un caldo africano e il budget è limitato – un aspetto non infrequente per molti fra noi, negli ultimi anni – è comunque possibile vestirsi in modo efficace e protettivo. Oggi le aziende propongono l'abbigliamento dedicato e specifico per ogni filosofia di moto, dalla paciosa custom alla superbike più rapace, passando per i diversi gradi di strada e fuoristrada. Ce n'è per tutte le tasche, ma se si è costretti al compromesso, occorre essere particolarmente esigenti sul rapporto qualità/prezzo. Mettiamola così: a volte cento euro in più da spendere per vestirsi ne fanno risparmiare mille in terapie quando l'abbigliamento protettivo non ha fatto bene il suo lavoro. I lettori delle riviste e dei siti specializzati sono puntualmente aggiornati sull'uscita dei nuovi prodotti dagli articoli pubbliredazionali. Sanno già che la sperimentazione e l'adozione dei materiali più innovativi offrono continui progressi nel conciliare comfort, praticità e sicurezza. Quindi – a costo di suonare paternalista, o ripetitivo – meglio fare attenzione alla buona fattura e alle protezioni interne ben posizionate, stabili e con maggiore capacità di assorbire l'eventuale urto o strisciata sull'asfalto.

Facciamo un po' di shopping insieme? Bene, dall'alto a scendere: il casco omologato, la giacca con protezioni alle spalle e ai gomiti, il paraschiena o l'airbag. Quindi i pantaloni da moto con i rinforzi su fianchi e ginocchia, gli stivali. E naturalmente i guanti, l'elemento che già a una prima occhiata traccia la differenza fra il motociclista e l'avventizio. Ho incontrato gente che diceva: con i guanti non ho sensibilità. Oppure ragazzi che si bruciano il budget nell'impianto di scarico performante, poi partono il sabato mattina in sneakers, perché i soldi per comprarsi un buon paio di stivali, che possono durare decine di migliaia di chilometri, sono finiti. È una soluzione inadeguata, come giocare una partita di calcio in sandali o, per le signore che hanno usato la gentilezza di seguirmi fin qui, uscire in décolleté a tacco alto in una piovosa giornata decembrina. Vero, le scarpe da tennis sono più disimpegnate e costano meno, ma durano meno e soprattutto proteggono molto poco nel baciare controvoglia l'asfalto. La questione è stata studiata dai produttori di calzature moto, che dalla metà degli anni dieci hanno cominciato a includere regolarmente sneaker e scarpe tecniche alte, con pellame antiabrasione e un minimo di rinforzo sul malleolo e negli altri punti critici. Sono un buon compromesso fra protezione e portabilità.

Non sappiamo se in futuro, nonostante certe campagne mediatiche non del tutto disinteressate, il paraschiena, l'airbag o i guanti omologati (come già avviene in Francia) diventeranno obbligatori. Il casco lo è dal 1986. Secondo una rilevazione dell'Istituto superiore di sanità, prima lo indossava solo il quindici per cento dei motociclisti. Io ero uno di quelli. Come per l'abbigliamento, c'è un casco per ogni situazione, stagione, utilizzo e tipo di moto, dai jet aperti agli integrali racing in materiale composito. C'è solo l'imbarazzo della scelta. L'unico criterio che mi sento di consigliare è di non accettare compromessi per risparmiare sul prezzo. Compra un casco confortevole e di buona qualità, possibilmente con interni staccabili e lavabili, un accorgimento che nei mesi più caldi evita la formazione di favolosi micromondi batterici a contatto col cuoio capelluto. Personalmente preferisco i caschi con chiusura classica tipo corsa, quella con il doppio anello a D (fra l'altro sono gli unici ammessi in pista), rispetto ai sistemi automatici a scatto, con regolazione micrometrica del sottogola. Quale tipologia scegliere? È evidente che per un'ipersportiva è più adatto l'integrale con profilatura aerodinamica, mentre per una custom o una Vespa può bastare il jet. Molto dipende dal grado di protezione che volete assicurarvi. Nel turismo un valido compromesso può essere il casco modulare, cioè con la mentoniera e la visiera che possono essere sollevati. In questo modo, ci si può guardare in faccia e parlare senza toglierselo. Una buona giacca da moto deve avere protezioni su spalle, gomiti e avambracci, sempre esposti in caso di caduta. Si deve poter chiudere bene, senza stringere mai troppo sul collo, sui polsi e in vita, anche per ragioni aerodinamiche. Se si tratta di una giacca da turismo in tessuto tecnico, deve possibilmente avere dei meccanismi per ridurre i volumi che si gonfiano con il vento, oltre a tasche sicure e abbastanza capienti. Se prevede l'alloggiamento per il paraschiena, molto meglio. Può essere, appunto, di due tipi. Il primo è integrato nel giubbotto e va già bene, a patto che la protezione sia della misura giusta per la taglia del pilota e che la tasca preposta nel dorso garantisca una posizione stabile. L'altro è il tipo classico, autonomo e più esteso, con bretelle e fascia elastica addominale. Offre una maggiore protezione e – già che c'è – sorregge i lombi come le vecchie fasce elastiche.

Un aggiornamento importante, una potenziale rivoluzione degli ultimi anni in fatto di sicurezza passiva, è costituito dai gilet e dalle giacche con l'airbag moto incorporato. Costano molto di più rispetto al paraschiena, ma fanno la differenza. Mentre il primo distribuisce la forza dell'impatto su una superficie più o meno ampia, l'airbag moto assorbe quasi completamente l'urto e protegge tutta la colonna vertebrale, con un'efficacia misurata dieci volte superiore rispetto al protettore rigido. Ci sono due tipi di sistemi: il primo è meccanico e si attiva tramite un cavo, un cordino specifico che collega il pilota alla moto; l'altro è wireless, senza un collegamento diretto. Nel primo caso abbiamo una protezione simile a quella offerta dal paraschiena integrale tipo *safety jacket* (generalmente utilizzato nel fuoristrada). Quindi, oltre alla schiena, e in certi modelli anche alle vertebre cervicali, protegge le clavicole e il torace. L'attivazione risente dei tempi di tensione della connessione e in certe tipologie di cadute può essere il suo limite. Grazie all'algoritmo di attivazione, il sistema wireless riconosce automaticamente le situazioni di pericolo e si gonfia in circa ottanta millisecondi. All'occhio umano, è istantaneo. Poi si sgonfia dopo un minuto, per consentire l'eventuale soccorso. Il principio di funzionamento è il medesimo, che si tratti dell'airbag con sacca integrata nella giacca o nel gilet aggiuntivo, oppure nelle tute sportive da pista. Se il sistema è attivato e in ordine, protegge allo stesso modo il più inesperto dei motociclisti come il campione del motomondiale.

I pantaloni devono essere confortevoli, quindi attenzione a non sceglierli mai troppo stretti e fascianti. Anche in questo caso è possibile sbizzarrirsi fra modelli più tecnici o casual, in tessuto resistente all'abrasione. Se preferite i cari vecchi pantaloni in pelle, verificate che siano ben confezionati nella zona dietro il ginocchio: stando piegati per molto tempo, possono creare fastidi. È bene che i pantaloni contengano protezioni sui fianchi e sulle ginocchia. Se sono complete di parastinchi, attenzione che non creino problemi calzando gli stivali, che di solito sono provvisti di protezione rigida frontale. Mai trascurare di mettere un po' di testa anche ai piedi. Scegliete stivali impermeabili o idroresistenti, a seconda della stagione e del clima. Come i pantaloni, non devono essere troppo stretti, o aderenti nella calzata: consentitevi sempre un minimo di agio. Se siete di quelli che «la moto non dorme mai», neanche d'inverno, che piova o tiri vento, controllate che le calzature siano ben confezionate in tutte le zone di lavoro. Per esempio, nella parte superiore del piede, a contatto con la leva del cambio. È la zona più soggetta all'usura e, sulla scarpa comune, lascia sempre capire se la persona che hai davanti è un motociclista. Una sorta di biglietto da visita di cui non ci si deve vergognare: aborro quei ridicoli salvascarpe da allacciarsi sul mocassino sinistro. Tanto vale infilare le scarpe nella borsa della moto e cambiarsele in ufficio, no? Per un'alternativa quotidiana agli stivali, si può sempre puntare sulle sneakers alte da moto. Il resto verrà con l'esperienza. Mi torna in mente un inossidabile *Motorräder* tedesco incontrato mentre era in vacanza in Italia, nell'estate del mondiale di Franco Uncini: «Non esiste cattifa strata o cattifo tempo, solo cattifo equipacciamento» mi raccomandò con aria convinta da dietro i baffoni grigi. Non sempre è così, ma quella frase non l'ho più scordata.

Sulla velocità e le qualità del pilota

Conversazione con Giovanni Bussei

Per avere un'idea piuttosto precisa del personaggio, Giovanni Bussei è quello che nel 2021 si è presentato alla partenza della International Six Days of Enduro, la massima competizione mondiale a squadre di specialità, su una Harley-Davidson XR1000 del 1982. Obiettivo: arrivare fino in fondo, in sella a 249 chili di nudo ferro americano concepito quarant'anni prima per la AMA Superbike. L'avventura si è interrotta alla fine del secondo giorno, ma costituisce l'ideale biglietto da visita per questo imprevedibile pilota torinese. Classe 1972, Bussei è stato tre volte campione italiano di velocità, le prime due volte nella 750 Sport Production e nella categoria oltre 600 cc nel 1996, poi in Superbike nel 2000. La sua carriera ha abbracciato ogni genere di campionato e disciplina, sempre a livello mondiale, fra Superbike (anche negli Stati Uniti), Supersport, Supermotard ed Endurance. Si è cimentato nel motocross e nel Flat Track, persino su ghiaccio. Le soddisfazioni non sono mancate anche dopo aver lasciato la World SBK, vedi il secondo posto alla 24 Ore del Bol d'Or, il quinto posto nel campionato mondiale e il terzo nell'europeo Supermoto; o come quando legnò i vari Melandri, Bostrom, Checa, Bayliss nel 2006 e 2007 alla Barclaycard Superbikers del Motor Show di Bologna. Gli appassionati lo amavano per lo stile inconfondibile da *lawless racer*, il pilota fuorilegge: folta barba, tuta frangiata da hippie della velocità e ginocchio fuori nel motard. Bussei è una figura atipica anche nell'albero genealogico di famiglia, visto che è imparentato con gli Agnelli, la dinastia automobilistica d'Italia per eccellenza. Lui le auto non le ha mai amate. Il monovolume lo sfrutta per viverci, dormire e percorrere chilometri. Mentre sta per doppiare la boa del mezzo secolo, è reduce dal campionato del mondo Supermoto FIM, in sella alla TM numero 200 del suo team SBD Sciolina Bale Dure.

Piloti si nasce?
Sicuramente non nel mio caso. Ho iniziato che ero già grande, a vent'anni, mentre a quattordici andavo per strada con il cinquantino e a sedici arrivarono le 125 (quelle vere!) e la mia prima moto da cross. Mi piaceva, ma potevo passare anche dei mesi senza usarla. Poi successe che, lo ricordo perfettamente, intorno ai diciassette anni, nel guardare una gara di velocità in televisione, credo il GP 500 di Salisburgo in Austria, ho trovato talmente bello il gesto dei piloti che mi ha fatto innamorare di questa cosa. Era il periodo dei 125 a due tempi, quelli belli: la famosa Honda NSR, l'Aprilia AF1. Da lì è nato il mio sogno di andare in pista, non per il piacere di andare forte, ma per fare quello che avevo interpretato come un balletto bellissimo – hai presente il discesone di Donington Park? Tra quei ballerini c'era Gardner, di cui ho imitato il design del casco. Andai subito molto bene, ma non guardavo al risultato, non m'interessava: correvo per il piacere di farlo. Poi, arrivando a livelli più alti, da professionista, nel campionato del mondo sono diventato più competitivo, perché il risultato portava la possibilità di correre anche l'anno successivo. Prima mi faceva piacere, ma non mi cambiava niente, non era la ragione per cui ero lì. Potevo essere contento per come mi ero comportato in una gara anche senza avere raggiunto un buon risultato; e indifferente a una vittoria per cui, secondo me, non avevo fatto niente di speciale. Tendenzialmente sono sempre stato un diesel, le rimonte mi hanno sempre divertito e affascinato.

La Leggerezza è fondamentale per correre?
Io ho sempre guidato e percorso una montagna di chilometri per arrivare ai gran premi, mi serviva per prendere consapevolezza, concentrarmi ed entrare nel weekend di gara creando progressivamente una sorta di pesantezza mentale. Più ne hai, più sei concentrato, più sei disposto al sacrificio, consapevole del rischio. E di conseguenza diventi sempre più forte e quindi performante. La concentrazione ha il suo peso specifico. Al rientro normalmente viaggiavo tutta la notte, arrivavo a casa alle prime ore del mattino e per i tre giorni successivi decantavo. Lunedì stavo benino, martedì ero cotto, mercoledì ero a pezzi, giovedì ritornavo a essere me stesso. La Leggerezza, quando fai il pilota, ha la sua importanza sotto l'aspetto del peso corporeo. Io ho sempre pesato dai 15 ai 25 chili più dei miei avversari, è stato un handicap che mi sono portato appresso fin dall'inizio. Oggi sono alto 1.79 per 79 chili, quando correvo ne pesavo due in meno. Bene, quei due chili mi obbligavano a sacrifici pazzeschi. Però era importantissimo: nel correre in Superbike mi accorgevo della differenza di un chilo sul mio corpo. Non sono mai stato grasso, ma Fabrizio Pirovano, Chambon, Parkes pesavano 25 chili meno di me, in confronto io correvo con un passeggero, una fatica impressionante.

Quanto conta l'Esattezza per correre?
Non credo abbia una grandissima importanza. Credo che nel motocross sia importante, perché hai una sequenza continua di movimenti da eseguire: quando s'inceppa, tutto va a rotoli. Nella velocità... Hai mai seguito una gara della 125, oggi Moto3? Ci vedi qualcosa di esatto? Dieci piloti che piombano in curva l'uno accanto all'altro: dov'è l'Esattezza, alla fine? Anche nelle cilindrate più grosse le imprese sono fuori dall'ordinario. Poi ci sono stati piloti molto forti e molto esatti, vedi Eddie Lawson, il Max Biaggi dei primi anni, Jorge Lorenzo. In pista, l'Esattezza conta molto nella messa a punto della moto, poi però nel momento del bisogno il pilota ci mette il

suo dieci per cento. Nel cross è l'opposto, il mezzo ha un valore, poi l'uomo può fare una differenza impressionante! Nel motard, che è un po' entrambe le cose, sono molto preciso nella messa a punto sull'asfalto, perché mi basta poco per essere infastidito. Poi sulla terra faccio quello che posso: adattarmici per essere competitivo era stata una tortura, perché mi confrontavo con ragazzi fortissimi. Tutta gente che nasceva crossista ed era salita ad alto livello, poi magari non era riuscita a sfondare, o si erano fatti male, si erano stufati dei sacrifici ed erano passati alla Supermoto. Nelle sezioni fuoristradistiche mi sono confrontato con gente che stava nei primi venti in una qualifica di MX1. Era complicato! La terra è il mio mondo, ma per piantare le patate... Per assurdo, adesso ci vado meglio che sull'asfalto, perché le ho dedicato talmente tanta cura da dare l'asfalto per scontato. Che è sbagliato, occorre sempre lavorarci, però non ne ho più tanta voglia.

Com'è nata l'innovazione del ginocchio a terra che hai introdotto nel Supermotard?
Ho sempre amato la disciplina, guardavo le fotografie dei piloti francesi e già dal 1992-93 guidavo una Honda 500 da motard. Ero molto orgoglioso di sentirmi simile a loro con il piede a terra in curva. Poi un giorno, nel 2002 o 2003, mi stavo allenando e c'erano due curve a lungo raggio che mi veniva più facile percorrere con il ginocchio a terra. Ho provato a farne una terza, poi una quarta. Mi sono reso conto di essere andato immediatamente più forte. Lo diceva il cronometro, e per me il cronometro è l'unico ad avere ragione. Quando il pilota dice che una moto va meglio o va peggio solo per una sensazione, sono tutte balle. Il cronometro comanda sempre. Quindi da lì ho cominciato a guidare così. All'inizio fra i motardisti puri ero il brutto anatroccolo, adesso che sono venute fuori le categorie solo asfalto, qualche velocista che guida con il ginocchio a terra c'è. Ma tra gli adepti della disciplina dove la terra la fa da padrona, rimango un'eccezione.

Allora qual è il Supermotard vero?
Quello che si corre a Pleven in Bulgaria, con lo sterrato asfaltato. I bulgari hanno fatto scuola, hanno inventato una cosa che non c'era e che ha dato un vero senso alla Supermoto. In Italia gli sono andati dietro Busca e Castelletto di Branduzzo. Anche in Spagna ora ci sono piste di questo genere, ma non le conosco. Non ha senso utilizzare una motocicletta su una superficie per la quale è meno performante di un'altra. Su terra andresti più forte con una moto da cross, su asfalto con una da strada. Non ha senso, la moto è sempre perdente. Invece, sull'asfalto che copia la pista sterrata con i salti e le curve inclinate, ce n'è solo una sempre performante: quella da motard.

Anche in pista la velocità è il mezzo per arrivare alla Rapidità?
Sono due concetti legati. Normalmente, più vai veloce, più sei lento e dolce nei movimenti in sella. Più vai piano, più i movimenti sono rapidi e violenti, sia in pista, sia nel cross. Nell'affrontare una curva a 250 km/h, il corpo si muove in modo relativamente dolce, mentre in una variante, o in un tornantino da 70-80 km/h, il corpo è più veloce e aggressivo. Prendi Monza: se pensi alla variante della Roggia, il movimento è estremamente secco e veloce: *pim, pam!* Alla Ascari usi sì la forza, ma il movimento è lungo e lento. La Rapidità è legata alla velocità, ma non la crea: e in pista è la velocità che appaga il pilota. La velocità è concentrazione, una forma di guerra per superare la paura. Più sei veloce, più il rischio è elevato, più la testa funziona. E godi, nello spremere il cervello: la velocità è per l'ottanta per cento cerebrale. Quando correvo, le piste veloci erano per me una fatica bestiale perché, essendo più grosso della media, per cercare di essere aerodinamico mi schiacciavo nella linea della moto, dentro la carena. Ricordo che nelle piste veloci come Hockenheim finivo i turni di prova devastato, mentre ero fresco su quelle più tortuose, più fisiche, come Sugo, Imola o Laguna Seca. Sicuramente anche la velocità alzava la tensione: sui lunghi rettilinei trattenevo il respiro in modo da comprimere la cassa toracica, per essere il

più aerodinamico possibile! Soffrivo il caldo, perché non prendevo aria, mentre sulle piste tortuose il tuo corpo è sempre fuori dalla moto e respiri.

Nel correre a cosa pensavi?

Dipende dal tipo di gara. Nella velocità non pensi. Sei troppo concentrato. Una sensazione bellissima: sei tutt'uno con te stesso, non ti accorgi del tempo che scorre. Nelle 24 Ore invece pensi tanto, a tutto, ti godi la guida ed è parimenti bellissimo. Lo trovo un bel modo di fare motociclismo sportivo, senza essere sotto pressione. La prima l'ho fatta nel 2002 al Bol d'Or perché cadeva nel giorno del mio trentesimo compleanno. Mi aveva chiamato il team GMT 94 e subito risposi di no, consideravo le 24 Ore le gare dei pensionati. Poi ho guardato la data e li ho richiamati. Avevo organizzato tutto per poter compiere il mio turno di guida a cavallo della mezzanotte e festeggiare da solo nella notte facendo quello che amavo: guidare.

Vedere, essere veduti, prevedere: come si corre di notte, alla luce dei fari?

Mai avuto difficoltà. C'era il problema dell'olio, se c'è una rottura meccanica non lo vedi. Io mi sono imposto di usare sempre molto il naso al posto degli occhi, facendo molta attenzione agli odori. In quegli anni erano morti diversi piloti, caduti per colpa dell'olio perso da altre moto. Fin dall'inizio ho sempre tenuto molto ben presente il fatto che nelle gare potevo ammazzarmi, quindi ero molto attento a evitarlo e uno dei fattori di rischio era l'olio. Nelle gare di velocità ho sempre pensato che era importante avere gli occhi dietro al casco, una specie di sesto senso. Davanti, quello che succede lo vedi. Non c'è nulla di nascosto. Invece bisogna avvertire in anticipo qualsiasi cosa arrivi da dietro. Le orecchie mi servivano a poco, correvo con i tappi. Nel motocross e nell'enduro la Visibilità è preclusa dalla polvere e dal fango. Quando hai dieci moto davanti non vedi nulla, ecco perché considero i crossisti dei fenomeni. Per gli occhi, nelle 24 Ore il momento più difficile era l'alba, mi ha sempre dato fastidio, il sole sorge velocemente e non dà il tempo alle pupille di abituarsi al cambio della luce. Poi sei stanco e dopo la frescura della notte torna il caldo, che in quei momenti diventa fastidioso.

La Molteplicità è una qualità relativa in corsa, il pilota corre contro tutti gli altri...

È legata al tuo team. Ho sempre visto il mio ruolo come di una pedina, lo sforzo finale del lavoro di un'intera squadra. L'ultimo staffettista: potevo bruciare tutto, o rendere felici i meccanici, le loro famiglie, i dirigenti del team. Fra i piloti, la Molteplicità è legata all'attenzione verso gli altri piloti, specie nelle prime fasi della gara, quando si corre vicinissimi l'uno all'altro. Quando correvo io, i piloti scorretti li contavi sulle punte delle dita. Poi all'inizio degli anni duemila sono usciti i primi esempi di scorrettezza vera, quella voluta per raggiungere un risultato, che poi ha creato la generazione odierna dei giovani piloti aggressivi che oggi tutti criticano. Personalmente la trovo un'eresia: doveva essere criticato e punito chi per primo lo ha fatto e ha dato l'esempio alle nuove generazioni, mentre all'epoca è stato acclamato. Quando il comportamento aggressivo creava spettacolo, veniva elogiato. Adesso i piloti aggressivi, o chiamiamoli scorretti, sono criticati e puniti, ma non dimentichiamoci che sono figli di quegli esempi. Le nuove generazioni, prendendo spunto da quelle precedenti, si sono perfezionate e sono diventate ancora più brave a farlo. Per questa ragione, quindi per coerenza, dovresti elogiarli ancor di più e non punirli. Il problema è che prima faceva comodo, faceva spettacolo. Oggi no, quel tipo di spettacolo ora è criticato perché seguito dalla massa, come il football di cui chiunque parla. È un atteggiamento assolutamente ipocrita che mi ha sempre dato molto fastidio. So che mi farò dei nemici dicendo queste cose... Ho sempre trovato un'offesa verso lo sport la scorrettezza in pista, il mettere a rischio la vita di qualcun altro. L'entrata dura ci sta, ma non dev'esserci contatto. Se tocchi un avversario per errore è un discorso, tutti possono sbagliare. Se però lo fai per ottenere qualcosa, se lo tocchi volontariamente per sorpassarlo, lui potrebbe cadere, così diventi un potenziale assassino. Secondo me dovrebbe valere anche nel cross, ma qui mi scontro contro un muro! Il cross nasce fisico e prendersi dentro è la regola. Quando ho iniziato a fare motard sono rimasto scioccato, per me il contatto era inconcepibile. Col tempo, impari a spostarti quando senti arrivare uno da dietro. Capisci che se tieni la traiettoria a tutti i costi vai per terra, quindi ti sposti, perdi una posizione ma non butti via la gara. Nella velocità la regola è opposta, devi tenere la tua linea, l'attenzione tocca a chi supera, ma vedo che adesso le cose sono cambiate.

Coerenza e Consistenza...
Assolutamente importanti per andare e per correre in motocicletta. Ecco, io ho smesso di correre per Coerenza. Nel mio primo anno di mondiale Superbike, avevo un compagno che prima della gara giocava con il figlio molto piccolo nel box. Pensavo: ma come fa a salire in moto, dopo? Una cosa del genere non l'avrei mai potuta fare. Quando ho deciso che avrei avuto dei figli, ho smesso. Non critico i genitori che corrono in moto, è che io non ci sarei riuscito. Tu decidi di essere genitore, quindi da quel momento devi essere disposto ad accettare quella che sarà la vita dei tuoi figli, nel bene o nel male. E non puoi rischiare di togliere a tuo figlio l'importanza di un padre per egoismo e per il desiderio di vivere la tua vita. Dal momento in cui hai fatto questa scelta, diventi responsabile nei suoi confronti. Nel motociclismo sportivo ho sempre cercato di essere molto attento alla pellaccia. Ho sempre guardato alla morte come a una delle mie migliori amiche, conscio di quello che era. L'ho sempre tenuta accanto a me, in modo da starne il più lontano possibile. L'ho sempre vista come parte integrante di quest'avventura. Quando decidi di correre, sai i rischi che ti prendi, per questo li devi accettare. Coerenza è accettare il rischio, guardarlo in faccia. Normalmente i piloti non lo fanno.

Nelle corse il rischio è sempre calcolato?

No. Io differenzio il rischio controllato e quello incontrollabile. Le gare hanno una parte di rischio non controllabile. L'Endurance la vedevo come disciplina a rischio controllato, come la Supermoto, o il Flat Track. Non c'è nulla di controllabile al cento per cento, quindi Coerenza è: sono disposto, l'ho scelto, ho fatto una fatica bestiale per arrivarci, lo accetto, supero lo scoglio.

Cosa significa quando ci si riferisce a un pilota con l'aggettivo «consistente»?

Identifico la Consistenza con la tenacia. Chiamala forza di volontà, dedizione, per me è fondamentale in tutto, dalle gare alla vita di ogni giorno. Io sono di quella razza lì, non sono un dotato, un talentuoso, sono uno che ha fatto fatica e sacrifici per correre ad alto livello. Ai miei tempi nessuno si allenava sul serio, così io sopperivo all'assenza di talento con la preparazione. Adesso che si allenano tutti, forse non riuscirei più a competere a quel livello! In questi ultimi anni mi sono detto che, quasi quasi, mi viene voglia di regalarmi il permesso di correre altre due stagioni in Superbike, anche solo per vedere cos'è oggi, perché ho la presunzione di pensare che forse andrei più forte di un tempo. Sono molto più preparato, conosco cose che prima non sapevo… Poi però, per Coerenza, non sarei disposto a correre quei rischi, quindi non avrebbe senso. Peccato! Ero uno che si dannava l'anima, ci mettevo il cuore, il talento è un'altra cosa. Casey Stoner è il talento. Nel vedergli fare certe cose l'ho davvero ammirato. Ecco, ho iniziato a correre ammirando la tenacia. Oggi che ho smesso, ho imparato ad apprezzare anche il talento: se prima consideravo il talentuoso uno che non meritava niente, adesso ho cambiato punto di vista. Considero il motocross lo sport per eccellenza perché per farlo occorrono tutte le qualità di un atleta, di un pilota, di un uomo: talento, forza, tenacia, tecnica, coraggio, resistenza e sopportazione del dolore. Massimo rispetto per i crossisti.

Consistenza e tenacia si traducono in forza fisica, ma anche mentale...

Sono un autodidatta e ho iniziato ad allenarmi abbastanza seriamente dal 1995. Ho una tabella che definirei scientifica, che mi sono costruito da solo con l'esperienza. Oggi la gente non è più capace di fare niente in questo modo. Per qualsiasi cosa, le persone vogliono essere prese per mano e accompagnate come i bambini, sentono il bisogno di un maestro anche per andare a fare una passeggiata, un giro in bicicletta o in moto. Nella cultura di oggi, imparare da soli sulle proprie esperienze non esiste più. Dovrebbero insegnare ai ragazzi a cavarsela da soli, a essere autodidatti, ma forse commercialmente non conviene. Dopo qualche anno che correvo, mi ero accorto che la testa non era sempre performante come il fisico. Non avevo nessun tipo di esperienza in quel campo, ma avevo sentito parlare del training autogeno. Così nel 1998 sono andato a cercarmi uno psicologo sportivo per lavorarci su. All'Isef sono stato il primo paziente di Giuseppe Vercelli, che poi è diventato psicologo della nazionale di sci e della Juventus.

A proposito di momento perfetto, hai mai raggiunto il tuo climax in corsa?

Sì, spesso. Succede quando non fai fatica e non ti accorgi di nulla, neanche dei giri che passano... ed è un momento bellissimo. Non è legato a un luogo, o a una serie di fattori particolari: è quando non ti accorgi del tempo che è passato. Non guardi l'orologio, che ho sempre portato sulla moto, in allenamento e in gara, perché sapevo che aveva una certa durata e magari a metà pista controllavo a che punto ero. Ecco, il momento perfetto è quando mezz'ora si riduce a un istante. È uno stato ipnotico, sul quale ho lavorato in quegli anni. Un'autoipnosi che usi per portarti in quello stato quando lo desideri. La cosa bella è riuscire a comandarlo, quel passaggio che di solito è casuale. Pensi: adesso voglio entrare in quel mondo lì. Quando tagliavo il traguardo e mi rendevo conto che non c'era niente dietro, perché era tutto volato via, era perfetto. Mi capita ancora adesso, in gara come in allenamento. Per me è un concetto legato al tempo. Il contrario, l'anticlimax, è l'odissea.

Preferisci guidare sull'asciutto o sul bagnato?

Ho avuto le mie chance perché andavo forte sul bagnato... o meglio, andavo meno piano degli altri! Forse perché, bagnato o asciutto, avevo la stessa andatura. Ho sempre detto che, normalmente, chi non è tanto bravo è più competitivo sul bagnato, perché vai più piano ed è tutto più facile. È la spiegazione che mi sono dato. Poi ho imparato ad andare più forte sull'asciutto e così sul bagnato ho cominciato ad avere i miei problemi. Ricordo che sul bagnato avevo fatto delle gare strepitose, come la mia prima gara nel mondiale Superbike come wild card a Zeltweg, nel 1999, anche se avevo una moto palesemente non all'altezza. Bene, dopo le libere bagnate del sabato avevo il secondo tempo. Asciugata la pista, ero ventottesimo. Al via diluviava, ho girato la prima curva secondo e ho finito sesto spingendo la moto al traguardo, dopo aver terminato la benzina. Quando pioveva, il mio nome era sempre tra i primi, sull'asciutto facevo più fatica. Non facevo niente di atipico: forse andavo sul bagnato come sull'asciutto. Quando ho iniziato ad andare più forte sull'asciutto, la differenza è cresciuta. Il problema è che anche gli altri piloti hanno imparato a correre sul bagnato. Quando avevo iniziato io, i piloti non si preparavano ed erano pochi quelli che sapevano andare sull'acqua. Nella AMA Superbike, negli Stati Uniti, in caso di pioggia addirittura non si correva proprio. Non so se è una qualità innata, per me era la normalità, non lo so, non me lo sono mai spiegato.

Si cade anche per arrivare alla Consistenza?

Nella velocità sì, volevo fare di più di quello che il mezzo mi permetteva ed ero disposto alla caduta. Normalmente cadevo andando forte, disfacevo le moto, le distruggevo. La cadutina per me era cosa rara.

Per fortuna eri protetto. Per essere motociclista devi vestirti da motociclista?
Secondo me no. L'abito non fa il monaco. La penso all'opposto degli inglesi, che per ogni cosa che fanno hanno una divisa. Tu sei te stesso e poi fai le cose.

Però tu correvi con la tuta con le fiamme dorate, frangiata come una giacca da chopperista; e il casco decorato con le margherite, mentre di solito i piloti si fanno aerografare delle creature minacciose, predatrici...
Le frange sono state un'idea del mio amico Michele Lupi, visto che l'anno prima avevo corso negli Stati Uniti. Ai tempi era direttore di *Rolling Stone* e qualche volta scrivevo per lui. All'inizio non ne ero entusiasta, mi mettevano a disagio, ma alla fine aveva ragione perché molti appassionati si ricordano di me per questo. I fiori sui caschi Shoei sono un modo per ricordare mia sorella Margherita, scomparsa troppo presto, così corre con me. Do poca confidenza a chi si veste da. Normalmente, gatta ci cova. Tu sei tu. C'è quello che è motociclista sempre, non s'infila la divisa per andare in moto, ce l'ha già addosso nella vita. Come gli stivali per un cowboy. Quando vedo uno bardato a punto, penso: o è un fenomeno di cui avere paura o è uno sfigato. E di fenomeni ne trovi molto pochi.

Quindi, dimmi che moto hai e ti dirò chi sei?
No, neppure questo. Appartiene alla divisa. Normalmente la gente si compra la motocicletta per un desiderio di percezione, di apparire. È un tentativo di mitizzazione. Ci sono anche quelli che sono un tutt'uno con la loro moto, che rappresentano e sono rappresentati dalla loro motocicletta, ma sono rari.

Allora quali moto parlano di te, cosa dicono?
Sono un velocista, dovresti accostarmi a una Suzuki RGV 250, una Ducati 998 o una Kawasaki 750, le moto con cui correvo. Se potessi

realizzare un sogno, sarebbe quello di fare venti qualifiche in venti circuiti diversi con la mia 998 o la mia Kawasaki 750 del team Bertocchi. Poi, però, se ci penso mi sono costruito moto che non c'entrano niente. Tyson, Balboa e Tony Manero rappresentano le tre che più danno un' idea di chi sono [Bussei dà un nome a ogni sua moto, N.d.A.]. Tyson è l'Harley-Davidson XR1000 del 1983 con cui ho fatto la International Six Days Enduro. Balboa è l'Harley da motard, terra e asfalto. Come Tyson, però ha ruote più stradali, la forcella più leggera, da guidare su strada è divertentissima, un compasso. Puoi farci anche un pezzo di bosco, le gomme sono semi-tassellate, le sospensioni abbastanza lunghe. E poi c'è Tony Manero, la moto da bar, la moto da cucco. Con i semimanubri e un bel serbatoio in alluminio che ho disegnato io. È quella che forse meno mi rappresenta, anche se esteticamente è la più bella. Secondo me, il motivo per cui mi sono appassionato alla XR1000 è per la sua storia. Era stata costruita nel 1983 da Harley-Davidson quando hanno pensionato il progetto Superbike, con quel motore hanno fatto un chopper, io li chiamo così. In pratica, un ferrovecchio con un motore potente. Probabilmente mi rappresenta per quello. Ho sempre amato i ferrivecchi. Ricordo che, diversi anni prima, su una rivista francese avevo letto della XR1000, la elogiavano in maniera pazzesca. Pensai: un ferrovecchio che va forte! Ne comprai una che era ancora nella cassa, non riuscivano a venderle: sia l'harleysta sia il velocista volevano altro. Io sono un mix delle due cose: mio padre aveva sempre guidato Harley fin dagli anni sessanta, le vedevo da bambino, mi piacevano. Poi mi sono legato sia ai ferrivecchi sia alle moto prestazionali, quindi la XR1000 mi ha affascinato perché appartiene a entrambi i mondi.

Pennellare una curva perfetta in corsa dà un appagamento erotico?
Non so. Quando sei schierato in griglia di partenza, hai una forma di eccitazione, di «cazzoduro» che forse è legato anche alla paura. La paura è una bella cosa. I piloti devono avere paura, quelli che non ce l'hanno non sono intelligenti. Poi devono avere la consapevolezza e

soprattutto il coraggio per superarla. La curva perfetta per me è nella neve fresca, sugli sci, quando scendi un bel pendio in solitudine, ti giri e vedi la tua firma sulla neve. Quella è la curva perfetta! In moto non riesco a figurarmela. Non ci ho mai pensato. Sicuramente di un circuito amo le varianti, mi fanno godere. Se devo scegliere una curva in particolare, è sicuramente multipla. L'Ascari di Monza, le prime due S del Mugello, la Casanova-Savelli, il Cavatappi... anche la prima curva di Brands Hatch è un bel godere, come quella prima di entrare nel bosco dopo il discesone... sono posti speciali. Sono eccitanti, pur non essendo curve multiple. Purtroppo non ho mai corso a Suzuka, perché noi della World Superbike andavamo a Sugo, ma le prime quattro, cinque curve sono un cambio di direzione continuo che ho sempre desiderato. Destra, sinistra, destra, *pam, pam*... Per me la curva perfetta è molteplice. Anche nella vita: una volta ero attirato dall'ignoto, oggi sono uno ripetitivo. Una cosa che mi piace, continuo a farla per vedere se mi riesce sempre meglio e cerco di stancarmi sempre di più. Resto fedele a ciò che amo.

Sull'Esattezza nella progettazione

di Klaus Nennewitz
Ingegnere e progettista, giornalista, divulgatore

La motocicletta è l'oggetto che ha determinato la mia vita tracciandone la strada professionale in ogni suo tratto. Sono cresciuto in campagna, in una fattoria dove ogni giornata era segnata dal lavoro. Mio padre, una persona molto intelligente e di una cultura sconfinata, nonché motociclista negli anni cinquanta, era stato educato secondo i principi delle virtù prussiane: tenacia, senso del dovere e disciplina, puntualità, affidabilità, esattezza. Con lui non si smetteva prima di avere terminato un lavoro, non c'erano scuse, né scorciatoie. Spesso diceva: «Devi sapere come aiutare te stesso». Tale inderogabile senso del dovere mi aveva spesso spinto vicino alla disperazione: dovevo riuscire a mettere in moto le macchine agricole in tempi brevissimi, perché le mucche non aspettavano la mungitrice, né la pioggia una trebbiatrice da aggiustare.

All'età di dodici anni finii per caso nel paddock del campionato europeo di regolarità, che si disputava a cinque chilometri da casa. Non avevo la minima idea di che cosa si trattasse, ma ancora ricordo la sensazione provata all'apertura di un mondo nuovo, fatto di moto, fango, profumi, rumori, personaggi, lingue straniere. Ne seguì un opera di convincimento della durata di un anno, prima che i miei genitori mi prestassero il denaro per comprare la prima moto, una Zündapp

100 Trial. All'inizio cercai di applicare il principio dell'Esattezza anche alla manutenzione della moto. C'erano amici che giravano senza parafango, o con i pezzi rotti, tenuti su con il filo di ferro. Non era la mia maniera di trattare la moto, che doveva sempre essere completa e in buone condizioni. Purtroppo, ben presto diventò sempre più difficile trovare il tempo sufficiente per eseguirne la manutenzione a regola d'arte. Ricordo che la prima volta ci misi quattro giorni a riparare un gomma bucata: dovevo accelerare notevolmente la velocità di intervento e concentrarmi sulle cose strettamente necessarie, perché alla fine la moto doveva funzionare e basta!

Il nodo era arrivato al pettine, l'Esattezza prussiana non poteva essere applicata in ogni aspetto della vita. Bisognava trovare il giusto compromesso: mantenere i principi di precisione sugli argomenti vitali, per sorvolare sui problemi meno critici. Così a volte andavo a correre fra i boschi, sui campi, nelle praterie, con la moto a pezzi, non importava più. Con quella Zündapp e grazie ai modelli ottenuti in prova tramite un amico giornalista, inaugurai la mia carriera di pilota nel trial e nel motocross a livello regionale e nazionale.

Dopo avere seppellito il sogno di diventare campione del mondo di sidecar motocross, mi misi in testa che avrei lavorato nelle moto. Mi iscrissi alla facoltà d'Ingegneria dell'Università di Monaco di Baviera, con specializzazione nei veicoli terrestri. Durante gli studi, per una forma di apprendistato durato in tutto un anno e mezzo, andai un paio di volte a lavorare come meccanico per la ATK Motorcycles a Los Angeles, California. L'azienda produceva in maniera artigianale un migliaio di moto da fuoristrada l'anno con motori Rotax due e quattro tempi. Fu un periodo durissimo, all'inizio. Mi ruppi il braccio per una caduta in mountain bike e da lì fu tutto in salita. Senza le virtù prussiane assorbite in giovane età, non sarei sopravvissuto. Onestà, affidabilità e perseveranza costituivano l'arsenale per convincere la direzione aziendale a darmi una seconda chance. L'Esattezza, quella contava molto meno. Eravamo in tre europei a lavorare in uno staff composto da circa quindici persone fra americani, messicani e orientali. Nell'area di montaggio delle moto due tempi, gestita dagli americani, regnava la filosofia dello spreco. Con il mio collega austriaco gestivamo la produzione artigianale delle potenti quattro tempi Rotax raffreddate ad aria. Lo facevamo con precisione ed Esattezza: il pressappochismo non era contemplato. Ancora oggi devo capire come hanno fatto gli americani ad arrivare sulla Luna con tecnologie che lavoravano sulle tolleranze di centesimi di millimetri. Perché, negli Usa, l'unità di misura di riferimento era (ed è tuttora) il pollice: 25,4 mm. Poi c'erano il mezzo pollice da 12,7 mm e il quarto di pollice da 6,35 mm: sotto questa misura, le cose diventavano praticamente scientifiche. Hai voglia l'Esattezza e la qualità... Per valutare a spanne le prestazioni di un furgone pick-up aziendale, bastava guardare quanti *cubic inches* (pollici cubi) di cilindrata avesse. Sulla potenza del motore si ragionava con la nostra stessa unità di misura, gli *horsepowers*, cioè i cavalli vapore. Purché superassero i 250...

In California entrai in un giro di amici che si trovavano ogni weekend nel deserto californiano per correre con le mitiche ATK 600 quattro tempi. Una vita da *Un mercoledì da leoni*, solo che invece di sfidarci sulle tavole da surf, ci davamo dentro con le moto da fuoristrada. Ci sentivamo immortali, il mondo era ai nostri piedi, Steve McQueen ci faceva un baffo! Il concetto dell'Esattezza si manifestava sulle salite del Mojave, o intorno al falò nelle fredde notti desertiche, in forma di autenticità delle persone. Essere precisi con le macchine ed essere onesti con gli uomini: alla base, la filosofia di vita è la stessa. Gli americani che ho conosciuto in cima alle salite più ripide e inaccessibili erano molto diversi da quelli impegnati nella quotidiana *rat race* di Los Angeles, a caccia di dollari e ricchezza. Gli anni californiani furono molto intensi e mi trasmisero un profondissimo senso di libertà. Da una parte, era la vita che desideravo e che avevo sempre sognato; dall'altra, mi mancava troppo lo spessore culturale e storico del continente europeo. Era una *one way street* dedicata solo ed esclusivamente alle corse in moto nei deserti. Mi mancavano anche le stagioni, la primavera, l'autunno: quando vivi in un'estate perenne, prima o poi questa si trasforma in una steppa che inaridisce. Era arrivato il momento di compiere il passo successivo nel mondo professionale della moto, dettato dalla voglia di imparare. E, negli anni novanta, non c'era posto migliore al mondo dell'Italia.

All'ATK avevo compreso che gli anni di studi d'Ingegneria a Monaco, pur sembrando spesso inutili al lavoro che desideravo, avevano comunque rafforzato la mia disciplina e la capacità di gestire una quantità enorme di dati. Inoltre, gli studi mi avevano insegnato a mantenere la concentrazione sugli obiettivi, a verificare ogni giorno l'avanzamento del lavoro e, soprattutto, a non mollare mai. Ciò si rivelò preziosissimo quando varcai la soglia dell'Aprilia, nel gennaio 1994. Come, perché? Nello sviluppo della ciclistica di una moto nuova occorre procedere per piccoli passi. Hai una moto di riferimento, poi quella di sviluppo. Su quest'ultima cominci piano piano a cambiare un pezzo, o un dato della geometria alla volta, quindi mandi fuori il collaudatore. Documentavo ogni cosa con precisione millimetrica e, improvvisamente, mi trovai di fronte a una quantità enorme di dati. Allo stesso tempo, il capo collaudatore mi scaricava addosso i risultati delle prove in un fiume di parole in dialetto veneto. Hai voglia l'Esattezza! Perdere il filo della precisione avrebbe trasformato il progetto in una scheggia impazzita. Nella mia carriera da ingegnere, mi capitò una volta di perdere il controllo di un progetto. A tre mesi dall'entrata in produzione di un nuovo modello, l'esemplare preserie confermava ciò che i prototipi avevano annunciato: la moto vibrava! In azienda scoppiò la frenesia totale che, da un lato, era una peculiarità positiva dell'Aprilia: anziché cercare un colpevole, tutti si rimboccavano le maniche e cominciavano a vogare con energia per trovare una soluzione. Dall'altro lato, era difficile tenere sotto controllo tutta questa voglia di fare.

A un certo punto, mancava un mese alla produzione, ci trovammo con una decina di telai diversi allineati nel Reparto esperienze, ma senza una soluzione. Questa fu portata da una persona estranea al progetto, che aveva una mentalità estremamente razionale e matematica, non necessariamente riconducibile all'Esattezza. Ci mostrò che la differenza di cinque centimetri dei punti d'attacco del reggisella sul telaio principale cambiava la frequenza propria del componente per mandarlo in risonanza. Ci eravamo persi nell'impazzimento senza vedere la cosa più semplice ed evidente: cinque centimetri, appena due pollici americani. Ecco perché, oltre all'Esattezza, nella progettazione di una moto occorre anche stoicismo: meglio prendere le distanze un attimo, non farsi travolgere dal panico, calma e sangue freddo!

Tuttavia, in quegli anni, cominciai a capire che la sola formazione tecnica da ingegnere e la razionalità non bastano a progettare delle buone moto. Serve anche la passione, un tratto caratteriale non molto conosciuto in Germania. La moto non è una lavatrice che metti nell'ultimo angolo della cantina e con la quale interagisci solo premendo un pulsante. È un cavallo di ferro che trasmette sensazioni fisiche, che cioè interessano aree specifiche del corpo e causano a loro volta emozioni. Un oggetto che, quando prende vita, agisce anche sulla mente. Mi resi conto che, per diventare un bravo progettista, dovevo capire il funzionamento delle moto e, allo stesso tempo, studiare in che modo provocavano quelle sensazioni.

Faccio un esempio: nel processo di definizione della geometria, devi decidere come la vuoi fare a seconda del tipo di emozioni che vuoi generare. Quali sensazioni può trasmettere una moto supermaneggevole, bassa, corta? Poi prendi le moto esistenti, già costruite dalla tua azienda o anche della concorrenza. Esegui il rilievo della geometria, calcoli la posizione del baricentro, il tiro catena. Rilevi i pesi e la loro distribuzione. Infine metti insieme la geometria, che è pura matematica, e la spalmi sopra le tue sensazioni di guida. Se sei bravo, capisci perché la moto si comporta così o cosà. E questa è una cosa che si impara solamente dopo aver provato e analizzato molte moto. Così cominciai a guidare tanto, tantissimo, nel mio stile allora spensierato e un po' selvaggio. Non proprio quello esagerato da smanettoni ignoranti, ma insomma... Era la stagione d'oro dell'Aprilia, nella quale il capoprogetto e i progettisti potevano ancora provare le moto in fase di sviluppo e quelle della concorrenza, che avevamo a disposizione come riferimento. Specialmente sull'Aprilia RS 250, la sportiva due tempi che uscì sul mercato alla fine del 1994, girai l'Italia in lungo e in largo. Ricordo un grippaggio sull'Aurelia, vicino a Livorno, in una mattinata freddissima di dicembre. Spinsi la moto per due chilometri, la lasciai nel fienile di un contadino e tornai a Noale in treno; l'avrei ripresa il giorno dopo, con il furgone. Rammento anche un'alba sullo Stelvio senza neve e ghiaccio, sempre in dicembre. Poi i primi giri con il prototipo della RSV Mille. Non ci si poteva fermare praticamente da nessuna parte, perché c'era il pericolo che qualcuno la fotografasse per pubblicarla su *Motosprint* – Internet e i social non c'erano ancora. Uno stress pazzesco! Nel riportare la moto al Reparto esperienze il lunedì mattina, la soglia dell'onore era rappresentata dai mille chilometri in più segnati dallo strumento. Sotto quella, non avevi proprio la stoffa dell'eroe.

Sempre all'Aprilia, fui nominato responsabile del progetto SL 1000 Falco, che doveva essere una RSV Mille più comoda e adatta ai viaggi. Comprammo tutte le moto concorrenti, cioè le varie Honda VTR, Suzuki TL, BWM 1100 S e altre. Fortuna volle che mi ritrovassi con una compagnia di amici romani, che incontravo in un casale della campagna laziale durante i weekend. Noale-Roma: quasi cinquecento chilometri di autostrada, più il ritorno, come pista di prova per il collaudo delle varie moto sportive. Così si faceva negli anni novanta: partenza venerdì pomeriggio verso le quattro, ritorno domenica sera più o meno alla stessa ora. In mezzo: la strada statale Romea e la E45. In quegli anni la superstrada Cesena-Orte era quasi una pista tipo il vecchio Nürburgring, con tratti veloci, curve tecniche, salite e discese. I limiti di velocità erano praticamente inesistenti. Con mia grande sorpresa, alla fine il Dna e le vere caratteristiche delle moto si rivelavano negli ultimi dieci chilometri: una pista sterrata con lunghi rettilinei dove la velocità massima che poteva essere raggiunta con la sfortunata Suzuki TL 1000 S era di 60 km/h. Oltre quel limite, la moto giapponese si muoveva come un serpente e minacciava di spararti fuori nei campi. Invece l'Aprilia RSV Mille raggiungeva tranquillamente una velocità intorno ai 120 km/h. Piano piano, cominciavo a connettere i dati tecnici delle moto con il modo di guidarle. Il mio modello era il collaudatore capo di Aprilia, Claudio Caio Pellizzon, uno capace di ricordarsi anche dopo un quarto di secolo come andava quella moto lì, quel giorno lì, su quella pista lì. Un fenomeno vero.

Sempre a proposito delle maximoto bicilindriche Aprilia, spesso sono stato definito «il padre della Tuono». La mia buona sorte stava nell'aver ereditato al momento giusto, quello in cui la mia formazione da progettista moto era arrivata a un buon punto, quel progetto straordinario, sano e fatto molto bene che era la base tecnica della RSV Mille. La prima superbike di Aprilia era stata creata da Marino Carlesso, Mariano Fioravanzo, Giuseppe Ricciuti, Maurizio Comellato, Caio Pellizzon e tutti gli altri che avevano contribuito in maniera significativa. Io non ho «pensato» la Tuono da zero, ma l'idea di una maxinaked Aprilia fu anche mia. La sua geometria fu presa tale e quale proprio dalla RSV, cambiando solo l'ergonomia per guadagnare in comodità e piacere di guida su strada. Anni dopo, invece, fui io a decidere e a disegnare da zero la geometria della Derbi Mulhacén, dopo aver provato su strada la moto ufficiale del campione americano Flat Track Chris Carr, nel 2002 in Texas. È così che funziona: cogli la sensazione e l'emozione che ti dà una moto; cerchi di tradurla in geometria e distribuzione dei pesi; la disegni, poi la provi e cominci a modificarla fino a raggiungere il livello desiderato.

Fui molto fortunato perché la prima serie della Tuono limitata a duecento esemplari con carrozzeria in carbonio era un *premium product*, cioè un progetto a costo e prezzo elevati, che permetteva di giocare la carta della qualità intrinseca, di quella percepita, e infine di quella visiva. Di conseguenza, mi consentì di applicarvi l'Esattezza e, non ultima, la passione. Fu un progetto bellissimo, ma anche molto impegnativo: giornate eterne passate nelle nuvole di polvere all'interno del capannone per mettere a posto il ciclo di verniciatura del carbonio con finitura opaca. E poi le trasferte interminabili per convincere i fornitori a metterci quel pizzico di attenzione in più. Mentre sui progetti precedenti a volte ci si accontentava di finiture o caratteristiche giudicate soddisfacenti, sulla prima Tuono 1000 ciò non era permesso. Il vero lavoro cominciava la sera, quando eravamo stanchi morti e ci trovavamo intorno alla moto per vedere che cosa si poteva ancora migliorare. La soglia del compromesso, la minaccia eterna, la nuvola nera che insegue sempre un progetto creativo era stata alzata. Ricordo la sera precedente all'avvio della produzione, con la prima vera moto definitiva in tutti i suoi componenti e dettagli. Decisi di fare un'ultima prova a velocità elevata sull'autostrada che porta all'aeroporto di Venezia. E riscontrai una strana vibrazione di risonanza sul cupolino! Al ritorno mi recai direttamente a casa del fornitore che produceva l'archetto di supporto alla carena anteriore. Decidemmo di aggiungere una piastra di rinforzo, non a seguito di un calcolo o di una simulazione, semplicemente fidandomi della «pancia». La stessa che anni prima aveva visto tante moto e macchine agricole spaccate dettò la modifica vincente... Fu una notte insonne per il fornitore, ma la mattina successiva fornì personalmente i primi venti archetti alla linea di produzione. L'Esattezza nella gestione del progetto aveva alimentato la curiosità di provare la moto la notte prima del lancio, evidenziando un problema che avrebbe potuto causare un richiamo della Tuono appena uscita sul mercato. Quando ti ritrovi a mezzanotte in un capannone del Veneto insieme al fabbricante, sapendo che l'indomani rischi di fermare una linea di produzione con cinquanta persone perché un componente non funziona, quando il tempo per le simulazioni e le prove non c'è, puoi fidarti solamente del tuo istinto.

Abbandonai l'industria motociclistica in maniera definitiva nel 2014, quando capii che l'unione dell'Esattezza con la passione non era più nell'agenda dei manager, che preferivano fare sconti sulla qualità e sulla sostanza in favore dei *controller* e del contenimento dei costi. Alla fine, l'Esattezza è molto importante, ma vale poco se non è accompagnata dalla passione e dall'intuizione. L'Esattezza resta tuttavia un principio cardine della vita. Su tale qualità e sulla precisione puoi costruire una maniera d'essere, di fare, di progettare e di guidare le motociclette. Solo se prima tutto è stato fatto bene, l'intuito permette di trovare la bussola nei momenti difficili.

Ringraziamenti degli autori

Martino Montanarini per la fiducia accordata come editore e come motociclista, le nostre famiglie per il supporto e l'incoraggiamento, Gianni Giorgi e tutto il Gsss Team senza i quali la prima scuola di motociclismo in Italia non avrebbe conseguito il proprio successo. Tutti gli allievi e i collaboratori che hanno creduto nel progetto Gsss, Roberto Roda per gli indispensabili consigli sul senso di questo libro e Valerio Viti per la preziosa testimonianza sul valore del motociclismo storico. Lorenzo Cascioli e Ferdinando Restelli che hanno posto le basi di questa *reunion*. Giovanni Bussei, Giovanni Cabassi, Klaus Nennewitz, Stefania Molteni e Fabrizio Ricupito che hanno arricchito la scrittura delle loro traiettorie. L'ufficio stampa Fmi e Triumph Motorcycles Italia per il supporto sul campo. La professoressa Concetta D'Aurelio per il prezioso apporto linguistico.

Indice

Carlo Cianferoni, nato a Firenze nel 1960, ha lavorato per vent'anni come art director per la moda e la pubblicità in Italia e negli Stati Uniti. Dal 2000 trasforma la sua passione per le motociclette in un lavoro, cercando di continuare a fare «comunicazione». Mantiene sempre la voglia di esprimersi disegnando i fumetti del GarageDiabolico. Nel 2000 pubblica il primo pocket book, intitolato *Curve&Tornanti*, e dal 2005 dà vita al Progetto GSSS, la prima scuola italiana per la sicurezza dei motociclisti. Con la sua *motorcycle family*, moglie e due figlie, abita nel bosco in cima a una montagna, è presidente di motoclub e guida di tutto, anche se preferisce le BMW.

Paolo Sormani è nato a Monza nel 1967 e, pur essendo la più tardiva delle sue passioni, ha fatto dei motori una professione. Nell'ultimo quarto di secolo ha scritto di moto, auto e tutto ciò che ha ruote su numerose testate automotive e *lifestyle* italiane ed estere. Dopo aver curato i testi del libro *So Special*, è stato giudice nelle due stagioni della serie tv *Lord of the Bikes*. Genoano, innamorato, è padre di un figlio senza patente e presidente del Registro storico Triumph (anche se guida una Norton Commando Scrambler).

In copertina: illustrazione di Carlo Cianferoni

«*La curva perfetta* non è un libro iniziatico. Non è un trattato di filosofia spicciola in pelle nera. Non è il baedeker per chi vuole sapere tutto, ma proprio tutto del motociclismo, ancora prima di caricare le borse sulla moto per riempirle delle sue esperienze. Non è nemmeno – e qui è meglio giocare subito a carte scoperte – un manuale di guida fatto e finito. Se mai, *La curva perfetta* è tutte queste cose insieme.
La prova sta nell'illuminazione avuta da Cianferoni nell'organizzarlo sullo stesso chassis delle *Lezioni americane*, la raccolta delle cinque lezioni (più una incompiuta) che lo scrittore Italo Calvino fu invitato a tenere all'Università di Harvard durante l'anno accademico 1985-1986. Calvino, che così tanta compagnia ha tenuto a Carlo e a me da ragazzini, sognanti lettori del *Barone rampante* e del *Visconte dimezzato*, del *Cavaliere inesistente* e delle *Città invisibili*, scomparve il 19 settembre 1985, ancora prima di schiarirsi la voce dietro il leggìo delle prestigiose Charles Eliot Norton Poetry Lectures. Dei *six memos* sulle qualità necessarie alla scrittura del terzo millennio non era riuscito a terminare l'ultimo, quello dedicato alla Coerenza.
I primi cinque parlano di Leggerezza, Rapidità, Esattezza, Visibilità, Molteplicità. Ti ricordano qualcosa? Pensaci un istante. Sono le virtù cardinali, i pilastri fattuali, morali e spirituali della guida della motocicletta su strada.»

Dall'Introduzione di Paolo Sormani

Made in the USA
Monee, IL
05 November 2026

67385364R00152